2024年版

共通テスト
過去問研究

地学基礎

付録：地学

JN172657

教学社

✅ 共通テストってどんな試験？

　大学入学共通テスト（以下，共通テスト）は，大学への入学志願者を対象に，高校における基礎的な学習の達成度を判定し，大学教育を受けるために必要な能力について把握することを目的とする試験です。一般選抜で国公立大学を目指す場合は原則的に，一次試験として共通テストを受験し，二次試験として各大学の個別試験を受験することになります。また，私立大学も9割近くが共通テストを利用します。そのことから，共通テストは50万人近くが受験する，大学入試最大の試験になっています。以前は大学入試センター試験がこの役割を果たしており，共通テストはそれを受け継いだものです。

✅ どんな特徴があるの？

　共通テストの問題作成方針には「思考力，判断力，表現力等を発揮して解くことが求められる問題を重視する」とあり，「思考力」を問うような出題が多く見られます。たとえば，日常的な題材を扱う問題や複数の資料を読み取る問題が，以前のセンター試験に比べて多く出題されています。特に，授業において生徒が学習する場面など，学習の過程を意識した問題の場面設定が重視されています。ただし，高校で履修する内容が変わったわけではありませんので，出題科目や出題範囲はセンター試験と同じです。

✅ どうやって対策すればいいの？

　共通テストで問われるのは，高校で学ぶべき内容をきちんと理解しているかどうかですから，普段の授業を大切にし，教科書に載っている基本事項をしっかりと身につけておくことが重要です。そのうえで出題形式に慣れるために，過去問を有効に活用しましょう。共通テストは問題文の分量が多いので，過去問に目を通して，必要とされるスピード感や難易度を事前に知っておけば安心です。過去問を解いて間違えた問題をチェックし，苦手分野の克服に役立てましょう。

　また，共通テストでは思考力が重視されますが，思考力を問うような問題はセンター試験でも出題されてきました。共通テストの問題作成方針にも「大学入試センター試験及び共通テストにおける問題評価・改善の蓄積を生かしつつ」と明記されています。本書では，共通テストの内容を詳しく分析し，過去問を最大限に活用できるよう編集しています。

　本書が十分に活用され，志望校合格の一助になることを願ってやみません。

Contents

●過去問掲載内容

＜共通テスト＞

本試験	地学基礎	3 年分（2021～2023 年度）
	地学	3 年分（2021～2023 年度）
追試験	地学基礎	1 年分（2022 年度）
	地学	1 年分（2022 年度）
第 2 回	試行調査	地学基礎
	試行調査	地学
第 1 回	試行調査	地学

＜センター試験＞

本試験	地学基礎	4 年分（2017～2020 年度）

＊ 2021 年度の共通テストは，新型コロナウイルス感染症の影響に伴う学業の遅れに対応する選
　択肢を確保するため，本試験が以下の 2 日程で実施されました。
　第 1 日程：2021 年 1 月 16 日(土)および 17 日(日)
　第 2 日程：2021 年 1 月 30 日(土)および 31 日(日)
＊ 第 2 回試行調査は 2018 年度に，第 1 回試行調査は 2017 年度に実施されたものです。
＊ 地学基礎の試行調査は，2018 年度のみ実施されました。

地学基礎
地学

共通テストについてのお問い合わせは…
独立行政法人 大学入試センター
志願者問い合わせ専用（志願者本人がお問い合わせください）03-3465-8600
9：30～17：00（土・日曜，祝日，5 月 2 日，12 月 29 日～1 月 3 日を除く）
https://www.dnc.ac.jp/

共通テストの 基礎知識

本書編集段階において，2024年度共通テストの詳細については正式に発表されていませんので，ここで紹介する内容は，2023年3月時点で文部科学省や大学入試センターから公表されている情報，および2023年度共通テストの「受験案内」に基づいて作成しています。変更等も考えられますので，各人で入手した2024年度共通テストの「受験案内」や，大学入試センターのウェブサイト（https://www.dnc.ac.jp/）で必ず確認してください。

 共通テストのスケジュールは？

A **2024年度共通テストの本試験は，1月13日（土）・14日（日）に実施される予定です。**
「受験案内」の配布開始時期や出願期間は未定ですが，共通テストのスケジュールは，例年，次のようになっています。1月なかばの試験実施日に対して出願が10月上旬とかなり早いので，十分注意しましょう。

9月初旬	「受験案内」配布開始	志願票や検定料等の払込書等が添付されています。
10月上旬	**出願**	（現役生は在籍する高校経由で行います。）
1月なかば 共通テスト	自己採点	2024年度本試験は1月13日（土）・14日（日）に実施される予定です。
1月下旬	国公立大学の個別試験出願	私立大学の出願時期は大学によってまちまちです。各人で必ず確認してください。

共通テストの出願書類はどうやって入手するの？

A 「受験案内」という試験の案内冊子を入手しましょう。

　「受験案内」には，志願票，検定料等の払込書，個人直接出願用封筒等が添付されており，出願の方法等も記載されています。主な入手経路は次のとおりです。

現役生	高校で一括入手するケースがほとんどです。出願も学校経由で行います。
過年度生	共通テストを利用する全国の各大学の窓口で入手できます。 予備校に通っている場合は，そこで入手できる場合もあります。

 ## 個別試験への出願はいつすればいいの？

A 国公立大学一般選抜は「共通テスト後」の出願です。

　国公立大学一般選抜の個別試験（二次試験）の出願は共通テストのあとになります。受験生は，共通テストの受験中に自分の解答を問題冊子に書きとめておいて持ち帰ることができますので，翌日，新聞や大学入試センターのウェブサイトで発表される正解と照らし合わせて**自己採点**し，その結果に基づいて，予備校などの合格判定資料を参考にしながら，出願大学を決定することができます。

　私立大学の共通テスト利用入試の場合は，出願時期が大学によってまちまちです。大学や試験の日程によっては**出願の締め切りが共通テストより前**ということもあります。志望大学の入試日程は早めに調べておくようにしましょう。

 ## 受験する科目の決め方は？

A 志望大学の入試に必要な教科・科目を受験します。

　次ページに掲載の6教科30科目のうちから，受験生は最大6教科9科目を受験することができます。どの科目が課されるかは大学・学部・日程によって異なりますので，受験生は志望大学の入試に必要な科目を選択して受験することになります。

　共通テストの受験科目が足りないと，大学の個別試験に出願できなくなります。第一志望に限らず，**出願する可能性のある大学の入試に必要な教科・科目は早めに調べ**ておきましょう。

● **科目選択の注意点**

地理歴史と公民で2科目受験するときに，選択できない組合せ

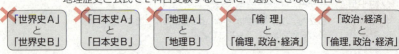

● **2024 年度の共通テストの出題教科・科目**（下線はセンター試験との相違点を示す）

教　科		出題科目	備考（選択方法・出題方法）	試験時間（配点）
国　語		『国語』	「国語総合」の内容を出題範囲とし，近代以降の文章（2問100点），古典（古文（1問50点），漢文（1問50点））を出題する。	80 分（200 点）
地理歴史		「世界史A」「世界史B」「日本史A」「日本史B」「地理A」「地理B」	10科目から最大2科目を選択解答（同一名称を含む科目の組合せで2科目選択はできない。受験科目数は出願時に申請）。『倫理，政治・経済』は，「倫理」と「政治・経済」を総合した出題範囲とする。	1 科目選択 60 分（100 点）
公　民		「現代社会」「倫理」「政治・経済」『倫理, 政治・経済』		2 科目選択*1 解答時間 120 分（200 点）
数学	①	「数学Ⅰ」『数学Ⅰ・数学A』	2科目から1科目を選択解答。『数学Ⅰ・数学A』は，「数学Ⅰ」と「数学A」を総合した出題範囲とする。「数学A」は3項目（場合の数と確率，整数の性質，図形の性質）の内容のうち，2項目以上を学習した者に対応した出題とし，問題を選択解答させる。	<u>70 分</u>（100 点）
	②	「数学Ⅱ」『数学Ⅱ・数学B』『簿記・会計』『情報関係基礎』	4科目から1科目を選択解答。『数学Ⅱ・数学B』は，「数学Ⅱ」と「数学B」を総合した出題範囲とする。「数学B」は3項目（数列，ベクトル，確率分布と統計的な推測）の内容のうち，2項目以上を学習した者に対応した出題とし，問題を選択解答させる。	60 分（100 点）
理科	①	「物理基礎」「化学基礎」「生物基礎」「地学基礎」	8科目から下記のいずれかの選択方法により科目を選択解答（受験科目の選択方法は出願時に申請）。A　理科①から2科目B　理科②から1科目C　理科①から2科目および理科②から1科目D　理科②から2科目	【理科①】2 科目選択*2 60 分（100 点）【理科②】1 科目選択 60 分（100 点）
	②	「物理」「化学」「生物」「地学」		2 科目選択*1 解答時間 120 分（200 点）
外国語		『英語』『ドイツ語』『フランス語』『中国語』『韓国語』	5科目から1科目を選択解答。『英語』は，「コミュニケーション英語Ⅰ」に加えて「コミュニケーション英語Ⅱ」および「英語表現Ⅰ」を出題範囲とし，「リーディング」と「リスニング」を出題する。「リスニング」には，聞き取る英語の音声を2回流す問題と，<u>1 回流す</u>問題がある。	『英語』*3【<u>リーディング</u>】80 分（<u>100 点</u>）【リスニング】解答時間 30 分*4（<u>100 点</u>）『英語』以外【筆記】80 分（200 点）

＊1　「地理歴史および公民」と「理科②」で2科目を選択する場合は，解答順に「第1解答科目」および「第2解答科目」に区分し各60分間で解答を行うが，第1解答科目と第2解答科目の間に答案回収等を行うために必要な時間を加えた時間を試験時間（130分）とする。

＊2　「理科①」については，1科目のみの受験は認めない。

＊3　外国語において『英語』を選択する受験者は，原則として，リーディングとリスニングの双方を解答する。

＊4　リスニングは，音声問題を用い30分間で解答を行うが，解答開始前に受験者に配付したICプレーヤーの作動確認・音量調節を受験者本人が行うために必要な時間を加えた時間を試験時間（60分）とする。

理科や社会の科目選択によって有利不利はあるの？

A 科目間の平均点差が20点以上の場合，得点調整が行われることがあります。

　共通テストの本試験では次の科目間で，原則として，「20点以上の平均点差が生じ，これが試験問題の難易差に基づくものと認められる場合」，得点調整が行われます。ただし，受験者数が1万人未満の科目は得点調整の対象となりません。

● 得点調整の対象科目

地理歴史	「世界史B」「日本史B」「地理B」の間
公　　民	「現代社会」「倫理」「政治・経済」の間
理 科 ②	「物理」「化学」「生物」「地学」の間

　得点調整は，平均点の最も高い科目と最も低い科目の平均点差が15点（通常起こり得る平均点の変動範囲）となるように行われます。2023年度は理科②で，2021年度第1日程では公民と理科②で得点調整が行われました。

2025年度の試験から，新学習指導要領に基づいた新課程入試に変わるそうですが，過年度生のための移行措置はありますか？

A あります。2025年1月の試験では，旧教育課程を履修した人に対して，出題する教科・科目の内容に応じて，配慮を行い，必要な措置を取ることが発表されています。

「受験案内」の配布時期や入手方法，出願期間などの情報は，大学入試センターのウェブサイトで公表される予定です。各人で最新情報を確認するようにしてください。

 WEBもチェック！ 〔教学社 特設サイト〕

共通テストのことがわかる！
http://akahon.net/k-test/

試験データ

※ 2020 年度まではセンター試験の数値です。

　最近の共通テストやセンター試験について，志願者数や平均点の推移，科目別の受験状況などを掲載しています。

● 志願者数・受験者数等の推移

	2023 年度	2022 年度	2021 年度	2020 年度
志願者数	512,581 人	530,367 人	535,245 人	557,699 人
内，高等学校等卒業見込者	436,873 人	449,369 人	449,795 人	452,235 人
現役志願率	45.1%	45.1%	44.3%	43.3%
受験者数	474,051 人	488,384 人	484,114 人	527,072 人
本試験のみ	470,580 人	486,848 人	482,624 人	526,833 人
追試験のみ	2,737 人	915 人	1,021 人	171 人
再試験のみ	—	—	10 人	—
本試験＋追試験	707 人	438 人	407 人	59 人
本試験＋再試験	26 人	182 人	51 人	9 人
追試験＋再試験	1 人	—	—	—
本試験＋追試験＋再試験	—	1 人	—	—
受験率	92.48%	92.08%	90.45%	94.51%

※ 2021 年度の受験者数は特例追試験（1 人）を含む。
※ やむを得ない事情で受験できなかった人を対象に追試験が実施される。また，災害，試験上の事故などにより本試験が実施・完了できなかった場合に再試験が実施される。

● 志願者数の推移

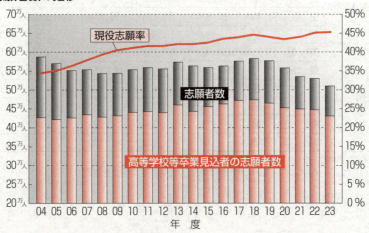

● 科目ごとの受験者数の推移（2020～2023 年度本試験） （人）

教科	科目	2023 年度	2022 年度	2021 年度①	2021 年度②	2020 年度
国語	国語	445,358	460,967	457,305	1,587	498,200
地理歴史	世界史 A	1,271	1,408	1,544	14	1,765
	世界史 B	78,185	82,986	85,690	305	91,609
	日本史 A	2,411	2,173	2,363	16	2,429
	日本史 B	137,017	147,300	143,363	410	160,425
	地理 A	2,062	2,187	1,952	16	2,240
	地理 B	139,012	141,375	138,615	395	143,036
公民	現代社会	64,676	63,604	68,983	215	73,276
	倫理	19,878	21,843	19,955	88	21,202
	政治・経済	44,707	45,722	45,324	118	50,398
	倫理, 政治・経済	45,578	43,831	42,948	221	48,341
数学 数学①	数学 I	5,153	5,258	5,750	44	5,584
	数学 I・A	346,628	357,357	356,493	1,354	382,151
数学②	数学 II	4,845	4,960	5,198	35	5,094
	数学 II・B	316,728	321,691	319,697	1,238	339,925
	簿記・会計	1,408	1,434	1,298	4	1,434
	情報関係基礎	410	362	344	4	380
理科 理科①	物理基礎	17,978	19,395	19,094	120	20,437
	化学基礎	95,515	100,461	103,074	301	110,955
	生物基礎	119,730	125,498	127,924	353	137,469
	地学基礎	43,070	43,943	44,320	141	48,758
理科②	物理	144,914	148,585	146,041	656	153,140
	化学	182,224	184,028	182,359	800	193,476
	生物	57,895	58,676	57,878	283	64,623
	地学	1,659	1,350	1,356	30	1,684
外国語	英語（R※）	463,985	480,763	476,174	1,693	518,401
	英語（L※）	461,993	479,040	474,484	1,682	512,007
	ドイツ語	82	108	109	4	116
	フランス語	93	102	88	3	121
	中国語	735	599	625	14	667
	韓国語	185	123	109	3	135

・2021 年度①は第 1 日程，2021 年度②は第 2 日程を表す。
※英語の R はリーディング（2020 年度までは筆記），L はリスニングを表す。

● 科目ごとの平均点の推移（2020〜2023 年度本試験）

（点）

教　科		科　目	2023 年度	2022 年度	2021 年度①	2021 年度②	2020 年度
国　語		国　　　語	52.87	55.13	58.75	55.74	59.66
地理歴史		世 界 史 A	36.32	48.10	46.14	43.07	51.16
		世 界 史 B	58.43	65.83	63.49	54.72	62.97
		日 本 史 A	45.38	40.97	49.57	45.56	44.59
		日 本 史 B	59.75	52.81	64.26	62.29	65.45
		地　理　A	55.19	51.62	59.98	61.75	54.51
		地　理　B	60.46	58.99	60.06	62.72	66.35
公　民		現 代 社 会	59.46	60.84	58.40	58.81	57.30
		倫　　　理	59.02	63.29	71.96	63.57	65.37
		政 治・経 済	50.96	56.77	57.03	52.80	53.75
		倫理, 政治・経済	60.59	69.73	69.26	61.02	66.51
数学	数学①	数　学　Ⅰ	37.84	21.89	39.11	26.11	35.93
		数 学 Ⅰ・A	55.65	37.96	57.68	39.62	51.88
	数学②	数　学　Ⅱ	37.65	34.41	39.51	24.63	28.38
		数 学 Ⅱ・B	61.48	43.06	59.93	37.40	49.03
		簿 記・会 計	50.80	51.83	49.90	―	54.98
		情 報 関 係 基 礎	60.68	57.61	61.19	―	68.34
理科	理科①	物 理 基 礎	56.38	60.80	75.10	49.82	66.58
		化 学 基 礎	58.84	55.46	49.30	47.24	56.40
		生 物 基 礎	49.32	47.80	58.34	45.94	64.20
		地 学 基 礎	70.06	70.94	67.04	60.78	54.06
	理科②	物　　　理	63.39	60.72	62.36	53.51	60.68
		化　　　学	54.01	47.63	57.59	39.28	54.79
		生　　　物	48.46	48.81	72.64	48.66	57.56
		地　　　学	49.85	52.72	46.65	43.53	39.51
外国語		英 語（R※）	53.81	61.80	58.80	56.68	58.15
		英 語（L※）	62.35	59.45	56.16	55.01	57.56
		ド イ ツ 語	61.90	62.13	59.62	―	73.95
		フ ラ ン ス 語	65.86	56.87	64.84	―	69.20
		中　国　語	81.38	82.39	80.17	80.57	83.70
		韓　国　語	79.25	72.33	72.43	―	73.75

・各科目の平均点は 100 点満点に換算した点数。
・2023 年度の「理科②」, 2021 年度①の「公民」および「理科②」の科目の数値は, 得点調整後のものである。
　得点調整の詳細については大学入試センターのウェブサイトで確認のこと。
・2021 年度②の「―」は, 受験者数が少ないため非公表。

● 数学①と数学②の受験状況（2023 年度）

（人）

受験科目数	数　学　①		数　学　②				実受験者
	数学Ⅰ	数学Ⅰ・数学A	数学Ⅱ	数学Ⅱ・数学B	簿記・会計	情報関係基礎	
1 科目	2,729	26,930	85	346	613	71	30,774
2 科目	2,477	322,079	4,811	318,591	809	345	324,556
計	5,206	349,009	4,896	318,937	1,422	416	355,330

● 地理歴史と公民の受験状況（2023 年度）

（人）

受験科目数	地理歴史						公　民				実受験者
	世界史A	世界史B	日本史A	日本史B	地理A	地理B	現代社会	倫理	政治・経済	倫理, 政経	
1 科目	666	33,091	1,477	68,076	1,242	112,780	20,178	6,548	17,353	15,768	277,179
2 科目	621	45,547	959	69,734	842	27,043	44,948	13,459	27,608	30,105	130,433
計	1,287	78,638	2,436	137,810	2,084	139,823	65,126	20,007	44,961	45,873	407,612

● 理科①の受験状況（2023 年度）

区分	物理基礎	化学基礎	生物基礎	地学基礎	延受験者計
受験者数	18,122 人	96,107 人	120,491 人	43,375 人	278,095 人
科目選択率	6.5%	34.6%	43.3%	15.6%	100.0%

・2 科目のうち一方の解答科目が特定できなかった場合も含む。
・科目選択率＝各科目受験者数／理科①延受験者計×100

● 理科②の受験状況（2023 年度）

（人）

受験科目数	物理	化学	生物	地学	実受験者
1 科目	15,344	12,195	15,103	505	43,147
2 科目	130,679	171,400	43,187	1,184	173,225
計	146,023	183,595	58,290	1,689	216,372

● 平均受験科目数（2023 年度）

（人）

受験科目数	8 科目	7 科目	6 科目	5 科目	4 科目	3 科目	2 科目	1 科目
受験者数	6,621	269,454	20,535	22,119	41,940	97,537	13,755	2,090

平均受験科目数
5.62

・理科①（基礎の付された科目）は，2 科目で 1 科目と数えている。

・上記の数値は本試験・追試験・再試験の総計。

共通テスト
対策講座

> ここでは，これまでに実施された試験をもとに，共通テストについてわかりやすく解説し，具体的にどのような対策をすればよいか考えます。

どんな問題が出るの？

　まずは，2023 年度本試験の「地学基礎」および「地学」の問題を詳しく分析してみましょう。

共通テスト「地学基礎」とは？

「地学基礎」出題の特徴

　共通テスト「地学基礎」の大きな特徴は，以下の 3 点であるといえる。

①基本事項の理解と，それをもとにした探究の過程が重視される
②実験・観察の場面を想定した考察問題や表・グラフの読み取り問題，計算問題が出題される
③日常生活と関連のある題材が出題される

　「地学基礎」では単純な知識を問う問題はあまり出題されず，複数の知識の組合せや見慣れない図の読み取り，複数の図表の比較，そして計算問題など，思考力が必要となる問題が出題されている。日常的に地学にかかわる物事に親しみ，考える習慣を大切にするとよいだろう。それでは項目ごとに確認していこう。

出題データ （2023 年度本試験）

　共通テストの出題データは以下の通りである。

出題科目・選択方法	「物理基礎」「化学基礎」「生物基礎」「地学基礎」の 4 科目から 2 科目選択
解答方法	全問マーク式
解答時間	2 科目 60 分（＝ 1 科目あたり 30 分程度）
配　　点	2 科目 100 点（1 科目 50 点）
大 問 数	4 題
小 問 数	15 問
平 均 点	35.03 点

✅ 問題構成

　ここからは実際の出題形式について解説する。

　2023 年度の共通テスト本試験では，大問が 4 題，小問が 15 問であった。第 1 問が「地球」，「地質・地史」，「鉱物・岩石」，第 2 問が「大気・海洋」，第 3 問が「宇宙」からそれぞれ出題された。また，第 4 問は火山や岩石，気象など複数の分野を組み合わせた「自然環境」について考える総合問題となっていた。このように，全分野からまんべんなく出題されている。

年　度	大問	項　目	小問数	配点
2023 年度	1	地球，地質・地史，鉱物・岩石	6	19
	2	大気・海洋	2	7
	3	宇宙	4	14
	4	自然環境	3	10
2022 年度	1	地球，地質・地史，鉱物・岩石	6	20
	2	大気・海洋	3	10
	3	宇宙	3	10
	4	自然環境	3	10
2021 年度 第 1 日程	1	地球，地質・地史，鉱物・岩石	7	24
	2	大気・海洋	4	13
	3	宇宙	4	13
2021 年度 第 2 日程	1	地球，地質・地史，鉱物・岩石	8	27
	2	大気・海洋	4	13
	3	宇宙	3	10

✅ 問題の場面設定

　2023 年度本試験第 1 問の問 6 では，Nさんが火山やマグマの特徴を比較・整理する問題が出題された。単に知識を丸暗記するだけでなく，実際に岩石標本や図説などで実物や写真を観察しておくことが対策となっただろう。第 4 問では，日本の自然条件についての問題が出題された。こうした問題は，日頃からニュースや天気予報を見て，身近な事象に注意を払っている人にとっては，答えやすいものとなっていたのではないだろうか。**実験や実習で行う作業や，身の周りにある学びを重視した学習が重要**であることがわかるだろう。

難易度

　全体の難易度は，2022年度と大きな差はなかった。「地学基礎」の内容をしっかりと理解し，過去問を十分に演習してきた受験生には難しく感じられないと思われる。

 時間配分

　得意分野から解答してもよいが，問題順に解く方が**マークミス（記入場所の間違い）**を防ぐことができる。

　1つの大問につき，4〜9分を割り当て，残った時間はミスがないかを点検したり，解答に自信のないところを見直したりしよう。図やグラフの読み取りも，きちんとポイントを押さえて取り組めば，必ず解答につながるヒントが見つけ出せる。しかし，第1問問1や第2問問1の計算問題に時間をかけすぎると，全体の時間配分のバランスを崩してしまうような失敗も考えられる。解きやすい問題からどんどん先にやっていくという考え方も心に留めておこう。

●2023年度本試験時間配分例（1科目あたり30分）

第1問	第2問	第3問	第4問	最終確認
6問 19点	2問 7点	4問 14点	3問 10点	点検・見直し
← 9分 →	← 4分 →	← 7分 →	← 5分 →	← 5分 →

　以上のように，共通テスト「地学基礎」には，いくつかの注目すべき特徴がある。しかしセンター試験の傾向からほとんど変わらない部分も多くみられたので，**センター試験の過去問を研究することも共通テスト対策には役立つ**と考えられる。センター試験を使った問題演習は，本書の**センター地学基礎 過去問の上手な使い方**（p. 039）も参考にしよう。

共通テスト「地学」とは？

☑ 「地学」出題の特徴

共通テスト「地学」の大きな特徴は

①自然科学の原理・法則を深く理解する過程を問う問題が出題される
②教科書に載っていない事象を分析・考察する問題が出題される
③現象の科学的本質を把握して数値計算可能な式を立てる問題が出題される

の3点であるといえる。

2023年度の共通テスト本試験では，第1問で「二次元情報と三次元情報の相互変換」をテーマとして「地球」，「鉱物・岩石」，「地質・地史」，「大気・海洋」，「宇宙」といった多様な分野から総合的に出題された。また，図やグラフを読み取る問題や計算問題なども多くみられた。第1問からオリジナリティの高いテーマを提示され，初見でとまどった人もいたかもしれない。しかし，自然科学を正しく分析・考察する基礎的な力があれば容易に正解が導けるものが多いので，過度な心配は必要ないだろう。

それでは項目ごとに確認していこう。

☑ 出題データ （2023年度本試験）

共通テストの出題データは以下の通りである。

出題科目・選択方法	「物理」「化学」「生物」「地学」の4科目から1科目または2科目選択
解答方法	全問マーク式
解答時間	1科目60分または2科目120分
配　点	1科目100点または2科目200点
大問数	5題
小問数	27問
平均点	49.85点

問題構成

　ここからは実際の出題形式について解説する。

　2023年度の共通テスト本試験では大問が5題で，小問は27問であった。昨年に引き続き全問必答である。第1問は1つの共通テーマから全分野の内容について出題されており，続く大問4題の中にも地学全分野の内容がまんべんなく出題されている。

年　度	大問	項　目	小問数	配点
2023年度	1	総合問題（地球，鉱物・岩石，地質・地史，大気・海洋，宇宙の分野を含む）	5	20
	2	地球	5	18
	3	鉱物・岩石，地質・地史	6	22
	4	大気・海洋	5	18
	5	宇宙	6	22
2022年度	1	総合問題（大気・海洋，地球，地質・地史，宇宙，鉱物・岩石の分野を含む）	5	17
	2	地球，鉱物・岩石	6	20
	3	鉱物・岩石，地質・地史	6	20
	4	大気・海洋	6	20
	5	宇宙	7	23
2021年度 第1日程	1	総合問題（大気・海洋，地球，地質・地史，宇宙の分野を含む）	5	18
	2	地球	5	18
	3	鉱物・岩石，地質・地史	6	21
	4	大気・海洋	7	23
	5	宇宙	6	20
2021年度 第2日程	1	総合問題（地質・地史，宇宙，大気・海洋，地球の分野を含む）	5	17
	2	地球	5	17
	3	地球，鉱物・岩石，地質・地史	7	23
	4	大気・海洋	6	20
	5	宇宙	7	23

✅ 問題の場面設定

　2023年度本試験第3問のAは2種類のマグマを混合すると，その化学組成はどのように変化するか，という思考実験の問題である。このような特殊な条件設定における考察は，柔軟な思考が必要なので初見ではとまどうかもしれない。しかし，火山岩に含まれている鉱物や，その化学組成についての正確な知識をもっている人ならば，そこまで時間をかけずに解答できただろう。問題文に落ち着いて向き合えば，自ずと答えを導くことができる。このような問題は，自分のもっている**知識を必要なときにすぐ引き出し，活用できる力を身につけておく**ことで十分に対応できる。

✅ 難易度

　全体的に，問題文や図をよく見て考えることができれば正解できる問題が多い。しかし，単純な知識だけで答えるような問題は少なく，より深い理解を伴った知識を身につけておく必要があるだろう。

✅ 時間配分

　解答する順は得意分野からでもよいが，問題順に解く方が**マークミス（記入場所の間違い）**を防ぐことができる。

　1つの大問につき，10〜12分を割り当て，残った時間はミスがないかを点検したり，解答に自信のないところを見直したりしよう。計算問題や図の読み取りに時間を要する出題は今後も増えると考えられるが，ケアレスミスがないよう落ち着いて解こう。

●2023年度本試験時間配分例（60分）

第1問	第2問	第3問	第4問	第5問	最終確認
5問20点	5問18点	6問22点	5問18点	6問22点	点検・見直し

←— 11分 —→←— 10分 —→←— 12分 —→←— 10分 —→←— 12分 —→←— 5分 —→

　以上のように，共通テスト「地学」には，いくつかの注目すべき特徴がある。これらの点を踏まえて，共通テストの過去問や試行調査の問題で繰り返し演習をしよう。

形式を知っておくと安心

　共通テスト「地学基礎」と「地学」で出題された問題形式ごとに，解き方を詳細に解説！　問題のどこに着目して，どのように解けばよいのかをマスターし，共通テストの得点アップにつながる力を鍛えましょう。

✔ 出題形式とその割合 (2023年度本試験)

　前年度と比較すると，知識を問う問題がやや増加したが，計算問題や図表の読み解き，考察を必要とする問題も引き続きよく出題されている。

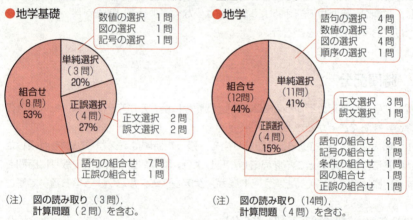

●地学基礎

数値の選択　1問
図の選択　1問
記号の選択　1問

単純選択
（3問）
20%

組合せ
（8問）
53%

正誤選択
（4問）
27%

正文選択　2問
誤文選択　2問

語句の組合せ　7問
正誤の組合せ　1問

(注)　図の読み取り（3問），
　　　計算問題（2問）を含む。

●地学

語句の選択　4問
数値の選択　2問
図の選択　4問
順序の選択　1問

単純選択
（11問）
41%

組合せ
（12問）
44%

正誤選択
（4問）
15%

正文選択　3問
誤文選択　1問

語句の組合せ　8問
記号の組合せ　1問
条件の組合せ　1問
図の組合せ　1問
正誤の組合せ　1問

(注)　図の読み取り（14問），
　　　計算問題（4問）を含む。

✔ 出題パターンをマスターしよう！

　共通テストでは，基本的な出題のパターンとして以下の4つが挙げられる。

- 語句や数値などの選択・組合せ問題
- 正文・誤文選択問題
- 図やグラフの読み取り問題
- 計算問題

これらに加えて，考察問題では，以下の3つのパターンの問題がよく出題される。

- 初見の事象を分析・考察する問題
- 科学的本質を把握して式を立てる問題
- 原理・法則を深く理解する過程を問う問題

語句や数値などの選択・組合せ問題

例題 〔共通テスト 2022年度 地学基礎 本試験 第1問 A 問2〕

問 次の図2は，地球の表面から深さ数百kmまでの内部を，流動のしやすさの違いと物質の違いとでそれぞれ区分したものである。図2中のa～dに入れる語の組合せとして最も適当なものを，後の①～④のうちから一つ選べ。

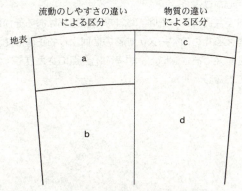

図2 地球の表面から深さ数百kmまでの内部の区分

	a	b	c	d
①	地殻	マントル	リソスフェア	アセノスフェア
②	地殻	マントル	アセノスフェア	リソスフェア
③	リソスフェア	アセノスフェア	地殻	マントル
④	アセノスフェア	リソスフェア	地殻	マントル

ポイント

各分野の教科書の太字の重要語句は必ず覚えておく必要がある。基本的な用語や現象は，意味や原理を説明できるようにしておこう。 （正解は③）

対策 正確な知識をもっておこう

　このタイプの問題では，思考力というより単純に教科書の知識を「知っているかどうか」が試されている。近年は語句どうしの関係性を意識した組合せの問題が多く，「似た用語・関連する用語をきちんと区別して覚えているか」が重要である。しかし，ただ用語や数値を知っているだけでは正答は難しい。多くの場合，リード文や図表が与えられて，それに合致したものを選ぶ必要があるので，用語の定義までしっかりと理解しておくことを心がけよう。

　思考力が重視される共通テストでは，単純な用語暗記はおろそかになりがちだが，図表を読み取り，考えるためのベースになるのは何よりも正確な知識である。基本的な用語や数値などを覚えておかないと，思考の出発点にさえ立てない場合があるので，しっかり対策をしておこう。

正文・誤文選択問題

例題〔共通テスト 2022 年度 地学基礎 本試験 第4問 問1〕

> 問　地震と火山噴火の予測・予報について述べた文として最も適当なものを，次の
> ①～④のうちから一つ選べ。
> ①　すでに地震が発生した活断層では，将来地震が起こることはない。
> ②　緊急地震速報では，地震の発生直前に地震動の大きさを予測している。
> ③　地震は火山の直下では起きないので，噴火の予測には用いられない。
> ④　山体の膨張などの地殻変動は，火山の噴火の予測に用いられる。

　地下のマグマが上昇してくると，それによって押し上げられた火山体が膨張するなどの地殻変動が観測される場合があり，これは火山の噴火の予測に用いられる。

（正解は④）

対策 誤文を見抜く練習を！

　まずは正文を選ぶのか，誤文を選ぶのか，設問の条件をしっかり確認すること。その上で各選択肢の正誤をていねいに判断していこう。どの選択肢も，正しい部分はあるものの，他の一部が誤りということがあるので，細心の注意を払って吟味すること。ここでも正確な知識が不可欠だが，単なる語句暗記ではなく地学的な考察を要求する問題も出題される。

　正文・誤文，適・不適の選択では，正文（適）を見つけると同時に，誤文（不適）である箇所を見つけることも重要である。

☑ 知っておきたいテクニック！

①「正文」「誤文」のどちらを選ぶのか，設問文に印をつける！
　　例題 の場合は「適当なもの」に印をつける。
②誤っている箇所を見つけたら，下線を引くなどして印をつける！
　　例題 の場合は「起こることはない」「発生直前」「起きない」に印をつける。
③正誤が判明したら，選択肢番号の横に以下のように印をつける！
　　正文の場合⇨「正」　誤文の場合⇨「×」　保留する場合⇨「？」
　　※誤文を選ぶ問題もあるので，正文に対しては「〇」という印を用いない。

図やグラフの読み取り問題

例題 〔共通テスト 2023 年度 地学 本試験 第 2 問 A 問 1〕

問 次の図 1 は，地球表面の高度分布（陸地の高さ・海底の深さ）を示したものである。この高度分布について述べた次の文 a・b の正誤の組合せとして最も適当なものを，後の①〜④のうちから一つ選べ。

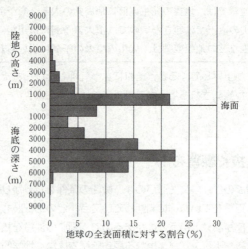

図 1 地球表面の高度分布

地球全体の陸地の高さと海底の深さを 1000 m ごとに区切ったとき，その間にある地域の面積の割合(%)。

a 地球表面の高度分布に二つのピークが現れるのは，地球の地殻が，密度が小さく厚い大陸地殻と，密度が大きく薄い海洋地殻の 2 種類に分かれるためである。

b 地球の表面の約 30 ％が陸地，残りの約 70 ％は海洋であるが，大陸棚が大部分を占める 1000 m 以浅の海洋を陸地に含めると，陸地の割合の方が海洋より大きくなる。

	a	b		a	b
①	正	正	③	誤	正
②	正	誤	④	誤	誤

a．地球表面には，密度の小さな大陸地殻と密度の大きな海洋地殻があり，その平均的な厚さは大陸地殻で 30〜60 km，海洋地殻で 5〜10 km と差がある。

b．図 1 を見ると，大陸棚に相当する高度分布の割合はおよそ 8 ％にすぎず，陸地の割合と合わせても，海洋の占める割合は超えないことが読み取れる。

（正解は②）

対策 基本的な読図能力を養おう

「地学基礎」「地学」では図や表，グラフを正しく読み取る力がよく問われる。例題では，地球表面の高度分布の特徴をグラフから読み取らなければならない。そして，グラフから読み取った数値がそのまま答えになるわけではなく，陸地と海洋のもつ特徴について考察し，設問文の正誤を正しく判定できなければ，正解にたどりつくことはできない。このように，図やグラフをいわば思考のきっかけとし，読み取った内容をどう活用するか，が問われる問題は今後も出題されると考えられる。そのため必要な情報をできるだけ早く，そして正確に読み取れるよう，日頃から演習を積んでおこう。

　共通テストでは，初見の図やグラフ，写真などが示されることも多い。しかし，一見すると見慣れない図やグラフも，その読解の方法は教科書に載っているものと本質的に変わらない。まずは教科書の図やグラフ，写真をよく見て確認し，できれば図表集，資料集などを用いてなるべく多くの資料に触れておきたい。

📖 計算問題

例題〔共通テスト 2021 年度 地学 本試験（第 1 日程）第 5 問 A 問 4〕

問　ある銀河のスペクトルを観測したとき，本来の波長が 656 nm である水素原子の Hα 線が，赤方偏移の効果によって波長がずれて，678 nm に観測された。この銀河のおよその後退速度は，

$$1 \times 10^{\boxed{ア}} \text{ km/s}$$

と推定することができる。　ア　に入れる数値として最も適当なものを，次の①〜⑨のうちから一つ選べ。ただし，光速を 3×10^5 km/s とする。

① 1　　② 2　　③ 3　　④ 4　　⑤ 5
⑥ 6　　⑦ 7　　⑧ 8　　⑨ 9

　銀河の発する光の本来の波長と観測された波長の差から赤方偏移を求め，その値から銀河の後退速度を求める問題である。銀河の後退速度 v と赤方偏移 z，光速度 c の関係式 $v = cz$ を用いる計算問題である。　　　　　　　　　　（正解は④）

 解き方・考え方を理解しよう

　数値そのものを答えるのではなく，**指数部分のみを答える問題**や，**大まかな数値の概算をする問題**も出題されることがある。いずれにしても正しく計算するために，用語の意味や関係式を知っていることが不可欠である。共通テストの過去問をよく演習して解き方のパターンを身につけておこう。

📖 初見の事象を分析・考察する問題

例題 〔共通テスト 2021 年度 地学 本試験（第 1 日程）第 4 問 B 問 5 改〕

問　次の図 3 はエクマン輸送量（m^2/s）が風速（m/s）と緯度（°）によってどのように変化するかを示したものである。この図から読みとれることについて述べた次の文 a・b の正誤の組合せとして最も適当なものを，下の①〜④のうちから一つ選べ。

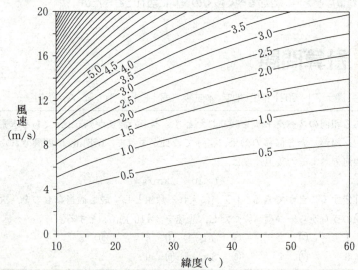

図 3　エクマン輸送量（m^2/s）の風速と緯度に対する依存性
等値線はエクマン輸送量を示す。

a　同じ風速に対するエクマン輸送量は，低緯度ほど大きい。
b　同じ緯度では，風速が2倍になるとエクマン輸送量も2倍になる。

	a	b
①	正	正
②	正	誤
③	誤	正
④	誤	誤

a．同じ風速，たとえば 12m/s のところを横に見ていくと，低緯度では数値が大きく，高緯度ほど数値が小さくなる。
b．同じ緯度，たとえば 20° のところを縦に見ていくと，風速が2倍になっても数値は2倍になっていない。　　　　　　　　　　　　　　　　　　（正解は②）

対策 リード文や図表の内容を読み解く練習をしよう

　エクマン輸送量が風速や緯度に関係があることを知っていても，例題 のような等値線グラフは見たことがないはずである。このような図では，縦軸と横軸の関係だけでなく第3の要素が入っているので，一つの要素を固定して見ることが大切である。
　初見の事象や図表であってもあわてることはない。それはどの受験生も同じなのだから，落ち着いて図表から読み取れる内容を整理してみよう。

科学的本質を把握して式を立てる問題

例題〔第2回試行調査 地学 第2問 問6〕

問　プレートの沈み込みの角度 D（図4）は場所によって異なる。海洋プレートが時間とともに冷えて重くなることから，プレートの年齢 A の増加に伴って D も変わると予想できる。また，プレートの沈み込みの速さ V も D に影響する。世界各地で沈み込む地点でのプレートの年齢 A および速さ V と角度 D の関係を調べたところ，おおよそ下の図5に示すような関係が見られた。この図に基づいて，D を A と V で表した式として最も適当なものを，下の①～④のうちから一つ選べ。ただし，式中の A と V は正の値をとり，p, q, C は正の定数とする。

図4　プレートの沈み込みの模式図

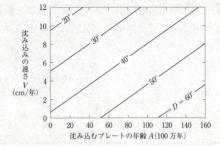

図5　沈み込むプレートの年齢 A と沈み込みの速さ V, 角度 D の関係

① $D = pA + qV + C$ 　　② $D = pA - qV + C$

③ $D = -pA + qV + C$ 　　④ $D = -pA - qV + C$

　グラフの傾きは正であり，A が増加すれば V も増加する1次関数であることから，A と V の係数をそれぞれ p, q とすると，$qV = pA + k$（k は定数，$\dfrac{p}{q}$ は直線の傾き）の関係が予想される。ところで，この k は選択肢では D と C から成るので $k = C - D$ であれば D の値が増加して k が減少することに合致する。したがって，$qV = pA + C - D$，すなわち $D = pA - qV + C$ となる。　　　　　（正解は②）

対策　図を描いて現象を視覚化しよう

　この 例題 も初見の図が題材であるが，落ち着いてそれぞれの要素の関係を読み取ろう。複数の量についての関係式を自分で導かなければならないので，ある量が増えたら他の量がどのように変化するか，具体的に数字を入れて考えてみよう。すると，プレートが古いほど沈み込む角度が急になること，同じ角度で比較すると古いプレートほど速度が増えることなどが見えてくる。ここから，古いプレートは密度が大きく，深く垂れ下がるので角度が大きくなることや，その重みでプレートの沈み込む速度が加速されるといった，自然科学の本質が関係式を決めることに気づくことができる。

原理・法則を深く理解する過程を問う問題

例題 〔共通テスト 2021 年度 地学 本試験（第 1 日程）第 5 問 A 問 2〕

問　次の図 1 は，ケフェウス座 δ 型変光星（セファイド型変光星）である天体Ａ
　の見かけの等級の時間変化を示している。この図 1 から，天体Ａの 1 周期あたり
　の平均の見かけの等級はおよそ 14.5 等級と読み取れる。ケフェウス座 δ 型変光
　星の周期光度関係が下の図 2 で示される場合，この天体Ａまでの距離はおよそ何
　パーセクか。最も適当な数値を，下の①～④のうちから一つ選べ。

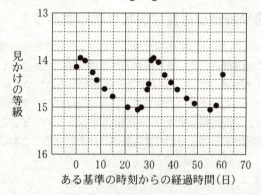

図 1　ケフェウス座 δ 型変光星である天体 A の見かけの等級の時間変化

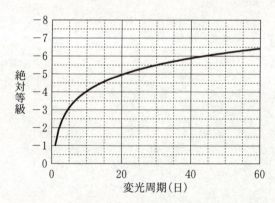

図 2　ケフェウス座 δ 型変光星の絶対等級と変光周期との関係

①　1×10^3　　　②　1×10^4　　　③　1×10^5　　　④　1×10^6

　図1から天体**A**の変光周期を読み取ると約30日である。これを図2のグラフから読み取ると絶対等級は −5.5 等とわかる。見かけの等級 m, 絶対等級 M と天体までの距離 p〔パーセク〕の関係式は

$$M-m= 5 -5\log_{10}p$$

値を代入すると

$$\log_{10}p=5$$
$$\therefore \quad p=1\times10^{5} \text{〔パーセク〕}$$

（正解は③）

対策 複数の図や表から必要な情報を読み取ろう

　このタイプの問題では，1つの内容を理解しているだけでなく，**複数の内容を深く理解し，それらの相互関係に気づき，科学者が原理・法則を見つけていくのと同様の思考過程を経る力**が求められる。例題では，距離を求めるために絶対等級と見かけの等級の関係式を知っているだけでは正答にたどりつけない。変光周期から絶対等級を知ることができ，変光周期は見かけの等級の観測データから知ることができるといった**一連の探究過程を追うことで関係式に数値が代入できる**のである。

ねらいめはココ！

「地学基礎」「地学」ともに，各分野から偏りなく出題されています。共通テストでは今後もこの傾向が続く可能性が高いので，すべての分野をバランスよく学習しておくことが大切です。特に，各分野の頻出項目については，重点的に学習しておきましょう。

※なお，以下の表中で 2021 年度本試験については，第 1 日程を 2021（1），第 2 日程を 2021（2）と表記しています。

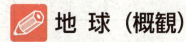 地 球 （概観）

✅ この分野の主な内容

● **地球の形と大きさ** （地学基礎，地学）

　　エラトステネスの測定方法と計算方法は必ず学習しておく必要がある。地球の形については，回転楕円体，地球楕円体，ジオイド（地学）がよく出題されている。

● **重力** （地学）

　　重力と遠心力の関係，緯度による重力の違い，重力とジオイドの関係，重力異常，重力と地球内部の関連などが主な内容である。計算を伴う問題もみられる。

● **地磁気** （地学）

　　地磁気の三要素，地磁気の変化，地磁気の原因・残留磁気などが出題されている。地球の歴史やプレートの動き，大陸移動などとの関連も意識しておく必要がある。

● **地球の内部構造** （地学基礎，地学）

　　地球の内部構造は，よく出題されている内容である。地震波の伝わり方と走時曲線（地学）とともに理解を深めておきたい。アイソスタシー（地学）も頻出である。計算問題や，内部の状態を表すグラフの読み取りも出題されやすいので，対策をしておきたい。

● **地球内部の熱** （地学）

　　地球内部の熱源，熱の輸送，地殻熱流量などが出題されている。「プルーム」とよばれる大規模なマントル物質の運動も押さえておこう。

● 「地球（概観）」分野の出題内容一覧

年　度			地学基礎		地　学			
			地球の形と大きさ	地球内部の層構造	地球の形と重力	地球の磁気	地球の内部構造	地球内部の状態と物質
共通テスト	本試験	2023	I-1		IV-4		II-1	
		2022		I-2	II-1 IV-5	II-3·4	I-3 II-2	
		2021(1)	I-2		II-1	II-2	I-3	II-5
		2021(2)				I-5	II-1	II-2
	追試験	2022	I-1		II-1		II-2	I-4
	試行	第2回	III-2				I-6·7	
		第1回					I-2 V-5	V-6
センター	本試験	2020						
		2019	I-1					
		2018		I-1·2				
		2017		I-1				

I・II・III…は大問番号，1・2・3…は小問番号を示す。

地球（活動），鉱物・岩石

✔ この分野の主な内容

●**プレートテクトニクス**（地学基礎，地学）

　プレートの動きとその測定，プレートの境界と地震・火山の関係，大陸移動（地学），海洋底の拡大などの出題が多い。

●**地震**（地学基礎，地学）

　地震波の性質などは，地球内部との関連でよく出題されている。地震発生のしくみも重要である。

●**マグマの発生と結晶分化作用**（地学）

　マグマの発生原因，マグマの冷却と化学組成の変化は頻出。プレートの沈み込みやプルームの上昇とマグマの発生も重要である。

●**火山活動**（地学基礎，地学）

　マグマの粘性とマグマの温度・化学組成の関係，マグマの粘性と火山活動の性質などがよく出題されている。火成岩との関連で理解することが重要である。火山の分布や島弧−海溝系の火山，海嶺の火山，ホットスポットの火山の特徴や火山岩もよく出題されている。

●**火成岩と造岩鉱物**（地学基礎，地学）

　かんらん岩，デイサイトを含む火成岩とその特徴，造岩鉱物の化学組成と結晶構造などの出題が多い。岩石の写真，顕微鏡観察のスケッチ図もよく見ておく必要がある。

●**変成岩**（地学基礎，地学）

　広域変成作用，接触変成作用とそれによってできる変成岩の特徴は必ず学習しておく必要がある。変成鉱物とその安定領域のグラフも頻出である。また，造山運動と変成作用を関連させて学習しておきたい。

●**堆積岩**（地学基礎，地学）

　この分野で堆積岩が単独で出題されることは比較的少なく，地質分野と関連させての出題が多い。ただし，堆積岩の分類とそれぞれの岩石の特徴は重要である。

● 「地球（活動），鉱物・岩石」分野の出題内容一覧

年　度			地学基礎			地　学				
			プレートの運動	火山活動と地震	鉱物・岩石	プレートテクトニクス	地震と地殻変動	火成活動	変成作用と変成岩	鉱物・岩石
共通テスト	本試験	2023	I-2	I-6	I-5 IV-2	II-3	I-1 II-2	II-4·5 III-2		I-2 III-1
		2022		I-1 IV-1·2	I-5·6			I-5 II-5·6	III-1·2	
		2021(1)		I-1·7	I-5·6			I-2	III-1·2	II-4
		2021(2)	I-2	I-3	I-7·8	II-3	II-4	III-1·2·3		II-5 III-1·2
	追試	2022	I-2		I-5·6	II-3	II-4	I-5 III-1·2	II-5	
	試行	第2回		II-1 III-1		II-1·2·3·5·6	II-4	III-3		I-1·4
		第1回				I-1				II-1·2·3·4·5·6
センター	本試験	2020	I-2	I-1 IV-1·2·3	I-5·6					
		2019	I-3	I-2·7	I-8·9					
		2018		I-3	I-6·7·8					
		2017		I-2	I-4·5					

I・II・III…は大問番号，1・2・3…は小問番号を示す。

🖊 地質・地史

✅ この分野の主な内容

● **地表の変化**（地学基礎，地学）

　岩石の風化，河川・氷河・海水・地下水などによる侵食・運搬・堆積作用など。特に河川のはたらきや氷河のはたらきは重要である。地形も合わせて学習しておきたい。

● **堆積構造**（地学基礎）

　堆積構造からわかる堆積環境，地層の上下関係などはよく出題されている。級化構造，リップルマーク（れん痕），斜交葉理（クロスラミナ）は重要である。それぞれの構造の写真，図はよく見ておくこと。

● **地質構造**（地学基礎，地学）

　傾いた地層，褶曲，断層，不整合は頻出。地質・地史の総合問題の一部としてよく出題されている。さまざまな地質図，地質断面図，柱状図から，地質構造を立体的につかむ練習を積んでおきたい。

● **化石**（地学基礎，地学）

　示相化石，示準化石は頻出で，毎年のように出題されている。代表的な化石は，その時代や写真，図を必ず見ておく必要がある。

● **地質時代**（地学基礎，地学）

　地質時代の区分の方法，その時代の特徴，放射年代の決め方（地学）などが頻出である。地質時代の名称，時代の区切りの年数は覚えておきたい。

● **日本列島の成り立ち**（地学）

　西南日本の地質構造は特に重要である。しっかり学習しておこう。

●「地質・地史」分野の出題内容一覧

年　度			地学基礎		地　学			
			地層の形成と地質構造	古生物の変遷と地球環境	地表の変化	地層の観察	地球環境の変遷	日本列島の成り立ち
共通テスト	本試験	2023	I -3・4		III -4	I -3	III -3・5・6	
		2022	I -3	I -4		I -4	III -3・4・5	III -6
		2021(1)	I -3・4			III -3・4	I -4 III -5・6	
		2021(2)	I -4・5・6	I -1		III -4・5・6	I -1	III -7
	追試験	2022	I -4	I -3	I -3 III -6	III -3・4	III -5 IV -1	
	試行	第2回	I -1 II -2・3	I -2・3	III -2	I -5 III -1・4・5	I -3・5 III -2	
		第1回			I -3	V -1・2・3		V -4
センター	本試験	2020	I -3	I -4				
		2019	I -4・6	I -5				
		2018	I -4	I -5				
		2017	IV -3	I -3 IV -2				

I・II・III…は大問番号，1・2・3…は小問番号を示す。

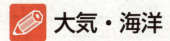 大気・海洋

✅ この分野の主な内容

● **大気の構造**（地学基礎，地学）

　　大気の組成，大気圏の層構造が主な内容である。層構造では各圏の性質，境界面の高さなどをしっかり押さえておきたい。

● **雲と水**（地学基礎，地学）

　　地球表層の水とその循環，大気中の水蒸気圧，断熱変化，大気の安定・不安定（地学），雲の発生と降水などがよく出題されている。

● **地球の熱収支**（地学基礎）

　　太陽放射と地球放射，温室効果などが頻出である。エネルギー収支の計算もよく出題されている。

● **大気の運動**（地学基礎，地学）

　　風の吹き方（地学）は頻出。大気の大循環は高層天気図（地学）とともに理解しておきたい。偏西風やその波動（地学），高気圧・低気圧の発生と発達なども頻出である。また，日本の一年間の天気変化も，天気図や雲画像の特徴，さらには災害とも関連させて理解しておくこと。

● **海水の運動**（地学基礎，地学）

　　海水の層構造，海流，深層循環，波（地学），潮汐（地学）などが主な内容である。運動の生じる原因について，十分理解しておきたい。

● **大気と海洋の相互作用**（地学基礎，地学）

　　地球環境と関連して，エルニーニョ現象，ラニーニャ現象などの大規模な変動や物質循環が重要である。

●「大気・海洋」分野の出題内容一覧

年　度		地学基礎				地　学			
		地球の熱収支	大気と海水の運動	地球環境の科学	日本の自然環境	大気の構造	大気の運動と気象	大気と海洋の相互作用	海水の運動
共通テスト	本試験 2023		Ⅱ-1·2		Ⅳ-1·3	Ⅳ-1·2	Ⅰ-4		Ⅳ-3·5
	本試験 2022		Ⅱ-2·3	Ⅳ-3	Ⅱ-1	Ⅰ-1	Ⅳ-1·2·3		Ⅳ-4·6
	本試験 2021(1)	Ⅱ-3·4	Ⅱ-1·2				Ⅳ-1·2·3	Ⅰ-1 Ⅳ-4·5·7	Ⅳ-6
	本試験 2021(2)	Ⅱ-1·2	Ⅱ-3·4			Ⅳ-1	Ⅰ-4 Ⅳ-2·3		Ⅳ-4·5·6
	追試験 2022	Ⅱ-1·2	Ⅱ-3 Ⅳ-2	Ⅳ-1			Ⅳ-2	Ⅰ-2 Ⅳ-3·4	Ⅳ-5·6·7
	試行 第2回		Ⅱ-4·5			Ⅳ-1	Ⅳ-1	Ⅳ-3·4·5	Ⅰ-2 Ⅳ-2
	試行 第1回					Ⅲ-1	Ⅰ-5 Ⅲ-3·4	Ⅲ-2	Ⅰ-4 Ⅲ-5
センター	本試験 2020		Ⅱ-1·2·3		Ⅳ-1				
	本試験 2019		Ⅱ-1·2·3						
	本試験 2018	Ⅱ-2	Ⅱ-1·3	Ⅱ-4					
	本試験 2017			Ⅱ-1·2·3	Ⅱ-4·5				

Ⅰ・Ⅱ・Ⅲ…は大問番号，1・2・3…は小問番号を示す。

宇宙

✓ この分野の主な内容

●太陽の周りを回る天体（地学基礎，地学）

地球の自転・公転，惑星の特徴，惑星の視運動と空間運動，ケプラーの法則（地学）がよく出題されている。特にケプラーの法則やそれに関する計算問題は頻出である。時刻や暦も扱われている。

●地球と他の惑星との比較（地学基礎，地学）

太陽系の誕生や創成期の地球，地球型惑星や木星型惑星と地球との比較など，天体としての地球を考えさせる内容である。

●太陽（地学基礎，地学）

太陽の概観，太陽活動と地球への影響，太陽のスペクトル，太陽のエネルギー源（地学）などがよく出題されている。

●恒星（地学）

宇宙ではほぼ毎年出題されている。距離と明るさ，HR 図は頻出で，計算問題も練習しておく必要がある。そのほか恒星の質量と進化も重要である。ウィーンの変位則，シュテファン・ボルツマンの法則もよく出題されている。

●銀河と銀河系（地学基礎，地学）

銀河系の構造，ハッブルの法則（地学）が最も重要で，計算問題も含めて十分理解しておきたい。ビッグバンに関する事項も重要である。

● 「宇宙」分野の出題内容一覧

			地学基礎			地学						
年　度			宇宙のすがた	太陽と恒星	太陽系の中の地球	地球の自転と公転	太陽系天体とその運動	太陽の活動	恒星の性質と進化	銀河系の構造	様々な銀河	膨張する宇宙
共通テスト	本試験	2023	Ⅲ-4	Ⅲ-1·2·3		Ⅴ-3·5	Ⅴ-1·2	Ⅴ-4	Ⅰ-5 Ⅴ-6			
		2022		Ⅲ-1·2	Ⅲ-3	Ⅴ-1	Ⅴ-2·3		Ⅰ-2 Ⅴ-5·6·7		Ⅴ-4	
		2021(1)	Ⅲ-2·3	Ⅲ-1·4					Ⅰ-5 Ⅴ-2·5·6		Ⅴ-1·3	Ⅴ-4
		2021(2)	Ⅲ-2		Ⅲ-1·3	Ⅰ-3·4 Ⅴ-5	Ⅰ-2 Ⅴ-7		Ⅴ-1·2·3·4	Ⅰ-2		Ⅴ-6
	追 試行	2022	Ⅲ-1·2·3		Ⅳ-3	Ⅴ-6		Ⅰ-1	Ⅴ-1·2·3·4		Ⅴ-5	
		第2回	Ⅲ-3·4·5				Ⅴ-1·2·3·4·5					
		第1回				Ⅳ-4·5	Ⅳ-2	Ⅰ-6 Ⅳ-1	Ⅳ-3			
センター	本試験	2020	Ⅲ-1·2		Ⅲ-3							
		2019	Ⅲ-3	Ⅲ-1·2								
		2018			Ⅲ-1·2·3							
		2017		Ⅲ-1·2 Ⅳ-1								

Ⅰ・Ⅱ・Ⅲ…は大問番号，1・2・3…は小問番号を示す。

センター地学基礎
過去問の上手な使い方

　センター試験「地学基礎」の過去問も，出題範囲は共通テストと同じなので，演習に役立てることができます。とはいえ，もちろん異なる部分もあり，ただ解くだけでは効果が薄れてしまいます。以下のポイントに気をつけながら取り組み，より効果的に学習しましょう！

 ## 苦手分野を知る！

　共通テスト「地学基礎」では，教科書で学習するすべての範囲から，まんべんなく出題される。したがって，苦手分野をつくらないことがより一層重要となる。本書の解答・解説編では，それぞれの問題がどの分野からの出題であるかを示しているので，過去問演習の後に分野ごとの得点を算出すれば，どの分野が苦手なのかを客観的に把握することができる。苦手分野が見つかったら，教科書に立ち返って，重点的に学習すること。苦手分野の問題演習には，ねらいめはココ！（p. 029）も活用してほしい。

 ## 思考力問題に注目！

　「地学基礎」では，教科書に基づく知識に加えて，洞察力や応用力をはたらかせて正解を導く問題，図やグラフ・表をもとに科学的な思考力を用いて正解を導く問題，分野横断型の問題が思考力問題にあたるといえる。

　思考力の骨格となるのは「空間と時間の変化を把握する力」である。この骨格は，試験の形式が変わっても不変であるから，共通テストを受験するにあたって非常に重要になると考えられる。

　共通テストでは引き続き思考力問題が出題される可能性が高いが，センター試験でも，思考力が必要な問題は多く出題されてきた。以下に，その一部を紹介する。これらの問題を通して，「空間と時間の変化を把握する力」を養ってほしい。

 ### 計算問題

【2017 年度 地学基礎 本試験 第 3 問 問 2】
　太陽の光が海王星に届くまでの時間を求める問題。宇宙の分野は距離や時間のスケ

ールが非常に大きいため，単位の換算ミスや桁数の数え間違いなどをしやすい。本問でも，与えられている光の速度は「秒」だが，求めるのは「時間」であり，式を立てるときには注意が必要である。

参考 計算問題がよく出る分野

地球(活動)	地震分野，走時曲線，プレート，アイソスタシー
鉱物・岩石	鉱物の化学組成　　地質・地史　走向・傾斜，放射年代
大気・海洋	湿度や断熱変化，地球の熱収支，海水の塩分
宇　　宙	年周視差と距離，表面温度と放射，地球や太陽の自転・公転周期

✔ 実験・観察問題

【2019 年度 地学基礎 本試験 第 1 問 C 問 8・問 9】

　問 8 は岩石を観察し含まれる鉱物の種類と量から色指数を求める問題，問 9 は設問文で示された岩石のでき方と SiO_2 含有量を答える問題である。「色指数」「SiO_2 含有量」といった基本事項の正確な理解はもちろん，ともに設問内の情報をもとに式を立てて計算する必要があり，知識と計算力，両方が試される問題となっている。

✔ 読図・グラフ問題

【2020 年度 地学基礎 本試験 第 2 問 問 1】

　観測所と台風の位置関係の図と観測所の風向，風力，気圧の変化が示された図から，どの観測所のデータかを求める問題。一度に複数の要素を見比べる必要があり，総合的な思考力が求められている。

【2019 年度 地学基礎 本試験 第 1 問 B 問 4】

　地質調査で露頭を観察し，地層の形成過程を考察する問題。現象が起きた順番を，過去に遡りながら推測する必要がある。問題文とスケッチで示されていることを正確に読み取り，時系列に沿って起こった出来事を整理する思考力が求められている。

【2017 年度 地学基礎 本試験 第 2 問 A 問 3】

　過去の気温上昇率から将来の気温上昇量を求める問題。グラフから最も適切な年の気温 2 つを読み取って上昇率を求め，さらにその 2 倍の上昇率を仮定して 50 年後の気温を求めるという，論理的手順を踏んだ思考力が求められている。

✔ 総合問題

【2018 年度 地学基礎 本試験 第 2 問】

　ある科学者の随筆を読み，そこに書かれた身近な現象と，実際の地球で起こっているさまざまな現象を結びつけ，共通する原理について考えるという問題。これぞまさに，総合科学である地学独特の思考力を求められる問題といえる。

共通テスト

攻略アドバイス

ここでは，共通テストで高得点をマークした先輩方に，その秘訣を伺いました。実体験に基づく貴重なアドバイスの数々。これをヒントに，あなたも攻略ポイントを見つけ出してください！

✅ まずは教科書学習で基礎固め！

共通テストで出題の基礎となるのは教科書です。試験問題は各社の教科書を比較・検討した上で作られますから，「大事なことはすべて教科書に書いてある」と心得て，じっくり取り組みましょう。

地学基礎のように，知識の量がそのまま点数につながる科目は，教科書を読んで（インプット），問題を解く（アウトプット）を繰り返して，知識を定着させるのがよいと思います。　　　K. F. さん・筑波大学（総合学域群）

教科書を覚えることが大切です。特に岩石の種類の表は必ず覚えておくべきです。また，教科書にある表やグラフはテスト当日までに一度見ておくべきだと思います。　　　　　　　　　　　Y. N. さん・広島大学（教育学部）

根本的に理解不足だと感じた部分は教科書やノートを見直したほか，間違えたり調べたりしたものをノートに書きためていました。
Y. S. さん・お茶の水女子大学（文教育学部）

✔️ 暗記事項は図やグラフと関連づけてマスター！

岩石や地層の分野，さまざまな原理などの暗記事項は図やグラフと関連づけてしっかり覚えましょう。繰り返し確認することで記憶が定着するでしょう。

> 覚えることが多いですが，現象のメカニズムさえ理解できれば覚えやすいものばかりなので頑張ってしくみを覚えてください。
>
> T. H. さん・京都府立大学（文学部）

> 図や絵を活用して，宇宙の構造などわかりにくいところを理解していくのがよいと思います。
>
> H. O. さん・東京外国語大学（言語文化学部）

> 火山の種類や岩石の名称などは頻出で，関連づけて覚えておくと応用が利くので便利です。
>
> T. Y. さん・千葉大学（文学部）

✔️ 思考力アップのコツ

共通テストでは，資料や実験結果を考察させて思考力を問う問題が出題されます。思考力は一朝一夕には身につかないので，早いうちからコツコツと努力を続けることが大切です。また高得点を狙う人は，計算問題の対策も必ずしておきましょう。

> 身近な天気や台風などの単元が多いので，ニュースの気象情報をみて自分の知っている知識を家族に話し，アウトプットすることで身に付いていることが確認できます。　　　T. K. さん・高知大学（農林海洋科学部）

> 時間・空間のスケール感がとても大きいので，そのスケール感を正しく理解することが重要だと思います。
>
> R. M. さん・一橋大学（経済学部）

> 計算問題が1，2問ほど出題されますが，地学基礎の計算問題は物理などと違って算数の四則計算ができれば解けますので，計算だからといって諦めないで挑戦してください。　　　N. A. さん・茨城大学（人文社会科学部）

✅ 問題演習で総仕上げ

　知識を定着させ，理解を深めるには，問題演習が最適です。共通テストの過去問はもちろん，センター試験の過去問も全範囲からまんべんなく出題されているので，自分の苦手なところの確認に使えます。**センター地学基礎　過去問の上手な使い方**（p. 039）を参考にしながら，センター試験の過去問演習にも積極的に取り組むようにしましょう。

　基礎的な知識問題を確実にし，その上で応用的な問題に取り組むとよいと思います。センター試験の問題も十分使えるのでたくさん演習することが大事だと思います。　　　　　　　　　　　　　　T. Y. さん・北海道大学（法学部）

　地学基礎は問題数が少ないため，一つ一つの配点が大きくなります。そのため，教科書を隅々まで読んで，あとはとにかく過去問演習をすることが大切です。どうしても覚えられないものは紙に書いてトイレのドアに貼って覚えました。　　　　　　　　　　　　　　　H. N. さん・茨城大学（教育学部）

　地道に対策しておいて損はないので，問題集を手に入れておきましょう。私は間違えた問題を何度も解き直し，解答解説も読み込んで，本番にも持っていきました。巻末に点数チャートがついているものは，書き込むとモチベーションが上がります。　　　　　　　　M. F. さん・東京外国語大学（国際社会学部）

　基礎を徹底してから問題演習に取り組み，解けなかった問題を復習していけば解けるようになると思います。共通テスト直前は多くの問題を解いていました。　　　　　　　　　　　　　S. H. さん・千葉大学（国際教養学部）

　学校の授業を聞きながら，まとめプリントを作って，冬休みにそれを見て暗記を進めつつ，過去問を 5 年分解いた。授業を聞いたり，早めに参考書を一周したりして概観をつかんで，冬休みにどれくらい時間をかければよいか把握しておくといいと思う。　　　　　　　　T. I. さん・東京大学（文科二類）

　本番の試験時間よりも 5 分短く時間を設定して解くようにしていました。また，繰り返し解くうちにさらに 5 分縮め，問題を見ただけで考え方が思い浮かぶようになるまで演習しました。　　　　　M. T. さん・千葉大学（文学部）

解答・解説編

Keys & Answers

解答・解説編

凡　例

NOTE：設問に関連する内容で，よくねらわれる重要事項をまとめています。

✓ **解答・配点に関する注意**

　本書に掲載している正解および配点は，大学入試センターから公表されたものをそのまま掲載しています。

地学基礎
地学

地学基礎　本試験

問題番号（配点）	設問		解答番号	正解	配点	チェック
第1問 (19)	A	問1	1	④	4	
		問2	2	①	3	
	B	問3	3	①	3	
		問4	4	④	3	
	C	問5	5	②	3	
		問6	6	③	3	
第2問 (7)	A	問1	7	④	4	
	B	問2	8	③	3	

問題番号（配点）	設問	解答番号	正解	配点	チェック
第3問 (14)	問1	9	①	4	
	問2	10	②	3	
	問3	11	②	3	
	問4	12	③	4	
第4問 (10)	問1	13	②	4	
	問2	14	②	3	
	問3	15	①	3	

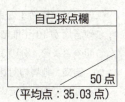

自己採点欄

50 点

（平均点：35.03 点）

第1問 —— 地球，地質・地史，鉱物・岩石

A　標準　《地球の全周，プレート境界》

問1　1　正解は④

X市とY市で同じ日に測定した太陽の**南中高度の差**は $57.6 - 53.1 = 4.5°$ である。
X市とY市はほぼ南北に位置するので，この南中高度の差は両市間の距離 550 km を子午線弧長とする**地球の中心角**の大きさに等しい。

したがって，地球の全周を L〔km〕とすると

$$L = 550 \times \frac{360}{4.5} = 44000 \text{〔km〕}$$

問2　2　正解は①

地球表面は十数枚の**プレート**とよばれる岩盤で覆われており，これらは相対的に年間数 cm 程度の速さで移動している。2枚のプレートの境界に着目したとき，それらの距離が広がる**発散（拡大）境界**，距離が縮まる**収束境界**，互いにすれ違う**すれ違い境界**に分類できる。海底にある発散境界の代表的地形は**海嶺**（中央海嶺）であり，地下深部からマントル物質が上昇している。**収束**境界の代表的地形は**海溝**で，海洋プレートは海溝から 100 km 以上の深部に沈み込んで深発地震を発生させる。また，**すれ違い境界ではマグマが発生しないので**火山活動は見られない。

B　標準　《地層の対比》

問3　3　正解は①

凝灰岩層や火山灰層のように，比較的**短い期間**に堆積し，**広い範囲**に分布する地層は，その地層やその上下の地層が堆積した時期を特定するのに役立つ。このような地層を鍵層という。

問4　4　正解は④

a．誤文。地域Aでは，凝灰岩層Xが堆積してから凝灰岩層Yが堆積するまでに泥岩層が約 10 m 堆積している。一方，地域Bでは凝灰岩層Xが堆積してから凝灰岩層Yが堆積するまでに砂岩層が約 40 m 堆積している。したがって，地域Bの砂岩層が 10 m 堆積するのにかかる時間は，地域Aの泥岩層が 10 m 堆積する時間のおよそ4分の1で，**短い**ことがわかる。

b．誤文。地層の対比は，異なる地域の地層が**同時代に堆積したかどうかを比較**するものであり，その地層の堆積環境を推定することはできない。

C 《晶出順序，マグマの性質》

問5 5 正解は②

マグマの中からはじめに晶出する鉱物は，その原子配列が外形の結晶面に現れた自形とよばれる鉱物本来の形状になる。図2の鉱物 a 〜 c のうち，鉱物 a や c は鉱物 b がもともと存在するために結晶面が本来の形に成長できていない。一方，鉱物 b は他の鉱物に影響されずに直線的な結晶面で囲まれた自形結晶となっている。したがって，鉱物 b が一番はじめに晶出した鉱物である。

問6 6 正解は③

昭和新山は溶岩円頂丘（溶岩ドーム）とよばれる形をした火山で，そのマグマは SiO_2 量が約 63 質量%以上含まれる**ケイ長質**であり粘性は高い。一方のキラウエアは盾状火山であり，そのマグマは SiO_2 量が約 45〜52 質量%含まれる**苦鉄質**で，粘性は低い。したがって，項目 C の言葉を入れ替えるとマグマの粘性の対応が正しくなる。

第2問 ── 大気・海洋

A 《移動性高気圧》

問1 7 正解は④

図1の天気図に示された高気圧の 1020 hPa の等圧線に着目すると，緯度 35° 付近でおよそ東経 123° から 143° に広がっており，20° 程度の経度幅をもつ。図1の下にある説明文より，この緯度付近の経度幅 10° は約 900 km の距離に相当することがわかるので，この高圧部の東端から西端の距離はおよそ $900 \times \dfrac{20}{10} = 1800$〔km〕である。天気図中央付近に高圧部の移動速度が東へ 30 km/h と示されているので，この高圧部の東端が東経 140° 付近を通過し始めてから西端が通過し終わるまでの時間を t 時間とすると

$$t = \frac{1800}{30} = 60 \text{ 時間}$$

また，高気圧では下降流が卓越するので雲ができにくく，高気圧に覆われているところでは晴天が続くことが多い。

B やや難 《黒　潮》

問2 8　正解は③

　黒潮は北太平洋を時計回りに流れる**環流**の一部である。したがって，黒潮の流路は北太平洋亜熱帯地域を中心とする巨大な暖水塊の周囲に沿って流れているとみることができる。図2において，南西諸島の北西の等水温線の間隔が狭くなっており，ここで海水温が大きく変化している。このことから，南西諸島の北西側で25℃の等水温線付近に沿って北東へ黒潮が流れていると考えられる。また，南西諸島の西側に25℃の等水温線が北東へとくびれて凸になっている様子が見られることも，暖かい海水が北東へ流れている様子を表している。その後，九州・四国沖〜関東沖へと流れた黒潮は，関東の東方で黒潮続流となる。図2において，関東地方の東側に伸びる20℃の等水温線より北方で等水温線の間隔が狭くなっていることから，黒潮続流はこの20℃の等水温線付近に沿って東方へと流れていると考えられる。

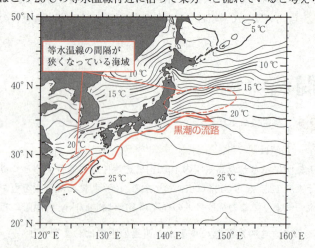

第3問 標準 ── 宇宙《星団，星雲，銀河系》

問1 9　正解は①

　散開星団は生まれたばかりの若い恒星の集まりであり，**球状星団**は年をとった古い恒星の集まりである。また，**散光星雲**は宇宙空間の星間物質が多く集まっており，その中で恒星が生まれている。一方，**惑星状星雲**は，太陽程度の質量をもつ恒星が終末期になって外層のガスを周囲の空間に放出したものである。

問2 　10 　正解は②

①不適。太陽系の中に星雲は存在しない。

②適当。散光星雲も惑星状星雲も，大量のガスや塵の集まりであり，付近に存在する恒星の光を反射してガスや塵がぼんやりと輝いて見えている。

③不適。コロナは希薄なため，通常輝いて見えることはない。

④不適。系外惑星が恒星の光を反射したとしても，広がって見えることはない。

問3 　11 　正解は②

①不適。黒点付近の磁場は強いが，光を吸収する物質が溜まることはない。

②適当。太陽の光球面の温度はおよそ 6000 K であるが，黒点の温度は光球面より 1500〜2000 K ほど低いので黒く見えている。黒点付近には強い磁場が観測され，その磁場によって内部からのエネルギー放出が遮られている。

③不適。黒点付近の磁場は強く，また高密度のガスで光が遮られて黒く見えているのではない。

④不適。黒点付近の磁場は強く，また発光するガスが少ないために黒く見えているのではない。

問4 　12 　正解は③

銀河系は約 2000 億個の恒星と星間物質の人集団であり，その直径はおよそ 10 万光年である。

地球が含まれる太陽系は，銀河系の円盤部の中に位置している。地球から円盤部の方向を見ると密集した星々が帯状の天の川として見える。よって，その方向は図2の方向Bである。一方，M31 は天の川と異なる方向に見えることから，M31 の方向は方向Aである。

第4問 　標準 ── 自然環境《火山の恵み，石灰岩，日本の降水》

問1 　13 　正解は②

①適当。マグマが冷却されて鉱物が晶出すると，最終的には金属成分を多く含む熱水が残る。この熱水から有用な鉱物が濃集・沈殿すると，鉱物資源をもたらす鉱床となる。

②不適。石炭などの化石燃料は過去の生物が地中に埋没し，長期間にわたって圧力や地熱を受けることで変質して生成される。

③適当。火山近くでは，地下水がマグマの熱によって温められるので，温泉として利用することができる。

④適当。火山地域で開発が進められている地熱発電は，マグマの熱によって熱せら

れた高温の地下水を地表へ導くことで大量の水蒸気を発生させ，その勢いを利用
して発電を行うものである。

問2 　14　正解は②
日本に広く分布する**石灰岩**の多くは，海底に生息していた**サンゴやフズリナ**といっ
た炭酸カルシウムを主成分とする生物の遺骸が堆積し，**続成作用**を受けてできたも
のである。さらに，石灰岩が**変成作用**を受けて粗粒の方解石が卓越するようになっ
たものが**結晶質石灰岩（大理石）**である。

問3 　15　正解は①
①**誤文**。日本列島付近で6月から7月にかけて**オホーツク海高気圧**と**北太平洋高気**
　圧の間にできる**停滞前線**を**梅雨前線**という。梅雨前線はしばしば災害を生じるほ
　ど長期間にわたる降水をもたらす。
②**正文**。台風は中心付近の最大風速が17m/s以上になる熱帯低気圧であり，暖か
　く湿った空気が大量に上昇して形成される厚い積乱雲を伴い，日本にも多量の降
　水をもたらす。
③**正文**。日本付近の**温帯低気圧**は，その南東側で南方の暖気が北方の寒気に乗り上
　げる**温暖前線**を形成し，南西側では北方の寒気が南方の暖気の下方にもぐり込む
　寒冷前線を形成する。いずれの前線も日本に降水をもたらす。
④**正文**。冬季には，乾燥したシベリア高気圧から吹きだす季節風が日本海で大量の
　熱と水蒸気を供給されて湿潤な大気に変質し，日本の脊梁山脈にぶつかって上昇
　流となって大量の降雪をもたらす。

地 学　本試験

問題番号 (配点)	設　問		解答番号	正 解	配 点	チェック
第1問 (20)	問1		1	③	4	
	問2		2	④	4	
	問3		3	③	4	
	問4		4	②	4	
	問5		5	②	4	
第2問 (18)	A	問1	6	②	4	
		問2	7	④	4	
		問3	8	②	4	
	B	問4	9	①	3	
		問5	10	③	3	
第3問 (22)	A	問1	11	①	4	
		問2	12	②	4	
	B	問3	13	①	4	
		問4	14	④	4	
	C	問5	15	④	3	
		問6	16	①	3	

問題番号 (配点)	設　問		解答番号	正 解	配 点	チェック
第4問 (18)	A	問1	17	②	3	
		問2	18	③	4	
		問3	19	④	3	
	B	問4	20	②	4	
		問5	21	③	4	
第5問 (22)	A	問1	22	③	4	
		問2	23	②	3	
		問3	24	①	4	
	B	問4	25	①	3	
		問5	26	③	4	
		問6	27	④	4	

自己採点欄

100 点
（平均点：49.85 点）

第1問

地球，鉱物，地質，気象，宇宙
《プレート，鉱物，地質図，温帯低気圧，等級と距離》

問1　| 1 |　正解は③

太平洋プレートは東北地方の沖合で日本海溝から沈み込んでいる。図1において，東経144°付近より陸側で地震活動が発生することから，日本海溝の位置はちょうどB地点付近にあると考えられる。B地点からA地点にかけての震源の深さを見ると，西へ行くほど深いものが現れており，秋田沖で震源の深さが200−250kmの地震が起きている。このことから，A地点付近では地下300km付近までプレートが沈み込んでいると考えられるので，正解は③である。

問2　| 2 |　正解は④

Aのスケッチのように2方向のへき開の交わる角度が60°，120°となるのは角閃石の特徴である。角閃石はイのように長柱状の外形をしており，このような角度が観察できるのは，長柱状に伸びる方向に垂直な平面である。またAのスケッチに直角な方向から見ると，へき開は1方向しか見えずBのスケッチのようになる。

問3　| 3 |　正解は③

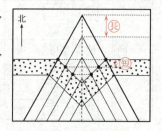

図3Bにおいて，地層Xと等高線の交点を考えると，地層Xの等高度面は南に行くほど低くなることがわかる。よって地層Xの傾斜の向きは南である。また，右図のように沢底と地層Xの等高線の間隔あたりの水平距離を比較すると，地層Xの方が短いことがわかる。水平距離が短いほど傾斜は大きいため，地層Xの傾斜と河川の勾配では地層Xの傾斜の方が大きい。

問4　| 4 |　正解は②

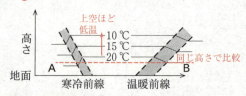

大気の温度は一般に上空ほど低いので，正解は②か④に絞ることができる。線分ABに沿った鉛直断面を南側から見たとき，寒冷前線の西側と温暖前線の東側には寒気が，寒冷前線と温暖前線の間には暖気が存在する。同じ高さで比較した場合には，寒気より暖気において温度が高いと考えられる。この状況に整合するのは②の

図である。

問5 5 正解は②

天体の絶対等級は，その天体を地球から 10 パーセクにおいたときに見える等級である。また天体の距離が 10 倍になると明るさは 100 分の 1 に見え，見かけの等級が 5 大きくなる。よって距離 r〔パーセク〕にある見かけの等級 m の天体の絶対等級 M は

$$M = m - 5\log_{10} r + 5$$

この式を変形すると

$$m - M = 5\log_{10} r - 5$$

となり，遠くにある天体ほど $m - M$ が大きくなることを意味している。図 6 からアルニタク，ベテルギウス，リゲルの $m \cdot M$ はそれぞれ 2.0・-4.7，0.4・-5.5，0.1・-7.0 と読み取れる。したがってそれぞれの $m - M$ は 6.7，5.9，7.1 となり，近いものから順に並べ替えるとベテルギウス，アルニタク，リゲルとなる。

別解 図 6 の 100 パーセクの破線の意味を理解するには，絶対等級の定義を思い出せばよい。絶対等級とは，恒星を地球から距離 10 パーセクの位置におき直したと仮定したときの等級であるから，図 6 を下方へ伸ばし，見かけの等級と絶対等級が等しくなる点を結ぶと，距離 10 パーセクの線が直線として描ける。距離が 10 倍になると明るさは $\dfrac{1}{100}$ になり，見かけの

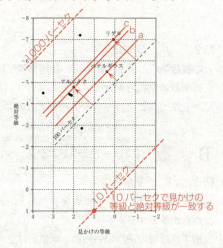

等級が 5 等級大きくなるから，距離 100 パーセクの破線は，距離 10 パーセクの線を左へ 5 等級だけ平行移動したものとなる。距離 1000 パーセクの線も同様に描ける。つまり，図 6 においては，地球からの距離が一定の線は平行な直線となり，その直線がより左上方に位置するほど地球からの距離が遠い。したがって，右図のように，図 5 の 3 恒星をそれぞれ通り，100 パーセクの破線に平行な 3 直線を描けば，地球からの距離はベテルギウス（直線 a）＜アルニタク（直線 b）＜リゲル（直線 c）の順であるとわかる。

第2問 ── 地 球

A やや易 《高度分布，地震波》

問1 6 正解は②

　a．正文。地球表面には，密度の小さな**大陸地殻**と密度の大きな**海洋地殻**がある。その平均的な厚さは**大陸地殻で30〜60km，海洋地殻で5〜10km**と差があり，このことが主な要因となって地球表面の高度分布に二つのピークが現れる。

　b．誤文。地球表面の面積のうち，約30％が陸地であり，約70％が海洋である。このことは図1の高度分布図において，海面よりも上にある割合を合計すると約30％になり，下にある割合を合計すると約70％になることから確認できる。

　図1において，1000m以浅の**大陸棚に相当する高度分布の割合はおよそ8％**にすぎず，これを陸地の割合約30％に加えても約38％にしかならない。したがって，**大陸棚を陸地に含めたとしても，陸地の割合が海洋より大きくなることはない**。

問2 7 正解は④

　地震観測点と震源の距離は，初期微動継続時間とほぼ比例する。地点A，B，Cの初期微動継続時間はそれぞれおよそ13秒，7秒，11秒であるから，震源に近い方から並べると，**B→C→A**の順となる。

B 標準 《プレートテクトニクス，火山前線，マグマの発生》

問3 8 正解は②

　中央海嶺はプレートの拡大境界であり，両側に引っ張られることにより**正断層型**の地震が多発する。

　横ずれ断層の向きの判別は，断層をはさんで，向こう側の岩盤が左にずれて動くのが左横ずれ，向こう側が右にずれるのが右横ずれである。

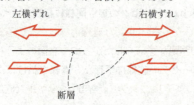

海嶺において**リソスフェア**が形成され，海嶺をはさんだ海底は両側に離れていく方向に動く。したがって，図3のB付近の海嶺と岩盤の動きを図示すると，Bの**トランスフォーム断層**は左横ずれ断層であることがわかる。

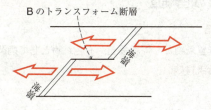

Bのトランスフォーム断層

問4　　9　　正解は①

海洋プレートの沈み込みに伴って水がマントルに供給されると，かんらん岩の融点が低下してマグマが発生しやすくなるが，海洋プレートは冷たいので，ある深さ以上にならないとマグマが発生しない。その深さはおよそ100km程度であり，海溝から一定の距離離れたところに火山が出現する限界線，すなわち**火山前線**が生じる。問題文より火山の位置にその噴出物の体積を示すことから，火山前線よりも海溝側（太平洋側）ではマグマが発生しないので火山噴出物の体積は0となる。また，火山噴出物の量は火山前線から離れるほど減少する。

問5　　10　　正解は③

〈中央海嶺〉

s．不適。中央海嶺で地下深部から高温のマントル物質が上昇してくるが，途中で加熱されることはないので温度が上昇することはない。

t．適当。中央海嶺で高温のマントル物質が上昇するのに伴い，マントル物質にかかる圧力が下がっていく。マントル物質の融点は圧力が低くなると下がるために，上昇してきた固体のマントル物質の一部が溶融してマグマが発生する。

〈海溝付近〉

x．適当。マントル物質は水が存在すると融点が低下するので，海洋プレートの沈み込みに伴って水がマントルに供給されることで**部分溶融**が起こる。

y．不適。マントル物質の圧力はプレートの沈み込みによって深部ほど高圧になる。マントル物質の融点は高圧になるほど高くなるため，圧力が上昇することで部分溶融が起こることはない。

第3問 —— 鉱物・岩石，地質・地史

A 標準 《マグマの化学組成》

問1 11 正解は①

普通の**安山岩**には無色鉱物として**斜長石**，有色鉱物として**角閃石**と**輝石**が含まれるが，<u>かんらん石は含まれない</u>。

問2 12 正解は②

斜長石は Ca と Na の含有率が任意の割合で変化する**固溶体**であり，<u>苦鉄質</u>のマグマから晶出する際には <u>Ca 成分が多くなる</u>。したがって，苦鉄質岩である**玄武岩**に含まれる斜長石は Ca に富む。

地下のマグマがゆっくりと冷却される過程において，温度に応じて晶出する鉱物は異なり，晶出した鉱物が沈積することでマグマからその鉱物の化学成分が取り除かれていく。このようにしてマグマの組成と晶出する鉱物が変化していくことを<u>結晶分化作用</u>という。

B やや易 《地 質》

問3 13 正解は①

デスモスチルスは**新生代新第三紀**に繁栄したほ乳動物である。図2の露頭のスケッチによると，不整合面よりも下位の地層のうち，最も上位にある地層は泥岩層Cである。地層の逆転はなかったので，**地層累重の法則**より泥岩層Cは凝灰岩層Dや石灰岩層Eよりも新しいことがわかる。泥岩層Cには**中生代**の示準化石である**イノセラムス**がみられることから，それより新しい新生代に生息していたデスモスチルスの化石を含む可能性があるのは不整合面よりも上位にある<u>砂岩層Aと礫岩層B</u>に限られる。

また，砂岩層Aにはデスモスチルスと同時代に繁栄した**ビカリア**の化石がみられることも砂岩層Aにデスモスチルスの化石が産出する可能性を示唆している。

問4 14 正解は④

褶曲構造のうち，上に凸の形状を背斜，下に凸の形状を向斜という。図2の褶曲構造は上に凸の形状なので**背斜構造**である。また，断層面を境に，断層面の上の地層（上盤）が下の地層（下盤）に対してずり落ちた場合を正断層，上盤が下盤に対してずり上がった場合を逆断層という。本問の断層Fでは，<u>上盤が下盤に対してずり上がっているので逆断層</u>といえる。

C やや易 《人類の進化》

問5 15 正解は④

ホモ・サピエンス（現生のヒト）が出現したのは約16万年前である。図3のカレンダーにおいて，1カ月の長さは700万年÷12≒58万年であり，16万年はその4分の1〜3分の1ほどである。したがって，ホモ・サピエンスの出現をこのカレンダーに入れると12月下旬となる。

問6 16 正解は①

①適当。特に北半球において，約260万年前以降の第四紀に急激に氷河の発達がみられる。およそ70万年前以降には，氷床が発達する氷期と氷床が縮小する間氷期が約10万年周期でくり返されている。

②不適。全球凍結（スノーボール・アース）が起こったのは約23億年前と約7億年前であり，地球史における原生代のことである。

③不適。ゴンドワナ大陸が形成されたのは約6億年前の古生代のことである。

④不適。隕石衝突による生物の大量絶滅が起こったのは中生代末の約6600万年前のことである。

第4問 ── 大気・海洋

A やや易 《地球大気，オゾン層》

問1 17 正解は②

地球大気は，高度に対する温度変化によって分類されている。地表から約10kmまでは高度とともに気温が低下する**対流圏**，高度約10〜50kmは高度とともに気温が上昇する**成層圏**，さらに高度約80kmまでを**中間圏**，高度約80kmより上を**熱圏**という。

問2 18 正解は③

問題文より，気温が−78℃より低温となるかどうかをオゾン層が破壊される基準として考える。期間1では−78℃より低温となることはなかったが，期間2では−78℃より低温となった時期が存在する。よって，期間1よりも期間2でオゾン層の破壊が促進されたと考えられる。

B　やや易　《亜熱帯循環》

問3　19　正解は④

海洋表層の地衡流では，海水の凹凸によって生じる圧力傾度力とコリオリの力がつり合っている。

問4　20　正解は②

アイソスタシーが成立しているとすると，密度の小さい物質が厚いほど海面の高さが高くなる。したがって，密度の小さい白い領域が中央付近で厚くなっている②が適当である。

問5　21　正解は③

コリオリの力が緯度によって変化する現実の北太平洋では，海水面の高さが海洋中央部の西側で高くなっている。このため海面の傾斜が西側の方が急になり，圧力傾度力が大きくなる。圧力傾度力とコリオリの力がつり合って地衡流が流れるが，コリオリの力と流速は比例するので海洋の西側の流速が東側よりも速くなる。この現象を西岸強化とよぶ。

第5問 —— 宇　宙

A　やや難　《会合周期，最大離角》

問1　22　正解は③

火星の公転周期を M 年，木星の公転周期を J 年とする。火星と木星の1年間に公転する角度はそれぞれ $\left(\dfrac{360}{M}\right)^\circ$，$\left(\dfrac{360}{J}\right)^\circ$ である。この差が S 年かかって1周＝360°の差になるので

$$360 = \left(\frac{360}{M} - \frac{360}{J}\right) \times S$$

よって，関係式は

$$\frac{1}{S} = \frac{1}{M} - \frac{1}{J}$$

また，この会合周期の式は $S = \dfrac{MJ}{J-M}$ と変形できるので，図1から火星と木星の公転周期を読み取って $M = 1.85$ 年，$J = 11.85$ 年を代入すると

$$S = \frac{1.85 \times 11.85}{11.85 - 1.85} \fallingdotseq 2.2\ \text{年}$$

問2 　23 　正解は②

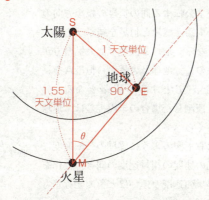

上図のように，火星から見た地球が太陽に対して最大離角をなすときの火星の位置をM，地球の位置をE，太陽の位置をSとする。このとき，直線 ME は地球軌道の円に引いた接線になるので，直線 ME と直線 SE は直交する。直角三角形 MSE において，Mの頂角 θ が最大離角であるから

$$\sin\theta = \frac{SE}{MS}$$

図1から火星の軌道半径 MS を約 1.55 天文単位と読み取ると，地球の軌道半径 SE はちょうど1天文単位であるから

$$\sin\theta = \frac{1}{1.55} \fallingdotseq 0.645$$

となり，表1の角度 $\theta = 40°$ の正弦 0.643 が最も近い値となる。

問3　[24]　正解は①

　年周視差は，惑星が1公転する間の恒星の視線方向の変化を示す角度で，太陽と惑星と恒星を結ぶ三角形の恒星における頂角となる。地球と火星では火星の方が太陽との距離が長いので，地球と火星から恒星Aを見た場合の年周視差を α，β とすると $\beta > \alpha$ となる。したがって，火星から観測した場合の年周視差は，地球から観測した場合とくらべて**大きい**。

　また，**年周光行差**は右下図のように惑星の公転速度に対する恒星からの光の速度の相対速度の向きの変化を示す角度である。惑星の速度が速いほど年周光行差も大きくなり，遅いほど小さくなる。

　与えられた惑星の公転速度の式に，図1から読み取った軌道半径と公転周期を代入すると

$$地球の公転速度：V_E = \frac{2\pi \times 1}{1} = 2\pi$$

$$火星の公転速度：V_M = \frac{2\pi \times 1.55}{1.85} < 2\pi = V_E$$

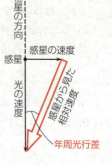

したがって，火星の公転速度の方が**遅い**ので，火星から観測した場合の年周光行差は，地球から観測した場合とくらべて**小さい**。

B　やや易　《太陽系，HR図》

問4　[25]　正解は①

太陽で**フレア**が発生し，強いX線や**太陽風**が放射，放出されると，地球では**デリンジャー現象**とよばれる通信障害や**磁気嵐**が起こり，人間の生活に影響を与えることがある。

問5　[26]　正解は③

①正文。恒星の南中時刻は地球の公転によって毎日少しずつ早くなる。地球が1公転すると24時間ずれてもとの位置にくるので，地球の公転周期を約360日と考えると1日あたりの時間のずれは $24 \times 60 \div 360 = 4$ 分となる。

②正文。地球の自転軸を北極から上空へ延長し，天球と交わったところが天の北極である。地球の自転軸は**歳差運動**とよばれるコマの軸のぶれのような回転運動をしており，その周期は約26000年周期である。したがって，天の北極も約26000

年周期で移動する。

③**誤文。黄道面**は地球の公転面であり，赤道面は地球の自転軸と直角な方向にある平面である。地球は歳差運動により自転軸の方向が変化するが，2つの面のなす角は自転軸の傾きのみで決まるため，緯度には依存しない。

④**正文。**南半球の天の南極付近には北極星のような目印になる恒星はないが，恒星が天の南極を中心として回転するように見える。

問6　　27　　**正解は**④

縦軸に恒星の**絶対等級**，横軸に恒星の**スペクトル型**をとって恒星を分類した図を**HR 図**という。一般的には，多くの恒星を図中に示すために，縦軸の等級は +15 等から −5 等程度に設定することが多い。すると，図の左上から右下にかけて，多くの恒星の列がみられ，この領域に存在する恒星群を**主系列星**とよぶ。スペクトル型が G 型で絶対等級が +4.8 等の太陽は主系列星に属する。本問の図 3 の HR 図に示された 10 個の恒星群は，一般的な HR 図の右上の付近に位置している。この領域の恒星は，スペクトル型が K 型や M 型というように表面温度が低いにもかかわらず，絶対等級がマイナス等級と明るいので赤色巨星である。

散開星団と**球状星団**のうち，赤色巨星が多く含まれ高温で明るい星が存在しないのは球状星団であるから，図 3 の恒星が含まれる星団は球状星団 M3 である。

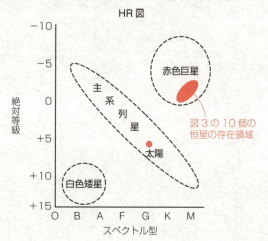

地学基礎 本試験

問題番号 （配点）	設	問	解答番号	正解	配点	チェック
第1問 （20）	A	問1	1	④	3	
		問2	2	③	3	
	B	問3	3	①	4	
		問4	4	③	3	
	C	問5	5	①	3	
		問6	6	①	4	
第2問 （10）	A	問1	7	④	3	
		問2	8	②	3	
	B	問3	9	③	4	

問題番号 （配点）	設	問	解答番号	正解	配点	チェック
第3問 （10）	A	問1	10	②	3	
		問2	11	④	4	
	B	問3	12	①	3	
第4問 （10）		問1	13	④	3	
		問2	14	①	4	
		問3	15	①	3	

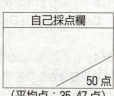

自己採点欄

50 点

（平均点：35.47 点）

第1問 ── 地球，地質・地史，鉱物・岩石

A やや易 《固体地球》

問1 [1] 正解は④

断層の種類：傾斜している断層面の上側にある岩盤を上盤，下側にある岩盤を下盤という。断層面に対して上盤がずり上がった断層を逆断層という。

力のはたらき方：断層面と水平面の交線の方向を走向という。走向に対して垂直で，水平方向に圧縮する力がはたらくときに逆断層が生じる。本問では走向が南北方向なので，東西方向に圧縮する力がはたらいたと考えられる。

問2 [2] 正解は③

流動のしやすさの違いによる区分：地球の表面は厚さ100 km程度の流動しにくい岩盤（プレート）でおおわれており，リソスフェアともよばれる。一方，リソスフェアの下には流動しやすいアセノスフェアとよばれる層がある。

物質の違いによる区分：地球表面から地下数十 km までは玄武岩質〜花こう岩質で密度の小さな岩石で構成されており，地殻とよばれる。地殻の下にはかんらん岩質の岩石で構成されるマントルとよばれる層があり，深さ約2900 kmまで続いている。

B 標準 《地層，化石》

問3 [3] 正解は①

一般に，断層面や不整合面は，それらが切った地層や岩体よりも新しい。断層Dは地層BとCを切っていて，それらの変位量は等しい。よって，断層Dは地層Cの堆積後に活動したと判断できるので，①が誤りである。なお，地層BとCの間の不整合面は花こう岩Aと地層Bを切っている。また，地層Bをホルンフェルスへと変成させた花こう岩Aは，地層Bの堆積後に貫入したといえる。これらのことから，この地域の地史を順に示すと以下のようになる。

地層Bの堆積→地層Bの傾斜（選択肢②）と花こう岩Aの貫入（選択肢③）→ 地層Bと花こう岩Aが侵食作用によってけずられて不整合面が形成（選択肢④）→ 地層Cの堆積 → 断層Dの活動によって花こう岩A，地層B，地層Cがずれた。

問4 [4] 正解は③

地層Bは古生代後期の石炭層を含む。この時代にはロボク・リンボク・フウインボクのような大型のシダ植物が繁栄した。

地層Cの下部に**カヘイ石（ヌンムリテス）**の化石を含むことから，地層Cは新生代古第三紀に堆積が始まったと考えられる。この時代に繁栄した植物としては**メタセコイア**が適当である。

C やや易 《鉱物，岩石》

問5　5　正解は①

火成岩に含まれている鉱物のうち，かんらん石，輝石，角閃石，黒雲母などの黒っぽい色の鉱物は鉄やマグネシウムを多く含み，**有色鉱物**とよばれる。マントル上部を構成する**かんらん岩**は，主に**有色鉱物**であるかんらん石と輝石からなる。

問6　6　正解は①

花こう岩と流紋岩はともにケイ長質（酸性）の火成岩であり，**石英を多く含む**（特徴b）。花こう岩は**深成岩**であり，地下でマグマがゆっくり冷えた際にできる**等粒状組織を示す**（特徴a）。一方，流紋岩は**火山岩**であり，マグマが地表またはその付近で急に冷えた際にできる**斑状組織を示す**（特徴c）。

第2問 ── 大気・海洋

A 標準 《梅雨期の天気図》

問1　7　正解は④

大きな高気圧を構成する空気の性質（気温や湿度）はほぼ一定で，高気圧が形成される場所によって決まる。一般に北半球において，北方の高気圧は寒冷で南方の高気圧は温暖である。また，海洋上の高気圧は湿っており，大陸上の高気圧は乾いている。本問の**太平洋高気圧とオホーツク海高気圧は海洋上に形成される高気圧であるから，ともに**湿った高気圧である。

NOTE　日本付近で気象に影響を及ぼす高気圧の発生位置と性質

	大陸で発生，乾いている	海洋で発生，湿っている
北方で発生，冷たい	シベリア高気圧	オホーツク海高気圧
南方で発生，暖かい	移動性高気圧	太平洋高気圧（北太平洋高気圧）

問2　8　正解は②

北半球の高気圧周辺では時計回りに風が吹き出し，低気圧周辺では反時計回りに風が吹き込む。A点ではその西方に1020hPaの高気圧があり，東方に1000hPaの低

気圧があるので北寄りの風が吹き，B点では，その東方に高気圧があるので南寄りの風が吹くと考えられる。

B　標準　《津　波》

問3　9　正解は③

X－B間の距離は100kmであり，水深は2000mであるから，図3の上の曲線から水深2000mにおける時間を読み取るとおよそ12分となる。また，B－A間の距離は50kmであり，水深は150mであるから，図3の下の曲線から水深150mにおける時間を読み取るとおよそ22分となる。

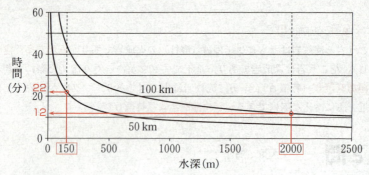

第3問 ── 宇　宙

A　標準　《太　陽》

問1　10　正解は②

元素名：太陽の主成分元素は水素であり，次いで多いのはヘリウムである。

起源：宇宙の始まりであるビッグバンのときに水素原子核である陽子が生まれたので，現在の宇宙に存在する水素はそのときにできたといえる。

問2　11　正解は④

黒点の大きさ：図1の経線と緯線は10°ごとに描かれているので，黒点の大きさは5°程度と見積もることができる。太陽の直径は地球の直径 d の約109倍であるから，この黒点の大きさが地球の直径の x 倍であるとすると

$$xd = 109d \times 3.14 \times \frac{5}{360}$$

よって

$$x = 4.7 \fallingdotseq 5 \text{ 倍}$$

地球から見た太陽の自転周期：図1の黒点は，6月4日から6月7日の3日間で約40°回転しているので，太陽を1周（360°）するために要する日数を y 日とすると

$$y = 360 \div \frac{40}{3} = 27 \text{ 日}$$

B　標準　《太陽系》

問3　12　正解は①

①**誤文**。金星表面の大気圧は地球よりも高く，地球の約90倍である。

②**正文**。火星と木星の軌道の間には，**小惑星帯**とよばれる多数の小惑星が存在する領域がある。

③**正文**。木星型惑星である土星と天王星の質量は，いずれも地球の質量より大きい。

④**正文**。海王星の軌道の外側には，冥王星をはじめとして多数の**太陽系外縁天体**の存在が知られている。

第4問　標準 —— 自然環境

問1　13　正解は④

①**誤文**。最近数十万年間に繰り返し活動した証拠があり，今後も活動する可能性が高いと考えられる断層を活断層という。

②**誤文**。**緊急地震速報**は，地震が発生した直後に観測されたP波の情報を収集して，S波による大きな揺れが予測される地域に警報を出すシステムである。

③**誤文**。火山噴火は地下深くからマグマが上昇してきて起こるので，マグマの上昇に伴う地震が発生する。また，その地震はマグマの移動の予測，ひいては噴火の時期や規模の予測に用いられる。

④**正文**。マグマが上昇してくると，それによって押し上げられた火山体が膨張するなどの地殻変動が観測される場合があり，これは噴火の予測に用いられる。

問2　14　正解は①

a．**適している**。活火山付近の地質調査により，過去の火山噴火によってどの範囲に火山噴出物が到達したかを知ることで，どの地区にどの程度の危険が及ぶかを推定できる。また，層序を調べ，どの時代に噴火が起こったかを知ることで，将来の危険度を評価することができる。これらのことは**ハザードマップ**作成に適している。

b．**適している**。歴史的な資料には，過去の活火山の噴火の日時や被害の様子が詳

細に書かれているものや，スケッチが描かれているものがある。こうした資料を収集して整理することは，どの地区にどの程度の被害が起こりうるかを知る手がかりになるので，ハザードマップ作成に適している。

問3　15　正解は①

① **誤文**。フロンガスに含まれる塩素原子が触媒となって**成層圏のオゾンを破壊する**。オゾンは太陽からの紫外線を吸収する性質があるので，オゾンが減少すると地表面まで到達する紫外線の量が増加する。

② **正文**。人間活動で放出された硫黄酸化物や窒素酸化物から光化学反応によって硫酸や硝酸が生成され，これらが雨水に溶け込むことで**強い酸性**を示す雨となる場合がある。

③ **正文**。前線や台風の周辺では湿った空気の強い上昇流が起こり，それに伴って背の高い**積乱雲**が次々に発達して局地的に激しい降雨がもたらされ，水害や土砂災害につながる場合がある。

④ **正文**。大陸の砂漠で強風によって巻き上げられた微粒子が，偏西風に乗って中国北部や日本に飛来する**黄砂**は，春季を中心としてみられる現象である。

地 学　本試験

問題番号 （配点）	設　問	解答番号	正　解	配　点	チェック		問題番号 （配点）	設　問	解答番号	正　解	配　点	チェック
第1問 （17）	問1	1	③	3			第4問 （20）	A	問1	18	②	3	
	問2	2	②	4					問2	19	③	3	
	問3	3	④	4					問3	20	①	4	
	問4	4	④	3				B	問4	21	④	3	
	問5	5	②	3					問5	22	②	4	
第2問 （20）	A	問1	6	②	3				問6	23	④	3	
		問2	7	⑤	4			第5問 （23）	A	問1	24	④	3	
	B	問3	8	⑦	4				B	問2	25	②	3	
		問4	9	①	3					問3	26	③	4	
	C	問5	10	①	3					問4	27	②	3	
		問6	11	①	3				C	問5	28	③	4	
第3問 （20）	A	問1	12	③	3					問6	29	④	3	
		問2	13	③	4					問7	30	②	3	
	B	問3	14	③	3								
		問4	15	③	4								
		問5	16	②	3								
	C	問6	17	⑥	3								

自己採点欄

100点
（平均点：52.72点）

第1問 ── 地球，大気・海洋，岩石，地史，宇宙
《大気の構造，恒星，走時曲線，放射性崩壊，マグマの結晶分化作用》

問1　　1　　正解は③

①不適。対流圏の水蒸気量は水平方向，鉛直方向ともに一様ではないが，地表付近の水（特に海水）から多く供給され，上空ほど低温なため凝結・昇華により減少していく。したがって，地表付近の水蒸気量が最も多い。

②不適。オーロラはおもに熱圏で起こる発光現象である。

③適当。中間圏の下端（成層圏界面）付近の気温は 0℃程度であり，そこから気温が高度とともに低下し，中間圏上端では−80℃となる。

④不適。極渦は，成層圏の緯度60°より高緯度側に生じる低温で巨大な低気圧である。

問2　　2　　正解は②

①正文。太陽は主系列星に分類される。

②誤文。主系列星は，表面温度が高いほど単位表面積あたりの放射エネルギーが多く，光度が大きい。

③正文。主系列の段階を終えた恒星は，中心部でヘリウムの核融合反応が始まる。すると，恒星全体が膨張して表面温度が下がり，赤色巨星となる。

④正文。恒星のスペクトル型は，表面温度の高い方からO型，B型，A型，F型，G型，K型，M型に分類される。太陽はG型であるから，M型の恒星は太陽より表面温度が低い。

問3　　3　　正解は④

マントル内のP波速度：走時曲線が折れ曲がる地点より遠方に先に到達した地震波がマントル内を通ってきたP波であり，グラフの傾きの逆数がマントル内のP波速度を表している。図1において，走時曲線が折れ曲がった地点以遠でのグラフの傾きが等しいことから，地域Aと地域Bのマントル内では同じP波速度であることがわかる。したがって①と②は不適。

モホ面の深さ：マントルを伝わるP波速度は地域Aと地域Bで等しく，震央距離 0 ～150 km でグラフが重なっていることから，地殻を伝わるP波速度も地域Aと地域Bで等しい。地殻とマントルでのP波速度が共通であれば，モホ面の深さは走時曲線の折れ曲がる地点までの震央距離に比例することが知られている（NOTE 参照）。したがって，モホ面の深さは，走時曲線がより遠くで折れ曲がる地域Aの方が地域Bよりも深いので③は不適，④が適当。

NOTE モホロビチッチ不連続面（モホ面）の深さ

走時曲線が折れ曲がる地点までの震央距離を L〔km〕，マントル内と地殻内のP波速度をそれぞれ V〔km/s〕，v〔km/s〕とすると，地殻の厚さ（モホ面の深さ）d〔km〕は次式で表される。

$$d = \frac{L}{2}\sqrt{\frac{V-v}{V+v}}$$

問4　4　正解は④

放射性同位体の原子数が元の半分になるまでの時間を**半減期**という。半減期はその原子がおかれている温度や圧力に無関係で，放射性同位体ごとに常に一定である。半減期が T である放射性同位体の元の原子数を N_0，時間が t だけ経過したときの原子数を N とすると，以下の式が成立する。

$$\frac{N}{N_0} = \left(\frac{1}{2}\right)^{\frac{t}{T}}$$

本問で与えられた選択肢のグラフの縦軸に示された原子数の比とは上の式の $\dfrac{N}{N_0}$ のことであり，半減期 T は一定であるから，これを満たすグラフとして適当なものは④となる。

問5　5　正解は②

①不適。マグマの冷却に伴い，有色鉱物が晶出するのと同時並行して無色鉱物も晶出する。

②適当。有色鉱物は，**結晶分化作用**において，その結晶構造が単純なものから複雑なものへと順に晶出する。結晶構造はかんらん石，輝石，角閃石，黒雲母の順に複雑になるので，この順に晶出する。

③不適。斜長石は Ca と Na を任意の割合で含むことができる**固溶体**である。晶出する斜長石は，温度の高い始めのうちは Ca に富み，温度が低下するにつれて Na に富むものへと変化する。

④不適。マグマの結晶分化作用では，SiO_2 の含有量（質量％）が少ない鉱物から順に晶出して取り除かれていくため，残ったマグマの SiO_2 の含有量は相対的に増加していく。

第2問 ── 地　球

A 標準 《重力異常，地震波》

問1　6　正解は②

フリーエア異常：アイソスタシーが成り立っている地域では，フリーエア異常は見られない。したがって，地形とフリーエア異常の関係は b となる。

ブーゲー異常：ジオイド面より下に密度の小さい物質があると，ブーゲー異常は負の値を示す。この地域の中央付近では，密度の小さい地殻が密度の大きいマントルに深く入り込んでいるので，ブーゲー異常は負の値を示す。したがって，地形とブーゲー異常の関係は c となる。

問2　7　正解は⑤

P波：P波はマントルと核の境界で下方に屈折し，核の中を通った後再びマントル内に戻り，地球の反対側へ到達する。このとき，角距離103°〜143°付近には地震波の到達しない影の領域（シャドーゾーン）ができる。したがって，P波の伝わり方を示す図は c となる。

S波：横波であるS波は，液体である外核を通ることはできない。したがって，S波の伝わり方を示す図は，角距離103°以遠がすべて影の領域（シャドーゾーン）となっている a となる。

B やや難 《地磁気》

問3　8　正解は⑦

地球の磁場は地球の中心に置いた棒磁石が作る磁場に近似される。現在はN極を南に向けた状態であり，N極から出た磁力線は南半球で地表へ出て南から北へと向かい，北半球で地面の中に入っていく。約77万年前以後は，現在と同様に北半球の千葉県では地磁気の水平分力がほぼ北を向き，鉛直分力は下を向いていた。一方，約77万年前以前は地磁気が逆転しており，磁力線は現在とは逆に北半球で地表へ出て北から南へ向かっていた。つまり，水平分力がほぼ南を，鉛直分力が上を向いていたのである。

問4　9　正解は①

①適当。海嶺で生成される海洋底の岩石には，生成当時の地球磁場が海嶺軸をはさんで対称的に記録されており，磁場の逆転時期の間隔や長さから海洋底の年代を推定することができる。

②不適。スーパープルームのようなマントル内の対流は高温で流動しているため，地磁気は記録されない。

③不適。ホットスポットの起源はマントル下部にあり高温なため，地磁気は記録されない。

④不適。地殻の厚さは形成時期によって決定づけられるものではないため，地磁気の逆転記録の同時性を利用して地殻の厚さを知ることはできない。

C　やや易　《火　山》

問5　10　正解は①

火山噴火の様式は，一つの火山でも変化があり，溶岩が流出するタイプの噴火と火山砕屑物を多く噴出するタイプの噴火を交互に繰り返す場合がある。これが繰り返されると，溶岩層と火山砕屑物の層が交互に積み重なって大きな山体を形成し，成層火山となる。それに対して，粘性の高いマグマの場合，爆発的に火山砕屑物を噴出せずに，粘り気が強い溶岩がドーム状に盛り上がった山体を形成する。これを溶岩ドームという。

問6　11　正解は②

a．正文。マグマに揮発成分（火山ガス成分）が多い場合，地表付近に到達したマグマに加わる圧力が低下すると，これらのガスが一気に気泡となって膨張するため，爆発的な噴火を起こしやすい。

b．誤文。デイサイト～流紋岩質のマグマは粘性が高く，揮発成分が気泡になると爆発的な噴火になりやすい。一方，玄武岩質のマグマは粘性が低く，爆発的な噴火になりにくい。

第3問　── 鉱物・岩石，地質・地史

A　やや易　《広域変成作用》

問1　12　正解は③

広域変成帯に見られる変成岩は主に結晶片岩と片麻岩である。結晶片岩は低温高圧の条件で変成してできた岩石であり，細かな縞状の構造である片理が発達する。一方，片麻岩は結晶片岩よりも高温低圧の条件で変成してできた岩石であり，粗粒な鉱物が縞状に並ぶ。ホルンフェルスや結晶質石灰岩は，岩石が高温のマグマと接触してできる接触変成岩である。

問2　　13　　正解は③

　図2のYは深い場所に存在するため高圧であり、また生成後長期間が経過して低温になったプレートが沈み込むことで低温の状態になっている。したがって、Yが低温高圧型の変成作用が起こる場所である。このような、低温高圧型の変成作用でできる結晶片岩を産する代表的な変成帯は三波川帯である。

NOTE　変成作用

変成作用	岩石名	変成場所	特徴
広域変成作用	結晶片岩	沈み込み帯 低温高圧の場	片理が発達
	片麻岩	地殻内部 高温低圧の場	粗粒鉱物の縞模様
接触変成作用	ホルンフェルス	マグマとの接触部	砂岩や泥岩が熱で変成 硬く緻密
	結晶質石灰岩 （大理石）	マグマとの接触部	石灰岩が熱で変成 粗粒

B　やや難　《示準化石，気候変動》

問3　　14　　正解は③

　名称：堆積した地層の年代を知るのに有効な化石を示準化石という。

　特徴：化石となった生物の種としての生存期間が短い方が、地層の年代をより細かく限定できるので示準化石としてふさわしい。また生息環境が限定されず、同時代に広く世界各地に分布している方が、他地域の地層と対比する際に有効である。

問4　　15　　正解は③

　酸素同位体比は、通常の重さの酸素 ^{16}O と、それよりやや重い酸素 ^{18}O の比 $^{18}O／^{16}O$ の値である。海水が蒸発するとき、軽い ^{16}O が ^{18}O よりも蒸発しやすいので、水蒸気の酸素同位体比は小さくなる。気候が寒冷化した氷期には、水蒸気は降雪となった後、高緯度地域などで氷床としてより多く固定され、海洋に戻らない。その結果、海洋水には ^{18}O が多く含まれたままになるので、酸素同位体比は大きくなる。有孔虫の殻は海水をもとに作られるので、氷期に成長した有孔虫化石には大きな酸素同位体比が記録される。

問5　　16　　正解は②

　①不適。赤道太平洋東部と西部において、海水温や気圧の変化が繰り返されるエル

ニーニョ・南方振動の周期は数年程度である。

② 適当。地球の公転軌道要素や自転軸の傾きの変動によって，数万～10万年ほど
　の周期で気候変動が繰り返されており，これを**ミランコビッチサイクル**という。

③ 不適。**海溝型巨大地震**は，およそ100～200年の周期で繰り返される。

④ 不適。マントル内の巨大プルームによって，**超大陸**が形成・分裂を繰り返す周期
　（**ウィルソンサイクル**）は3～4億年程度である。

C　標準　《地質体》

問6　17　正解は⑥

西南日本の地質帯は，**フィリピン海プレート**の沈み込みによって南方（太平洋側）
から順に付加されていくため，南方にある**付加体**ほど新しく形成されたものとなっ
ている。

　a．白亜紀から古第三紀にかけて，西南日本では厚い**付加体**が形成された。この地
　　　質帯は高知県の四万十川流域によく分布することから**四万十帯**とよばれる。

　b．**秋吉帯**は，山口県の秋吉台に産する石灰岩に代表される古生代ペルム紀の**付加**
　　　体である。

　c．**飛驒帯**（隠岐帯・飛驒帯）には，原生代の大陸地殻由来の岩石や鉱物を含んだ
　　　古生代の片麻岩が含まれる。

第4問 ── 大気・海洋

A　標準　《飽和水蒸気圧，雲の形成》

問1　18　正解は②

　ア．22hPaで飽和水蒸気圧になる温度を図1のグラフから読み取ると 19℃ となる。

　イ．空気塊Mの温度 T が30℃で，露点 t が19℃であるから，それぞれの値を与え
　　　られた近似式に代入して高度 X を求めると

$$X = 125 \times (30 - 19) = 1375 \ [\mathrm{m}]$$

問2　19　正解は③

水蒸気が飽和したまま空気塊が上昇すると，**湿潤断熱減率**にしたがって気温が低下
していく。高度 Y 付近では気温減率が0.8℃/100mなので，湿潤断熱減率0.5℃
/100mで気温が下がる空気塊Mは周囲よりも気温が**高くなり**，密度が小さくなる。
その結果，空気塊Mは**自らさらに上昇しよう**とする。

問3　20　正解は①

①**適当**。大気中には海塩や土壌由来の微粒子が浮遊しており，これらをエーロゾルという。エーロゾルを凝結核にして大気中の水蒸気は水滴や氷晶となり，微小な雲粒となる。さらに，これらが成長することで大きな雲粒となっていく。

②**不適**。水蒸気は凝結する際に凝結熱を放出する。

③**不適**。雲粒の落下速度は，空気抵抗のために上限がある。その上限速度は大きな雲粒の方が小さな雲粒よりも速い。

④**不適**。温暖前線が近づくと，それに伴って雲の種類が変化していく。初めは上層の巻雲や巻層雲が見られ，次に中層の高積雲や高層雲，そして前線付近では下層の乱層雲となる。それらのうち，上層の巻雲や巻層雲は氷晶の雲粒からなる雲である。

B　標準　《海水の密度，アイソスタシー，地衡流》

問4　21　正解は④

①**不適**。海水の密度は，水温だけでなく海水の塩分にも依存して変化する。

②**不適**。海水の質量が一定のまま密度が減少するということは，体積が増加することを意味しているので，平均海面水位は上がる。

③**不適**。中緯度の海洋では，夏季より冬季の方が表面水温が低く，さらに風浪が激しいため，海洋がよく撹拌されて表層と深層の水温差が小さくなる。

④**適当**。海洋の深層循環は，海水の密度差によって生じる。極域の表層では，海水が凍るときに取り残された塩類によって海水の密度が増加する。さらに，低温であるために密度が大きくなった海水が極域深部に沈み込み，これが赤道方向へ流れて深層循環が生じる。

問5　22　正解は②

アイソスタシーが成立しているので，ある均衡面に加わる圧力が等しくなっている。ここでは次図のように，図2の点Cの下方200mの点をP，点Aの下方200mの点をQとして，点PとQの深さを均衡面と考える。また，点Cの上方で深さ d の点をDとする。

今，点Pの上方にある水柱と点Qの上方にある水柱による圧力が等しく，CD間の水柱とAB間の水柱は同じ圧力をもたらすから，PC間の水柱による圧力＋DS間の水柱による圧力＝QA間の水柱による圧力　の関係が成立する。よって水柱の断面積をすべて $1m^2$ とすると

$$1024 \times 200 + 1024 \times d = 1026 \times 200$$

$$\therefore\ d = \frac{1026 \times 200}{1024} - 200 = 0.39 \fallingdotseq 0.4\ [\mathrm{m}]$$

海面

d

S

D   B

上層   密度
1024kg/m³

C   A
200m   密度
1026kg/m³
下層

P   Q
均衡面

問6 23 正解は④

点Aの上にある水は，点Cの上にある水よりも水柱 DS の分だけ少ないので，点
Aの水圧は点Cの水圧よりも低い。このとき，圧力傾度力は水圧の高い点Cから点
Aに向かってはたらく。北半球の地衡流は，進行方向に対して直角右向きにはたら
く転向力と，左向きにはたらく圧力傾度力がつりあって流れるので（**NOTE** 参照），
上図の CA 間の海水は紙面手前に向かって流れていることになる。また，点Aに
対して点Cの反対側では，海水が紙面奥に向かって流れていることになる。したが
って，点Aと点Bを結ぶ線を軸として，上から見て反時計回りに海水が流れている。

NOTE 地衡流

圧力傾度力と転向力（コリオリの力）がつり
あった状態で流れている海流を地衡流という。
北半球では，地衡流の流れている向きに対し
て直角右向きに転向力（コリオリの力）がは
たらき，左向きにはたらく圧力傾度力とつり
あっている。

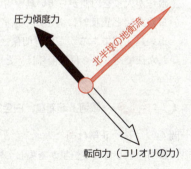

圧力傾度力

北半球の地衡流

転向力（コリオリの力）

第5問 ── 宇　宙

A 　標準　《太陽や天体の動きと時刻》

問1　24　正解は④

① 正文。実際の太陽の動きを観測し，南中する時刻を 12 時と定めた時刻を，視太陽時という。

② 正文。実際の太陽の日周運動の速さは 1 年を通じて一定ではないので，一定の速さで動く仮想的な太陽（平均太陽）を考える。東経 135° の地点を平均太陽が南中する時刻を 12 時と定めた平均太陽時を，日本標準時とよぶ。

③ 正文。地球が約 1 日で 1 回自転することによって生じる天体の見かけの運動を，日周運動とよぶ。

④ 誤文。天球上で太陽が移動する道筋は黄道とよばれる。

B 　標準　《惑星の観測と位置》

問2　25　正解は②

最大離角は，金星が太陽から最も離れて見える位置である。図 1 において，太陽―地球―金星のなす角が最大になるのは，地球から金星の軌道に引いた接線の接点である b の位置である。

問3　26　正解は③

図 2 において，2020 年 10 月の火星は天球上を逆行している。火星が逆行するのは，地球が火星を内側から追い越す衝の時期の前後である。このとき，地球から見て火星が太陽と正反対にあるから位置関係はウとなる。2020 年 4 月は，地球が火星を追い越す前であるから位置関係はイとなる。2021 年 4 月は，地球が火星を追い越した後であるから位置関係はアとなる。

C 　標準　《銀河，超新星，白色矮星，星の光度》

問4　27　正解は②

銀河の中心付近で恒星が密集して膨らんでいる部分をバルジという。銀河 A と B はバルジから外に恒星が連なる腕が伸びている。銀河 D は銀河 A や B のように腕が渦巻いているわけでも，銀河 C のような腕をもたない楕円銀河でもなく，典型的な形状がないので不規則銀河とよばれる。

問5 　28 　正解は③

銀河Cは楕円銀河に分類され，年齢が10億年以上の古い恒星からなる。このような恒星は比較的質量が小さいので，銀河Cには質量が太陽の7～8倍以上という重くて寿命の短い恒星がほとんど存在しない。したがって，銀河Cでは超新星は起こりにくいと推測できる。

問6 　29 　正解は④

①不適。白色矮星は，もともと質量の小さかった主系列星が寿命を終えた後にできる天体である。

②不適。一般的な白色矮星は，恒星内部でヘリウムの核融合が終了し，炭素や酸素がつくられた頃に外層のガスを放出して形成される。

③不適。ブラックホールに物質が吸い込まれると強い重力により光さえも出てこれなくなるため，星がその中に観測されることはない。

④適当。赤色巨星が外層のガスを放出して惑星状星雲となり，中心部が重力収縮して残った天体が白色矮星である。

問7 　30 　正解は②

恒星の等級は，明るさが100倍になるごとに5等級小さくなる。

Ia型超新星の絶対等級をMとすると，Ia型超新星は太陽（絶対等級 +4.8）の100億（$10^{10}=100^5$）倍の明るさであるから，等級は $5 \times 5 = 25$ 等小さくなるので

$$M = 4.8 - 25 = -20.2 \fallingdotseq -20 \ 等$$

地学基礎 追試験

問題番号 （配点）	設　問		解答番号	正　解	配　点	チェック
第1問 （20）	A	問1	1	①	4	
		問2	2	②	3	
	B	問3	3	②	3	
		問4	4	②	3	
	C	問5	5	①	4	
		問6	6	③	3	
第2問 （10）	A	問1	7	③	3	
		問2	8	④	4	
	B	問3	9	②	3	

問題番号 （配点）	設　問	解答番号	正　解	配　点	チェック
第3問 （10）	問1	10	①	3	
	問2	11	③	4	
	問3	12	①	3	
第4問 （10）	問1	13	④	3	
	問2	14	④	4	
	問3	15	③	3	

自己採点欄
50 点

第1問 — 地球，地質・地史，鉱物・岩石

A 標準 《地球の形と構造》

問1 **1** 正解は①

一般に惑星の形は赤道方向に膨らんだ**回転だ円体**で近似され，完全な球体との差異を偏平率とよばれる値で表す。

$$\text{偏平率} = \frac{\text{赤道半径} - \text{極半径}}{\text{赤道半径}}$$

地球の場合，この値が約 $\frac{1}{300}$ と正の値であることから，赤道半径より極半径が短いので，以下のように表せる。

$$\text{赤道半径} - \text{極半径} = \text{赤道半径} \times \frac{1}{300}$$

本問で作る地球儀の直径を $1.3\,\text{m}$ とすると，赤道半径は

$$1.3 \div 2 = 0.65\,[\text{m}] = 650\,[\text{mm}]$$

したがって，求める赤道半径と極半径の差は

$$650 \times \frac{1}{300} \fallingdotseq 2\,[\text{mm}]$$

問2 **2** 正解は②

a．**正文**。海底における発散境界は**中央海嶺**とよばれ，海洋プレートが拡大する大地形となっている。また，東アフリカの**大地溝帯**のように陸上にも発散境界が存在する。

b．**誤文**。大陸プレートに海洋プレートが近づく収束境界では，海洋プレートの方が重いために沈み込み，**海溝**や**トラフ**とよばれる大地形を海底につくる。大陸プレートどうしが近づく収束境界では，どちらも密度が小さいので一方が沈み込むような構造にはならず重なり合い，衝突境界とよばれる大山脈を陸上に形成する。ヒマラヤ山脈はそのような大山脈の例である。

B 標準 《化石，地層》

問3 **3** 正解は②

①**正文**。造礁性サンゴは特定の藻類と共生することで，養分を得て生育する。この共生関係は比較的温暖な環境でのみ成立し，藻類に十分な光が届くためには透明度が高く浅い海である必要がある。

②誤文。砂岩層から発見されたトリゴニアは中生代の示準化石であり，石灰岩層から発見された三葉虫は古生代の示準化石である。したがって，砂岩層のほうが石灰岩層よりも新しい。

③正文。イノセラムスはトリゴニアと同じ中生代の示準化石である。どちらも海洋性の貝化石であるので，同じ砂岩層から発見される可能性がある。

④正文。リプルマークは地層の上面に水流がある場合に生じる堆積構造である。水流の方向に対して非対称な形状であることから，堆積当時の水流の向きを推定することができる。

問4　4　正解は②

凝灰岩層Aの位置が断層Bの上盤側で浅く下盤側で深いので，断層Bは上盤が下盤に乗り上がる逆断層である。その断層面に沿ったずれの量を x〔m〕とすると，凝灰岩層Aの深さの差 $55-50=5$〔m〕より，$x\sin 30° = 5$ が成り立つから

$$x = \frac{5}{\sin 30°} = 10\,[\mathrm{m}]$$

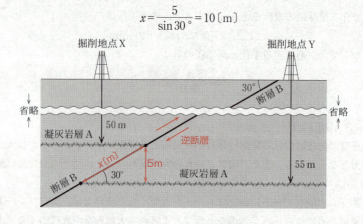

C　やや易　《岩石の分類》

問5　5　正解は①

5種類の岩石（A〜E）のうち，Aの花こう岩とCの斑れい岩は**火成岩**，Bの砂岩，Dの泥岩，Eの礫岩は**堆積岩**に分類される。

火成岩のうち，花こう岩や斑れい岩は**深成岩**であり，地下深くで鉱物結晶が大きく成長するため，構成粒子は粗粒である。また，花こう岩は石英や長石類といった白っぽい鉱物が多く，斑れい岩は輝石やかんらん石のような黒っぽい鉱物が多い。

堆積岩は構成粒子の直径で分類され，2mm以上の粗粒な粒子からなるものを礫岩，$2\mathrm{mm} \sim \frac{1}{16}\mathrm{mm}$ のものを砂岩，$\frac{1}{16}\mathrm{mm}$ 以下のものを泥岩という。また，堆積岩の

色調は様々であり解答の根拠とはならないが，一般的に砂岩の構成粒子は石英粒の
ようにやや白っぽいものが多く，泥岩の構成粒子はやや黒っぽいものが多い。

問6 　6 　正解は③

玄関ホールの壁石：粗粒の方解石で構成されていることから，石灰岩が接触変成作
　　用を受けた岩石である結晶質石灰岩（大理石）と判断できる。

体育館入口の敷石：斑晶と石基がみられることから，この岩石は火山岩であり，か
　　んらん石を含むため玄武岩と判断できる。

第2問 ── 大気・海洋

A 　やや難 　《太陽放射エネルギーの測定》

問1 　7 　正解は③

ア．容器内の水温と外気温の差は小さい方がよい。容器は断熱材におおわれている
　とはいえ，外気温との温度差が大きいと，その温度差を小さくする方向に熱が移
　動するために水温の変化が生じる。すると，太陽光による温度変化のみを測定す
　る目的が果たせない。

イ．受けるエネルギーが最大になるように計測するためには，太陽光線に垂直な受
　光面となるようにに設置する。また，太陽定数は，地球の大気圏最上部で太陽放射
　に対して垂直な面が受ける単位面積，単位時間当たりの日射量であるから，太陽
　定数と比較することを目的とした本実験でも，太陽光線に垂直に受光面を設置し
　た方が，斜めに受光したことによる補正の必要がなく，好都合である。

問2 　8 　正解は④

日射計が1分間に受けた総エネルギー量〔J〕は，1℃上昇に必要なエネルギー
C〔J〕と1分当たりの温度上昇 T〔℃〕の積 $C \times T$ である。これを太陽定数と比
較するために，1秒当たり，1m²当たりの値に換算する。1分＝60秒当たりの総
エネルギー量を $\dfrac{1}{60}$ 倍すれば1秒当たりの値になり，さらに日射計の受光面積
S〔m²〕で割れば1m²当たりの値になる。

B 　やや易 　《海水温の鉛直分布》

問3 　9 　正解は②

海水面付近の水温とほぼ同じ温度で，よくかき混ぜられている表層部分を表層混合

層といい，これは厚くなる冬期でも100m程度である。また，**黒潮は**暖流であり，南方の暖かい海から北方へと海水を運ぶ。一方，**カリフォルニア海流は**北方の冷たい海水を南方へ運ぶ寒流である。したがって，黒潮の表層付近の年平均水温はカリフォルニア海流よりも高温となる。

第3問 　やや易 　── 宇　　宙《暗黒星雲，銀河系》

問1 　10 　正解は①

ア．宇宙空間の恒星と恒星の間にある物質を**星間物質**といい，星間物質が周囲よりも高密度に分布する領域を**星間雲**という。星間物質は**星間ガス**と**星間塵**に分けられ，星間ガスの主成分は水素である。

イ．星間雲の中で特に密度の高いところには**一酸化炭素（CO）**や**水素（H_2）**の分子が存在し，このような部分が自らの重力によってさらに収縮することで温度が上昇して原始星ができると考えられている。

問2 　11 　正解は③

①**正文**。夜空の天の川は，銀河系の**円盤部**や中心部の特に恒星が密集している部分が帯状に連なって見えているものである。

②**正文**。太陽系は天の川銀河の円盤部に存在している。

③**誤文**。太陽系は天の川銀河の中心部から約2.8万光年離れた位置に存在している。

④**正文**。天の川銀河を取り巻く**半径約15万光年**の領域は**ハロー**とよばれ，球状星団はハロー全体に広がって分布している。

問3 　12 　正解は①

①**適当**。暗黒星雲が暗く見えるのは，星雲の構成物質が，背後の恒星からくる光や恒星の光を反射した**散光星雲**の光をさえぎっているからである。

②**不適**。一般に恒星の見かけの明るさは遠方ほど暗くなるが，暗黒星雲自体は可視光線をほとんど出しておらず，遠方に存在するから暗く見えているのではない。

③**不適**。暗黒星雲は星間ガスと星間塵から構成されており，内部に恒星を持つわけではない。

④**不適**。暗黒星雲は星間塵が多く，これらの塵が背後からの光をさえぎっているために暗く見える。

第4問 標準 —— 自然災害

問1 13 正解は④

ア．河口近くの平坦な土地は，堆積した土砂が比較的新しいために固結しておらず，軟弱な地盤が広がっている。

イ．地震の後，砂と砂の間を埋めていた水が抜けると，砂粒子どうしが密に接するようになり，全体の体積が減少する（圧密作用）。このため，地盤が低下する場合がある。

問2 14 正解は④

ウ．一般に，津波は沖から岸へ向かって進み，水深の浅い岸に近づくにつれて津波の高さは高くなる。これは，水深が浅くなるほど津波の速さが遅くなるため，海水が次々に前方へと乗り上げるようにして海面が高くなるからである。

エ．被害が出るような大津波の波長は数 km から数百 km に及び，その周期は数十分程度である場合が多い。

問3 15 正解は③

a．誤文。約 6600 万年前の中生代白亜紀末の大量絶滅は，現在のユカタン半島付近に衝突した巨大な隕石が原因であると推定されているが，このような衝突が数万年ごとに起こっているわけではない。

b．正文。太陽表面で巨大なフレアが発生すると強い X 線や紫外線が発生し，これらが地球に到達すると大気の上層部にある電離層を乱すため，短波通信に障害を起こす要因となる。

地 学　追試験

問題番号 （配点）	設　問		解答番号	正　解	配点	チェック
第1問 （17）		問1	1	④	3	
		問2	2	③	3	
		問3	3	③	3	
		問4	4	③	4	
		問5	5	④	4	
第2問 （17）	A	問1	6	②	4	
		問2	7	④	3	
		問3	8	②，④，⑤ （解答の順序は問わない）	3 （各1）	
			9			
			10			
		問4	11	②	3	
	B	問5	12	③	4	
第3問 （23）	A	問1	13	④	4	
		問2	14	①，② （解答の順序は問わない）	4 （各2）	
			15			
	B	問3	16	④	3	
		問4	17	②	4	
		問5	18	④	4	
		問6	19	③	4	

問題番号 （配点）	設　問		解答番号	正　解	配点	チェック
第4問 （23）	A	問1	20	③	3	
		問2	21	①	3	
		問3	22	①	4	
	B	問4	23	②	3	
		問5	24	③	3	
		問6	25	②	4	
		問7	26	②	3	
第5問 （20）	A	問1	27	①	3	
		問2	28	②	4	
		問3	29	①，④ （解答の順序は問わない）	3*	
			30			
	B	問4	31	②	3	
		問5	32	②	3	
		問6	33	⑥	4	

（注）　＊は，両方正解の場合に3点を与える。ただし，いずれか一方のみ正解の場合は1点を与える。

自己採点欄

／100点

第1問 標準 ── 地 球《太陽放射と地球内部のエネルギー》

問1 　1 　正解は④

①不適。太陽の放射エネルギーは水素原子核が核融合することによって供給されている。

②不適。太陽は現在から数十億年後に赤色巨星となり，放射エネルギーが数百倍大きくなると考えられている。

③不適。地表面が単位面積あたりに受け取る太陽の放射エネルギーは，太陽高度が高いほど大きく，太陽高度が低いほど小さくなる。したがって，太陽の高度によって変化する。

④適当。太陽放射は可視光線の他，赤外線や紫外線など様々な電磁波を含むが，エネルギーの強さが最大となるのは可視光線の領域である。

問2 　2 　正解は③

①不適。地球大気が加熱される主な要因は，地表からの赤外線放射である。

②不適。海洋による極向きのエネルギー輸送量は低緯度と高緯度で小さく，中緯度で大きい。

③適当。台風は最大風速が 17.2m/s 以上になった熱帯低気圧である。熱帯低気圧は暖かい海水から蒸発した大量の水蒸気がエネルギー源であり，水蒸気が凝結するときに放出される潜熱によって上昇気流が強化され発達する。

④不適。地球の地表面から大気への熱輸送量のうち，伝導によるものは水の蒸発にともなう量の 3 〜 4 分の 1 程度である。

問3 　3 　正解は③

ア．急斜面が多い山地では河川の流れが速く，また山地の隆起にともなう下方侵食作用が卓越するため，流路の両側が切り立った V 字谷が形成される。

イ．急こう配の河川が山地から平野に出ると，河川の流速が急激に低下する。流水の運搬力は流速のほぼ 6 乗に比例するので，平野に出た河川の運搬力は急に小さくなり，大量の礫や砂が堆積して扇状地を形成する。

ウ．傾斜のゆるい平野に出た河川は側方侵食が優勢になって蛇行する。

問4 　4 　正解は③

エ．地球の半径を R とすると，地球の断面積は πR^2 であるから，太陽から地球に入射する全エネルギーを A とすると

$$A = 1370\pi R^2$$

一方，地球の表面積は $4\pi R^2$ であるから，地球内部から流れ出る全エネルギーを B とすると

$$B = 0.087 \times 4\pi R^2$$

したがって，求めるエネルギーの比は

$$\frac{B}{A} = \frac{0.087 \times 4\pi R^2}{1370\pi R^2} = \frac{0.348}{1370} \fallingdotseq \frac{1}{4000}$$

オ．たとえば約7億年前に超大陸ロディニアが分裂し，その後約3億年前に超大陸パンゲアが形成された。このように，プレート運動による超大陸の形成・分裂が数億年単位で繰り返されている。

問5　5　正解は④

カ．マントルが部分溶融してできる玄武岩質マグマは，まわりのかんらん岩質の岩石より密度が小さいので浮力を受けて上昇し，その密度がまわりの岩石とほぼ同じになる位置まで達すると上昇が停止してマグマだまりが形成される。

キ．マグマに含まれる主な揮発成分は H_2O と CO_2 であり，これらのガスが気泡を形成するとマグマ全体の体積が膨張して火山噴火へとつながる。

第2問 —— 地球，岩石

A　やや易　《地球の構造，プレート運動》

問1　6　正解は②
遠心力の大きさは自転の角速度に比例するので，自転速度が現在より速かった過去の方が強くはたらいていた。したがって，過去の地球の偏平率は，現在よりも大きかったと考えられる。また，地球表面の重力は引力と遠心力の合力であるが，過去の地球の赤道付近では地球の中心から遠いため引力が小さく，また上向きの遠心力が大きかったため，重力は現在よりも小さかったと考えられる。

問2　7　正解は④
①不適。地球内部の熱は高温の中心部から低温の地表に向かって流れている。すなわちマントルは核よりも温度が低い。なお，ウランなどの放射性同位体の崩壊による発熱量が多いのは地殻上部の領域である。
②不適。マントル中では地震波速度は深さとともに増大する。
③不適。外核は，横波である S 波が伝わらないことから液体であることがわかった。

④適当。地球は，微惑星が衝突・合体をくり返して次第に成長した**原始惑星**が，さらに互いに衝突・合体してできたと考えられている。微惑星には岩石の他に鉄やニッケルなどの金属が含まれており，地球形成の過程で分離した密度の大きい鉄やニッケルが中心に集まって核となった。

問3 　8　・　9　・　10　　正解は②・④・⑤　(解答の順序は問わない。)

海嶺は拡大境界であり，海嶺の両側に向かってプレートが広がっていく。したがって，海嶺をはさんだ地点 A—C 間や地点 B—D 間は時間とともに常に距離が増加する。また，地点 B—C 間も時間とともに常に距離が増加する。また，トランスフォーム断層はプレートが互いにすれ違う断層である。よって地点 A と地点 D は最初は近づくが，その後すれ違って離れていく。

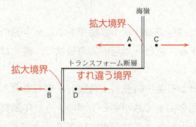

問4 　11　　正解は②

a．**正文**。沈みこみ境界で発生する巨大地震は，大陸プレートと海洋プレートの境界に蓄積したひずみが急激に解放されて生じる。プレート境界には，固着せず定常的にすべっている場所と，普段は固着しているがひずみが限界に達すると固着がはずれて急激に大きくすべる場所があると考えられている。この普段は固着している部分を**アスペリティ**という。

b．**誤文**。プレートは地球表面を覆っているので平らな板のような形状ではなく，地表に沿った球殻の一部である。この球殻の形状をしたプレートは地球の中心を貫く軸を中心に回転運動するが，その軸は一般に地球の自転軸とは異なり，プレートごとにまちまちな方向を向いている。

B 　標準　《岩石サイクル》

問5 　12　　正解は③

①正文。図の A は堆積岩の形成過程であるから，岩石の**風化作用→侵食・運搬・堆積作用→続成作用**の一連の作用を示している。**物理的風化作用**では，鉱物ごとに熱膨張率が異なるために温度変化を繰り返した岩石が破壊される場合がある。

②**正文**。続成作用では，堆積物が圧密作用やセメント化作用を受けて，堆積物中の鉱物などの粒子どうしが固結する。

③**誤文**。図の **B** は**変成作用**を示している。岩石中の鉱物が雨水や地下水と反応して他の鉱物に変わるのは**化学的風化作用**であって，**変成作用ではない**。

④**正文**。岩石中の鉱物が温度・圧力の上昇によって，新しい条件下で安定な鉱物へ固体状態のまま変化するのが変成作用である。

第3問 —— 岩石，地質・地史

A　標準　《火山灰》

問1　13　正解は④

ア．輝石は暗褐色〜暗緑色の短柱状の鉱物である。へき開の角度はほぼ90°で，へき開面はほぼ直交する。黒色〜褐色の六角板状で，薄くはがれやすい鉱物は**黒雲母**である。

イ．表1に示されている石英・斜長石・角閃石・輝石を含み，観察されなかった黒雲母を含まない範囲を図1でさがすと下図のように**中間質岩**の領域になる。したがって，中間質の安山岩質マグマが火山灰 **X** のもとになっていると推定できる。

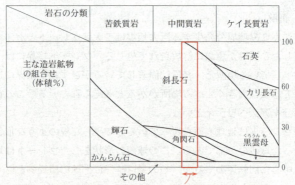

問2　14・15　正解は①・②（解答の順序は問わない。）

火山噴火によって放出される**火山噴出物**は，主に**火山ガス・溶岩・火山砕屑物**に分類される。このうち，火山砕屑物は固体状の噴出物であり，火山灰のほか，火山礫・火山岩塊・**火山弾・軽石**・スコリアなどがある。

B　標準　《地質，古生物》

問3　16　正解は④

地層の走向は，地層の境界線と同一高度の等高線の交点を結んだ直線の方向である。例として下図のように，泥岩層 C と石灰岩層 B の境界線と標高 290 m の等高線との交点を結んだ走向線①と標高 280 m の等高線との交点を結んだ走向線②を描く。いずれの走向線も北東から南西に向かう直線となり，北（N）から 45° 東（E）に回転した方向なので，走向は N45°E と表される。次に，走向線①と②の水平方向の距離は，図の下のスケールと比較して約 10 m である。一方，2 つの走向線の標高の差も 290 − 280 = 10 m であるから，10 m 南東へ進むと 10 m 標高が下がることになる。したがって，境界面の傾斜角は 45° であり，この場合泥岩層 C の傾斜は 45°SE と表される。

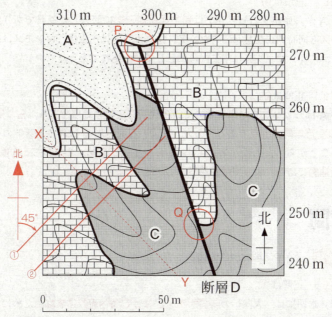

問4　17　正解は②

上図の X—Y における地質断面図を，前問の傾斜を考慮して描いてみると下図のようになる。この地域では地層の逆転がないので，下位の石灰岩層 B の方が上位の泥岩層 C よりも古い。また，上図の P で示した部分で，断層 D は砂岩層 A に切られているので，断層 D より砂岩層 A が新しいことがわかり，Q で示した部分では，断層 D が泥岩層 C を切っているので，断層 D は石灰岩層 B や泥岩層 C より

新しいことがわかる。

以上から，この地域の構造の形成順序は B→C→D→A となる。

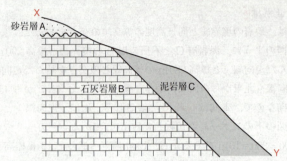

問5　18　正解は④

砂岩層 A から産出するビカリアは新生代新第三紀に繁栄した巻貝であり，デスモスチルスも同時期に生息していた。アノマロカリスは古生代，マンモスは新生代第四紀，ティラノサウルスは中生代に生息していた生物である。

問6　19　正解は③

砂岩層 A はビカリアを産出するので新生代新第三紀の地層であり，古くても2000万〜3000万年前の地層である。一方，下位の石灰岩層 B はコノドントの化石を産出することから，古生代カンブリア紀から中生代三畳紀，すなわち5.4億〜2.0億年前の地層である。よって③が適当。

第4問 ── 大気・海洋

A 〈やや難〉 《水や二酸化炭素の循環》

問1　20　正解は③

①不適。氷期には，大陸への降雪が氷床となって海へ流れ込まないために海面の水位が下がり，最大で氷期の前より 200m も低下したことがある。

②不適。熱帯収束帯では上昇気流が発達して降水量が多く，蒸発量を上回っている。海水1kg に溶けている塩類の質量〔g〕を塩分といい，降水量の多い熱帯収束帯の塩分はまわりの海域よりも低い。

③適当。水蒸気は二酸化炭素やメタンとともに地表から放射される赤外線を吸収する性質がある。これらの気体には地表からの赤外線を宇宙へ逃がさずにとどめ，再び地表へ放射して地表を暖める作用，すなわち温室効果がある。

④**不適**。地球形成当初の**原始大気**の主成分は二酸化炭素であり，また温暖であった中生代には，**二酸化炭素濃度が現在の数倍程度は**あったと考えられている。

問2 21 正解は①

一般に，平均滞留時間は，その領域に存在する総量を単位時間に流出（または流入）する量で割れば求められる。本問で考える領域は大気全体なので，存在量は $X+Y$ である。大気から流出する過程は降水であるから流出量は $B+D$ である。したがって，水が大気にとどまる平均の時間（平均滞留時間）を計算する式は，$\dfrac{X+Y}{B+D}$ となる。

問3 22 正解は①

大気中の炭素の年間増加量は，大気に入る総量から出る総量を差し引いた値を計算すればよい。図2中で上向きの矢印が大気に入る炭素を，下向きの矢印が大気から出る炭素を表している。よって

$$大気に入る総量 = 1198 + 89 + 784$$
$$= 2071 〔億トン/年〕$$
$$大気から出る総量 = 1233 + 800$$
$$= 2033 〔億トン/年〕$$

したがって，大気中の炭素の年間増加量は

$$2071 - 2033 = 38 〔億トン/年〕$$

B やや難 《地衡流》

問4 23 正解は②

ア．気圧が低いところでは，周囲よりも大気が海面を押さえつける力が弱いので海面が高くなる。1hPa 気圧が低下すると海面はおよそ 1cm 上昇することが知られている。

イ．地球上で月に近い側の海水は月の引力によって引き寄せられて海面が高くなる。一方，月と反対側の海水は地球が月との共通重心のまわりを公転することによる遠心力が月の引力より強くなるために海面が高くなる。このように，天体相互の位置関係によって，その天体の方向に力がはたらくことを潮汐という。月による潮汐のために最も高くなった海面の下をある地点が自転によって1日に2回通る際にその地点は満潮となるので，ふつうは1日に2回ずつ海面が昇降する。

問5 24 正解は③

地衡流の速度は，海水が受ける**圧力傾度力**に比例し，圧力傾度力は海面の傾斜が急なほど大きくなる。したがって，図3の海面の等高線の間隔が密なところほど地衡流の速度は速い。点A～Dの中では点C付近の等高線間隔が最も密であるので，点C付近における地衡流が最も速い。

問6 25 正解は②

ウ．圧力傾度力は海面の高いところから低いところへ向かう向きにはたらき，海面高度が南側で高く北側で低い海域の圧力傾度力は北向きとなる。地衡流では圧力傾度力はコリオリの力とつりあっているので，コリオリの力は南向きとなる。また，コリオリの力は，北半球においては流れの向きに向かって直角右向きにはたらく。したがって，この海域の地衡流の流れの向きは東向きとなる。

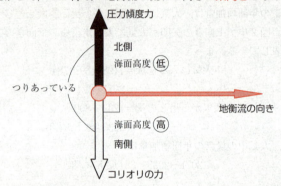

エ．コリオリの力は自転によって生じる力であり，緯度の正弦に比例する。すなわち極域で最も大きく，低緯度ほど小さい。

問7 26 正解は②

①不適。図3の，等高線が密になっているところが黒潮の流れに対応している。図3で130°E付近に注目すると，黒潮は沖縄の西側の海域を流れている。

②適当。北太平洋の大洋中央部の海水面高度が高いので，それを取り巻いて時計回りに循環する環流が生じる。この環流の西側部分が黒潮である。

③不適。海洋の水が水蒸気となるときの蒸発熱が潜熱として大気へ供給されており，大気から海洋への潜熱供給はありえない。

④不適。大洋を巡る環流では，地球自転の影響によって大洋の西側ほど最大流速が大きくなり，これを西岸強化という。太平洋の西側に位置する黒潮はまさにその流速が強化されており，東側を流れるカリフォルニア海流よりも最大流速が大きい。

第5問 ── 宇 宙

A やや難 《主系列星，食連星》

問1 27 正解は①
図1から恒星 A～D に対応する質量の主系列星が主系列に滞在するおおよその時間を対数目盛に注意して読み取る。すると，恒星 A は 1500 億年以上，恒星 B は約 100 億年，恒星 C は約 3 億年，恒星 D は約 0.03 億年となり，25 億年以上滞在するのは恒星 A と B となる。

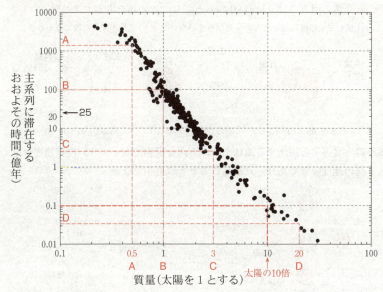

問2 28 正解は②
図1から，太陽質量の 10 倍の恒星が主系列に滞在する時間を読み取ると約 0.1 億年となる。太陽の質量であれば滞在する時間は約 100 億年であるから，太陽の 10 倍の質量をもつ恒星は太陽の $\dfrac{0.1}{100}$ 倍＝0.001 倍 の滞在時間となる。このことは，質量が 10 倍になれば，主系列に滞在する時間が $\dfrac{1}{10^3}$ になることを示しているので，滞在時間は恒星質量の 3 乗に反比例すると考えられる。

問3 29 ・ 30 正解は① ・ ④（解答の順序は問わない。）
食連星は，明るい**主星**と暗い**伴星**が視線方向とほぼ平行な面内を互いに公転してお

り，一方が他方を隠す食が起こるときに明るさが変化する。

①**適当**。食連星の恒星は地球から見て近づいたり遠ざかったりする。恒星のスペクトル線は**ドップラー効果**によって近づくときに波長が短い方へ，遠ざかるときに波長が長い方へずれる。

②**不適**。仮に，主星の明るさが 90 で伴星の明るさが 10 であれば，通常なら全体の明るさは 90 + 10 = 100 となる。伴星の見かけの面積が主星の半分であるとすれば，主星の前を伴星が通過するときには $90 \times \dfrac{1}{2} + 10 = 55$ の明るさとなるので通常より暗くなる。また，伴星の前を主星が通過するときは**主星の背後に伴星が隠れるので**全体の明るさは主星の 90 のみとなり，この場合も**通常より暗くなる**。

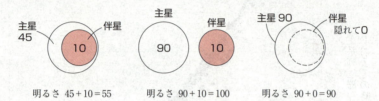

伴星が主星の前にあるとき　　　重なっていないとき　　　主星が伴星の前にあるとき

明るさ 45 + 10 = 55　　　明るさ 90 + 10 = 100　　　明るさ 90 + 0 = 90

③**不適**。食連星と観測する地球を結ぶ方向を**視線方向**という。視線速度はその視線方向の速度成分であり，食が起こるときに**最小**となる。

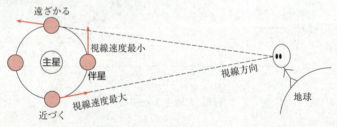

④**適当**。ケプラーの第三法則によると，平均距離 a で互いに周期 T で公転しあう 2 天体（質量 M と m）には次の関係式が成り立つ。

$$\frac{a^3}{T^2} = \frac{G(M+m)}{4\pi^2} \quad (G \text{ は万有引力定数})$$

したがって，食連星の主星の質量を M，伴星の質量を m とすると，質量の和 $M + m$ は主星と伴星の距離 a と公転周期 T から求めることができる。

B 標準 《原始星，銀河団，地球の公転運動》

問4　31　正解は②

①**不適**。原始星の周囲の分子雲の密度が高くなると，原始星からの**可視光線が分子**

雲に遮られるので，外部から可視光による観測ができず，赤外線による観測が行われる。

② 適当。高密度の星間雲が原始星の周囲に存在すると，星間雲の物質が重力によって原始星へと集まって収縮する。その過程で星間雲のもっていた重力による位置エネルギーが熱エネルギーに変換され，中心の温度が上昇する。

③ 不適。原始星の周囲の星間雲が中心部へ集まると，星間雲に遮られていた可視光線で観測することが可能となり，太陽と同程度の質量の原始星の光度は現在の太陽の約 100 倍の明るさになることもある。

④ 不適。原始星は新しく生まれた星であり，銀河系内では円盤部に数多く見られる。一方，球状星団は老齢な恒星の集まりであり，新しい原始星は見られない。

問5　32　正解は②

① 正文。遠方の銀河までの距離を r，銀河の後退速度を v とすると，ハッブルの法則より r と v に次の関係が見られる。

$$v = Hr \quad (H はハッブル定数)$$

したがって，遠方の銀河までの距離 r は，ハッブルの法則を用いて v と H から計算できる。

② 誤文。一般に，銀河は集団をつくって存在し，100 個程度以上の銀河が集合している集団を銀河団という。

③ 正文。銀河分布の大規模構造を観測すると，銀河がほとんどない空間が泡状に広がっており，この空洞部分をボイドという。

④ 正文。宇宙の大規模構造は，ボイドを取り巻いて銀河の密度が高い部分がフィラメント状に連なっていたりシート状に分布していることが観測されている。

問6　33　正解は⑥

年周光行差：地球の公転運動に伴い，恒星の位置が天球面上で 1 年を周期として変化することで生じる本来の恒星の位置とのずれを年周光行差という。

年周視差：地球の公転運動によって，近くの恒星は遠方の恒星よりも視線方向が 1 年を周期として大きく変化する。したがって，天球上の位置が近くの恒星ほど大きく動く様子が観測され，この動きの大きさを示す角度を年周視差という。

地学基礎 本試験（第1日程）

2021年度

問題番号 （配点）	設 問		解答番号	正 解	配 点	チェック
第1問 (24)	A	問1	1	④	4	
		問2	2	④	3	
	B	問3	3	②	4	
		問4	4	③	3	
	C	問5	5	④	4	
		問6	6	②	3	
		問7	7	②	3	

問題番号 （配点）	設 問		解答番号	正 解	配 点	チェック
第2問 (13)	A	問1	8	②	3	
		問2	9	①	4	
	B	問3	10	③	3	
		問4	11	①	3	
第3問 (13)	A	問1	12	②	4	
		問2	13	②	3	
	B	問3	14	④	3	
		問4	15	①	3	

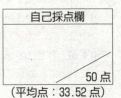

自己採点欄

/ 50点

（平均点：33.52点）

第1問 —— 地球，地質・地史，鉱物・岩石

A　やや易　《地震，地球の形状》

問1　　1　　正解は④

①不適。マグニチュードは地震の規模（放出されたエネルギー）の大小を表す。地震による揺れの強さは震度で表される。

②不適。緊急地震速報は，震源の近くの地震計でとらえたP波の観測データから，S波による大きな揺れが各地にいつ到達するかを予測して発表する。

③不適。地震による揺れの強さは，震源からの距離が同じであっても地盤の強弱によって異なる。

④適当。震源が海域にある海溝型巨大地震では，海底が急激に隆起・沈降することで津波が発生することが多い。

問2　　2　　正解は④

地球は自転による遠心力のため，赤道方向にふくらんだ回転だ円体とみなされる。極付近の曲がり方が赤道付近よりもゆるやかなため，緯度差1度に対する子午線の長さは極付近の方が赤道付近よりも長くなっている。

B　標準　《流速と砕屑物の挙動》

問3　　3　　正解は②

図1は，静止状態にある粒子が動き出して運搬される条件と，運搬されている粒子が堆積する条件に分けて考察する必要がある。

静止状態の粒子が動き出すかどうかは，図の「侵食・運搬される領域」に入っているかどうかで判断する。また，運搬されている粒子が堆積するかどうかは，図の「堆積する領域」に入っているかどうかで判断する。

①不適。粒径0.01mmの泥は流速10cm/sの流水下では「侵食・運搬される領域」に入っていないので動き出さない。

②適当。粒径10mmの礫は，流速10cm/sの流水下で「堆積する領域」に入っているので堆積する。

③不適。粒径0.1mmの砂は流速100cm/sの流水下で「堆積する領域」に入っていないので堆積しない。

④不適。粒径100mmの礫は流速100cm/sの流水下で「侵食・運搬される領域」に入っていないので動き出さない。

問4 　4　 正解は③

蛇行河川を流れる水の流速は，湾曲部の外側付近では速く，湾曲部の内側では遅い。図1から，運搬されてきた粒子が堆積する場合，流速が速いと，粒径が大きな礫は堆積するが，粒径の小さな砂や泥は堆積しない。したがって，湾曲部の外側に位置していた時期Aの地点Xで堆積した地層は礫からなる。時期Bになると地点Xは湾曲部の内側に変わるので，まず粗粒の砂が堆積しはじめ，だんだん粒径が小さくなっていく。やがて時期Cになると後背湿地で流体がほぼなくなり，泥が堆積するようになる。地層は下方から順に時期A→時期B→時期Cと堆積するので，下方から礫→砂（粗粒）→砂（細粒）→泥の順に変化する③の柱状図が適当である。

C 　標準　《岩石，冷却速度と鉱物の粒径，溶岩の粘性》

問5 　5　 正解は④

四つの岩石は，まず，方法　ア　によって深成岩である斑れい岩と花こう岩の組と，生物岩であるチャートと石灰岩の組に分けられる。一般に，深成岩は粗粒の鉱物がぎっしり詰まった等粒状組織を持ち，花こう岩と斑れい岩をルーペで観察すると，共に多く含まれる粗粒の長石が見られるはずである。他方，チャートと石灰岩は，どちらをルーペで見ても長石は含まれていない。したがって，方法　ア　はbとなる。

次に，斑れい岩は花こう岩に比べて密度の大きな有色鉱物を多く含むため，質量と体積を測定して密度の大きさを比較すれば区別できる。したがって，方法　イ　はcとなる。

さらに，石灰岩の化学組成は $CaCO_3$ であり，希塩酸と反応して二酸化炭素が発生するため発泡が見られる。一方，チャートの化学組成は SiO_2 であり，希塩酸とは反応しないので，希塩酸をかけることで両者の区別が可能である。よって，方法　ウ　はaとなる。

問6 　6　 正解は②

マグマが水中に噴出すると，周囲の水がマグマを外側から冷却することになる。一般に，冷却速度は接触している物質間の温度差に比例するので，水に直接触れる溶岩の表面に近い部分aの方が内部の部分bよりも速く冷やされる。また，マグマが冷えて鉱物が晶出するとき，冷却速度が速いほど鉱物の成長時間が短くなって細粒になる。したがって，冷却速度の速い部分aの方が部分bよりも鉱物が細かくなっている。

問7 7 正解は②

予想は「SiO₂含有量」と「粘性」の関係なので，他にも粘性に影響を与えうる「温度」は一定にして，SiO₂含有量の異なる岩質を比較しなければならない。したがって，表1でともに1000℃である溶岩YとZに加えて調べるのは，同じ 1000℃ であり，かつデイサイト質とも玄武岩質とも SiO₂含有量が異なる 安山岩質の溶岩 が適当である。

NOTE 溶岩の性質

岩質	玄武岩質	安山岩質	デイサイト質	流紋岩質
粘性	小さい（流れやすい）←————————→大きい（流れにくい）			
温度	高い（1200℃）←————————→低い（900℃）			
SiO₂含有量	少ない←————————→多い			
揮発成分	少ない←————————→多い			

第2問 — 大気・海洋

A 標準 《台風と高潮》

問1 8 正解は②

名古屋港の気圧を図1から読み取ると，18時においては980hPaである。一方，21時は960hPaと964hPaの等圧線のちょうど中間付近であるから962hPaと読むことができる。したがって，18時から21時にかけて18hPaの気圧低下があったと考えられ，1hPaの低下で1cmの海面上昇を仮定すると，海面の高さの上昇量は 18cm と推定される。

問2 9 正解は①

台風のまわりを吹く風は，台風を中心に反時計回りに吹き込み，中心に近いほど等圧線の間隔が狭くなるため強い。18時において，大阪湾付近の風向は北東の風であるから，大阪湾内の海水は掃き出されて海面が低下していたと考えられる。他方，名古屋港や御前崎港では南東の風によって海水が湾内や陸地に向かっているため，海面は上昇していたと考えられる。したがって，表1で18時において海面が低下していた X が大阪港である。次に，21時において，台風の中心は名古屋港のすぐ西側にあり，名古屋港には18時よりも強い南風が吹いていたが，御前崎港は気圧変化があまりなく，水位は18時とそれほど変わらなかったと考えられる。したがって，Y が名古屋港，Z が御前崎港となる。

B　標準　《地球温暖化》

問3　10　正解は③

雲は太陽放射をよく反射するので，雲の量が増加すれば太陽放射の宇宙空間への反射は増加する。また，雲からはその温度に応じた赤外放射がなされており，それは上方へも下方へも発せられる。赤外線が物質に当たると温度を上昇させる効果があるので，雲の量が増加することで雲から地表面へ向かう赤外放射も増加し，地表気温の上昇が促進されることが考えられる。よって正解は③となる。

問4　11　正解は①

①適当。地球に温室効果の影響がなければ，現在の平均気温（約15℃）よりも約30℃低下すると考えられている。

②不適。エルニーニョ現象は，近年の温暖化によって頻度が変化する可能性があるものの，その現象が生じる原因が温室効果にあるわけではない。

③不適。金星や火星の大気には温室効果ガスである二酸化炭素が含まれており，温室効果がみられる。

④不適。水蒸気，メタン，オゾンなどの気体も温室効果ガスである。

第3問 ── 宇　宙

A　標準　《太陽，宇宙の進化》

問1　12　正解は②

恒星は原始星→主系列星→赤色巨星→白色矮星の順に進化する。原始星は収縮するガスの重力エネルギーで光るが，やがて恒星の中心部で水素がヘリウムへ変換される核融合反応が起こり，主系列星になる。現在の太陽は主系列星に分類される。

問2　13　正解は②

①不適。水素とヘリウムの原子核がつくられたのは，宇宙の誕生から約3分後のできごとである。

②適当。宇宙の誕生から約38万年後に宇宙の温度が約3000Kまで下がったため，それまで独立して存在していたヘリウムや水素の原子核や陽子が電子と結合し中性のヘリウム原子や水素原子となった。すると，それまで光の直進を妨げていた電子が希薄になり，宇宙は光で遠くまで見渡せるようになった。これを宇宙の晴れ上がりという。

③不適。最初の恒星の誕生は，宇宙誕生から約3〜4億年後と考えられている。

④不適。宇宙の誕生から現在まで約 138 億年であると考えられている。

B 　やや難　《超新星，天体の明るさ》

問 3 　14 　正解は④

　図 2 の急に明るくなる天体 X は**超新星**であると考えられる。超新星は太陽の 8 倍を超える大質量星が進化の最後に大爆発を起こしたもので，急激な増光が観察される。

①不適。**惑星状星雲**は，太陽程度の質量を持つ恒星が進化の最後に白色矮星になるとき，宇宙空間に放出したガスが，中心星の放射した紫外線によって光って見えるものである。したがって，惑星状星雲に超新星が出現することはない。

②不適。**散開星団**は，星間ガスが収縮してできたばかりの若い恒星の集団である。したがって，進化の最終段階である超新星が観測されることはない。

③不適。**球状星団**は銀河系のハローに散在する恒星の集団であり，太陽よりも老齢な恒星からなる。一般に，超新星爆発をするような大質量星は短命であり，球状星団の恒星は太陽よりも質量が小さいと考えられるので超新星とはならない。

④適当。**渦巻銀河**には大質量の恒星が多数含まれており，本問のような超新星が観測される場合がある。

問 4 　15 　正解は①

　図 2 (a)の恒星 P の天体像の半径に対し，同図の天体 X は像の半径が 2 倍であると読み取れる。像の面積は半径の 2 乗に比例するので，天体 X の像の面積は天体 P の $2^2 = 4$ 倍となる。図 3 において，天体 P の 4 倍の面積である点が天体 X を示しており，その見かけの等級は18.5 等と読み取ることができる。

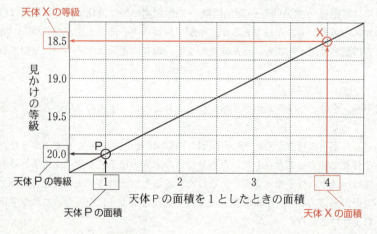

地 学 本試験 （第1日程）

問題番号 （配点）	設 問		解答番号	正 解	配 点	チェック
第1問 （18）		問1	1	④	3	
		問2	2	④	3	
		問3	3	②	4	
		問4	4	③	4	
		問5	5	⑤	4	
第2問 （18）	A	問1	6	①	4	
		問2	7	③	4	
	B	問3	8	③	3	
	C	問4	9	④	4	
		問5	10	①	3	
第3問 （21）	A	問1	11	②	4	
		問2	12	③	3	
	B	問3	13	③	3	
		問4	14	①	3	
		問5	15	②	3	
		問6	16	③	4	

問題番号 （配点）	設 問		解答番号	正 解	配 点	チェック
第4問 （23）	A	問1	17	④	4	
		問2	18	③	3	
		問3	19	③	3	
	B	問4	20	②	4	
		問5	21	②	3	
		問6	22	③	3	
		問7	23	④	3	
第5問 （20）	A	問1	24	③	3	
		問2	25	③	3	
		問3	26	②	4	
		問4	27	④	3	
	B	問5	28	①	4	
		問6	29	④	3	

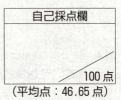

自己採点欄

100点

（平均点：46.65点）

第1問 —— 大気・海洋，岩石，地球，地史，宇宙

〈海洋と大気，岩石の部分融解，アイソスタシー，全球凍結と氷期・間氷期，スペクトル型〉

問1 ☐1☐ 正解は④

① 不適。亜熱帯高圧帯はハドレー循環の下降流が卓越する地域であるから降水量が少なく，陸域では砂漠が形成されることもある。一方，気温が比較的高いので海面における**年間の蒸発量は降水量よりも多くなっている。**

② 不適。メキシコ湾流から北大西洋海流へ続く一連の流れは暖流であり，ヨーロッパ沿岸に暖かい海水を運ぶため，**ヨーロッパに温暖な気候をもたらしている。**

③ 不適。陸域の岩石は海域の水よりも暖まりやすいので，日中には陸域の方が高温になる。すると，陸域の大気が上昇流となり，その地表付近の大気を補うように**海から陸に向かって風が吹く。**一方，夜になると逆に海域の方が高温になって，陸から海へ向かって風が吹く。このようにして吹く風を**海陸風**という。

④ 適当。冬に**シベリア高気圧**から吹き出す冷たく乾燥した季節風は，日本海を渡るときに比較的暖かい日本海から熱と水蒸気を大量にとり込んで，**湿潤な状態**になる。これに伴い，冬の日本海では季節風の方向に**筋状の雲**が生じる。

問2 ☐2☐ 正解は④

図2の横軸は温度であり，右が高温になっている。したがって，融解曲線の右側で**部分融解**が起こり，左側では融解しない。マントルが水を含まない場合，図の点Qは融解曲線の右側にあるので部分融解しているが，点Pは左側にあるので融解していない。また，マントルが水に飽和している場合，図の点P，Qともに融解曲線の右側にあるので部分融解している。

問3 ☐3☐ 正解は②

アイソスタシーが成立していれば，地殻下部の深い部分で氷期と現在の圧力が等しい。圧力は基準面より上部に存在する物質の質量に比例する。質量は 密度×体積であるが，圧力は同じ断面積で比較するので 密度×物質 の厚さ（高さ）が等しくなると考えてよい。図3の氷期における地殻最下部を圧力の基準面とすると，現在，その基準面と地殻最下部の間に隆起量Hの厚さのマントルが入り込んでいることから

$$0.93 \times 3.0 + 2.7 \times 35 = 2.7 \times 35 + 3.3 \times H$$

$$\therefore \quad H = 0.845 \doteqdot 0.85 \, (\text{km})$$

問4 ☐4☐ 正解は③

a. 誤文。全球凍結は約23億～22億年前と約7億年前に起こっている。**エディア**

カラ生物群の出現は約7億年前の全球凍結終了直後の時期に対応している。

b. 正文。第四紀の後半は，約80〜70万年前から平均気温が現在と同程度で比較的温暖な間氷期と，平均気温が約10℃低下する氷期とがおよそ10万年周期でくり返されている。

問5 　5　 正解は⑤

太陽のような主系列星は，その質量が大きいほど光度も大きくなる（絶対等級は小さくなる）。A型星はG型星である太陽より質量が大きいので光度が大きく，M型星は太陽より質量が小さいので光度も小さい。光度が大きいほど放射エネルギーが大きいことから，ハビタブルゾーンは光度が大きいA型星では恒星からの距離が長く，光度が小さいM型星では短くなる。よって，中心の恒星からハビタブルゾーンまでの距離は，M型星＜太陽＜A型星 となる。

NOTE スペクトル型

スペクトル型	O	B	A	F	G	K	M
表面温度	45000K				6000K		3300K
色		青白	白	黄白	黄	橙	赤
質量	大きい ←――――――――――――→ 小さい						
光度	明るい ←――――――――――――→ 暗い						
放射エネルギー	大きい ←――――――――――――→ 小さい						

※太陽はG型

第2問 ── 地　球

A 標準 《地磁気》

問1 　6　 正解は①

角距離は地球全周＝約40000kmを360°とするので，角距離1°あたりの長さは

$$40000 \div 360 \fallingdotseq 111 \,(\text{km})$$

したがって，1960〜1965年の5年間に移動した速さは

$$\frac{0.31 \times 111}{5} = 6.882 \fallingdotseq 7 \,(\text{km/年})$$

また，2010〜2015年の5年間に移動した速さは

$$\frac{2.4 \times 111}{5} = 53.28 \fallingdotseq 53 \,(\text{km/年})$$

問2 7 正解は③

磁北極が年月を経て移動していくように，地磁気は数十年の時間スケールで変化していく。これを地磁気の永年変化という。地磁気の原因は金属が液体状態で存在する外核の電流であり，地磁気の永年変化の原因は外核の対流の変化にあると考えられる。

B やや難 《地 震》

問3 8 正解は③

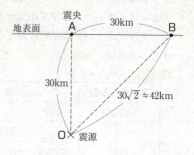

右図のように震源Oから真上の震央Aに向かう地震波を考える。OA間の距離は震源の深さ30kmに等しく，図2の震央距離0kmの場合のP波到達時間が5.0秒であることから，P波の速度をvとすると，$v = 30 \div 5.0 = 6.0$ 〔km/s〕である。また，震央距離30kmの地点Bに向かう地震波を考えると，OB間の距離はOAの$\sqrt{2}$倍≒1.4倍であるから $30 \times 1.4 = 42$〔km〕である。図2の震央距離30kmの場合のP波到達時間は約7.0秒であることからP波の速度vを求めると，$v = 42 \div 7.0 = 6.0$〔km/s〕となり，震央Aに向かうP波速度と矛盾しない。したがって，この地域におけるP波速度は6.0km/sとなる。

C 標準 《隕石，地球の元素》

問4 9 正解は④

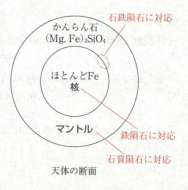

石鉄隕石は，ケイ酸塩鉱物（主にかんらん石）からなるマントルと金属鉄からなる核に分化していた太陽系初期の天体が起源である（右図参照）。この天体が衝突などで破壊されて飛散した破片のうち，ちょうど核とマントルの境界付近の部分が石鉄隕石となる。したがって，石鉄隕石には金属鉄とケイ酸塩鉱物がおよそ半分ずつ含まれる。また，かんらん石はMgとFeの割合を連続的に変化させる固溶体である。

問5 ☐10☐ 正解は①

　地球は前ページの図のようにケイ酸塩鉱物と金属鉄に分化した構造をもつ。その体積の82％程度がマントルであり，核は16％程度を占める。一方，地殻は全体の2％ほどにすぎない。したがって，**マントルと地球全体の主要元素の存在割合はほぼ同じ**であり，マントルの主要元素も O，Si，Mg，Fe を主体としたものになる。ただし，地球全体の存在割合から核の Fe を引いたものとなるので **Fe の割合が少なくなった①のグラフ**となる。一方，**地殻の元素の存在割合は地球全体にほとんど影響しない**。地殻の組成のうち Al に着目すると8％の重量比があるが，地殻そのものが地球全体の約2％しかないので**地球全体やマントルの重量比に対して Al はごくわずか**である。

第3問 — 岩石・鉱物，地質・地史

A 　標準　《片麻岩，広域変成作用》

問1 ☐11☐ 正解は②

　マグマの貫入によってその周辺の岩石が熱せられてできる変成岩は**接触変成岩**に分類される。一方，大陸の衝突や沈み込み帯に伴って生じる高圧によって**広域変成岩**がつくられる。レポートの【文献調査結果】にあるように，この岩石は広域変成岩である。広域変成作用によってできる代表的な岩石には**片麻岩**と**結晶片岩**があるが，【観察結果】図1のように，センチメートルサイズの縞模様が見られ，比較的粗粒な鉱物からなるものは**片麻岩**である。結晶片岩の片理はミリメートル単位の細かな筋状の構造で，鉱物も細粒である。片麻岩は，結晶片岩と比べて**高温の状態で圧力を受け，鉱物が縞状にゆっくりと変形しながら再結晶して形成**される。

NOTE 変成岩

種類	成因	岩石名	特徴
接触変成岩	マグマの高い熱による	ホルンフェルス	泥岩や砂岩などが変成，硬く緻密，黒雲母や菫青石を含み黒っぽい
		結晶質石灰岩（大理石）	石灰岩が再結晶した粗粒の方解石からなる
広域変成岩	低温高圧	結晶片岩	細粒の片理，沈み込み帯
	高温低圧	片麻岩	粗粒の縞模様（片麻状構造），造山帯の中心部

問2　12　正解は③

① 不適。石墨がダイヤモンドに変化するには**深さ100kmに達するような高圧条件**が必要である。

② 不適。結晶質石灰岩（大理石）は**接触変成作用**によって形成される。

③ 適当。化学組成が Al_2SiO_5 で表される鉱物の温度圧力による安定存在領域は右図のようになる。本問のように比較的低圧の状態から圧力約 7×10^8 Pa，温度約850℃に達する経路では，はじめに生じていた紅柱石が珪線石へと変化する。

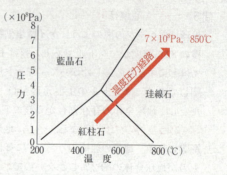

④ 不適。ホルンフェルスは**接触変成作用**によって形成される。

B 標準 《地質調査，示準化石，中生代》

問3　13　正解は③

この地域の各地点A〜Eに見られる凝灰岩層を地図上に表すと下図のようになる。

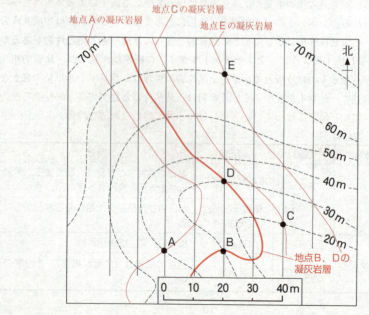

この地域の地層の走向は南北方向であるから，地点Bと同じ凝灰岩層が露出するの

は地点Bと同じ標高30mで走向方向の真北に位置する地点Dである。

問4　14　正解は①

この地域の地層の傾斜は東に45°であるから，東へ行くほど上位の新しい地層が露出する。前図の地点B，Dの凝灰岩層よりも地点Aの凝灰岩層は西に位置するので地点BやDよりも下位の古い地層である。また，地点Cや地点Eの凝灰岩層は地点B，Dの凝灰岩層よりも東に位置するので上位の新しい地層である。したがって，この地域の凝灰岩層の上下関係を下位から順に並べると，地点A→ 地点BとD→ 地点C→ 地点Eとなる。

問5　15　正解は②

4枚の写真はいずれも示準化石のもので，①は古生代の三葉虫，②は中生代のトリゴニア，③と④はいずれも新生代新第三紀のデスモスチルスの歯とビカリアである。地点Aの砂岩の年代が中生代であることから，見つかった化石は②トリゴニアである。

問6　16　正解は③

①不適。超大陸ロディニアが分裂したのは，原生代末の約7億5千万年前と考えられている。

②不適。インド大陸とアジア大陸の衝突によってヒマラヤ山脈が形成されたのは約4000万年前の新生代のできごとである。

③適当。約3億年前から形成された超大陸パンゲアは，中生代の三畳紀からジュラ紀にかけて大きく分裂し，離れていく大陸の間に大西洋が形成された。

④不適。超大陸ロディニアが形成されたのは原生代の中頃の約11億年前である。

第4問 ── 大気・海洋

A　標準　《梅雨期の天候，温帯低気圧，高層天気図》

問1　17　正解は④

a．誤文。春から夏にかけて，オホーツク海高気圧が発達すると，北日本の太平洋側に北東風（やませ）が吹きつける。この風は北方の海上から流れ込むので冷たく湿っており，長く続くと曇りや雨の日が多くなって冷害をもたらす。

b．誤文。冬季に日本の南方を流れるジェット気流が梅雨の時期にはチベット高原で南北に分流し，日本付近には2つのジェット気流が存在する。季節が夏に近づくと太平洋高気圧の発達にともなって低緯度側のジェット気流が北上し，北方のジェット気流に合流すると梅雨明けとなる。

問2 18 正解は③

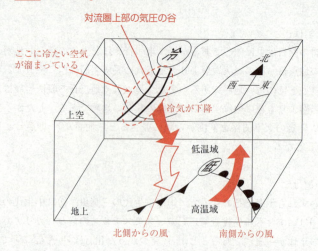

図のように，日本周辺の上空では，発達中の**温帯低気圧**の中心に対して**西側**に気圧の谷が存在し，この気圧の谷に寒冷な空気が滞留している。この冷気は重いので下降し，地上では**低温域**で寒冷前線を**北側**から押す風となる。一方，地上の低気圧の高温域では温暖前線に向かって**南側**からの風が吹く。

問3 19 正解は③

冬季の日本付近では，大陸に**シベリア高気圧**が発達し，オホーツク海付近に低気圧が位置する**西高東低の気圧配置**になることが多い。一方，**夏季**には日本の南東側に**太平洋高気圧**が存在する。本問の図1は，シベリア高気圧は見られず，日本の南方〜東方に高気圧が見られるので**夏の地上天気図**である。一方，図2の500hPa等圧面の**高層天気図**には等圧面高度が示されているが，数値が大きいほど上空の気圧が高いことを示している。地上にある日本南方の高気圧は背が高いので，高層天気図の日本南方にも5940mの高圧部が見られる**Y**が図1と同じ日の高層天気図である。

B 標準 《エクマン輸送，西岸強化，エルニーニョ》

問4 20 正解は②

海水の風による輸送（**エクマン輸送**）では，風によって海水が表面で受ける力と最終的に輸送される海水全体にはたらく**コリオリの力**（転向力）がつりあっている。輸送される海水は海洋の表層部分に限られ，ここを**エクマン層**という。**北半球**ではエクマン輸送される海水に対して直角右向きにコリオリの力がはたらくので，エクマン輸送の向きは風下に向かって直角右向きになる。

反対に南半球では風下に向かって直角左向きにエクマン輸送が生じる。ペルー沖では<u>南東から貿易風</u>が吹き，エクマン輸送によってペルー沿岸から遠ざかる向きにエクマン層の海水が運び去られる。すると，深層から冷たい海水が湧昇するので海水温が低くなる。

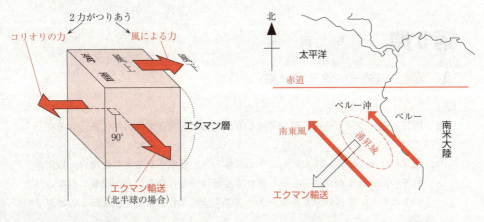

問5　21　正解は②

a. 正文。たとえば風速 12m/s で比較すると，緯度 40° 付近での輸送量は 1.5 m²/s であり，緯度が 30°，20°，10° になるにしたがって 2.0→3.0→5.5m²/s というように輸送量は<u>低緯度ほど大きくなる。</u>

b. 誤文。たとえば緯度 20° で比較すると，風速 10m/s での輸送量は約 2.0m²/s であるが，風速が 2 倍の 20m/s での輸送量は約 8.0m²/s となるので<u>2 倍にはなっていない。</u>

問6　22　正解は③

亜熱帯環流で，海面の最も高い海域が環流の西寄りに存在する現象を<u>西岸強化</u>という。西岸強化は地球自転によって生じるコリオリの力（転向力）が高緯度ほど強くはたらくことが原因であり，①地球が自転していることと，②地球の形がほぼ球形であることに原因がある。また，太平洋南部を西へ流れた海水が陸にぶつかって北上し環流をつくることから，④太平洋の西側に陸があることと関係がある。③地球が公転していることは海水にはたらくコリオリの力とは関係がない。

問7　23　正解は④

①**不適。**エルニーニョ現象の発生時には，インドネシア付近での海面水温が平年値より低くなるので活発な蒸発が抑制されて<u>降水量が減少</u>する。

②**不適。**エルニーニョ現象の発生時には，太平洋東部赤道域の海面気圧が低下し，

西部の海面気圧が上昇する。このため，東から西へ吹く貿易風は弱くなる。

③不適。エルニーニョ現象の発生時には，赤道ペルー沖でエクマン輸送によって沿岸部に湧昇をもたらす貿易風が弱くなるので湧昇も弱くなる。

④適当。エルニーニョ現象の発生時には，太平洋西部赤道域の海面気圧は上昇する。

第5問 ── 宇　宙

A　やや難　《ダークマター，変光星》

問1　24　正解は③

a．誤文。ダークマターは，光や電波などの電磁波を使って直接的に観測することはできない。

b．正文。銀河系が電磁波で観測できる天体のみで構成されるとした場合，銀河系の天体の回転速度が銀河中心から離れてもほぼ一定になることが説明できない。このことから，直接観測できないダークマターによる質量の存在を知ることができる。

問2　25　正解は③

図1から天体Aの変光周期を読み取ると約30日である。これを図2のグラフに適用すると，その絶対等級は−5.5等と読み取ることができる。

一般に，見かけの等級 m，絶対等級 M と天体までの距離 p〔パーセク〕には次の関係が成り立つことが知られている。

$$M - m = 5 - 5\log_{10}p$$

この式に天体Aの平均の見かけの等級 $m = 14.5$，絶対等級 $M = -5.5$ を代入すると

$$-5.5 - 14.5 = 5 - 5\log_{10}p$$
$$\log_{10}p = 5$$
$$\therefore\ p = 1 \times 10^5 \text{〔パーセク〕}$$

問3　26　正解は②

a．正文。たとえば，おとめ座にある電波銀河 M87 には中心から細くのびたジェットの存在が観測されており，銀河内部の巨大ブラックホールの活動との関係が研究されている。

b．誤文。クェーサー（準恒星状天体）は非常に遠方にあるが，後退速度が光速に達する 138 億光年よりも遠方を観測することはできない。

問4 　27 　正解は④

ある銀河のスペクトルの本来の波長が λ で，観測される波長が $\Delta\lambda$ だけ長いとき，

赤方偏移 z は，$z = \dfrac{\Delta\lambda}{\lambda}$ と表される。

また，赤方偏移が z である銀河の後退速度 v は

$$v = cz = c\dfrac{\Delta\lambda}{\lambda}$$

で表される（c は光速）。

今，光速 $c = 3 \times 10^5$ 〔km/s〕，$\Delta\lambda = 678 - 656 = 22$〔nm〕であるから

$$v = 3 \times 10^5 \times \dfrac{22}{656} \fallingdotseq 1 \times 10^4 \text{〔km/s〕}$$

B 　標準 　《恒星，星団》

問5 　28 　正解は①

恒星の進化や寿命は主として**恒星の質量**によって決まる。質量が小さな恒星は絶対等級が大きく長寿命である。一方，大質量の恒星は絶対等級が小さく短寿命である。また，太陽質量の8倍以下の恒星は進化の最終段階で外層のガスを放出して中心に**白色矮星**が残るが，太陽質量の8倍を超える恒星は**超新星爆発**を起こし，中心に**中性子星やブラックホール**が残る。

星団Yの HR 図には高温の**主系列星**はほとんど見られず，表面温度が中程度からやや低く，光度の小さな主系列星と，表面温度が低いにもかかわらず光度が大きい赤色巨星が多く存在する。つまり，星団Yの恒星は，太陽よりも質量が小さく，寿命を終えていない恒星と，太陽と同程度以上の質量の恒星が寿命を終えて赤色巨星になった恒星からなる。太陽の寿命はおよそ 100 億年程度と考えられているので，星団Yの恒星がすべて同時に形成されたとすると，この星団はおよそ 100 億年の老齢な恒星の集団であり，このような特徴を持つ星団は**球状星団**である。

問6 　29 　正解は④

主系列星は安定して輝き続け，その途中で温度が変化することはほとんどない。よって②，③は誤り。主系列星はその寿命を終えると低温の赤色巨星へと進化する。よって①も誤り。高温の主系列星ほど質量が大きいが，光度が大きいために燃料である水素の消費が速いので短命となる。星団の恒星がほぼ同時に形成されたとすると，高温で短命の主系列星はすでに低温の赤色巨星へと進化していると考えられる。よって，④が適当。

地学基礎　本試験（第2日程）

問題番号（配点）	設　問		解答番号	正　解	配　点	チェック
第1問（27）	A	問1	1	①	4	
		問2	2	④	3	
		問3	3	②	3	
	B	問4	4	②	4	
		問5	5	④	3	
		問6	6	②	3	
	C	問7	7	⑤	4	
		問8	8	①	3	

問題番号（配点）	設　問		解答番号	正　解	配　点	チェック
第2問（13）	A	問1	9	④	4	
		問2	10	②	3	
	B	問3	11	④	3	
		問4	12	③	3	
第3問（10）		問1	13	③	3	
		問2	14	①	3	
		問3	15	②	4	

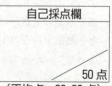

自己採点欄

50点

（平均点：30.39点）

第1問 —— 地球，地質・地史，鉱物・岩石

A　やや難　《原始大気，プレート境界，マグニチュード》

問1 　1　正解は①
- a．正文。地球形成時には，表層をマグマオーシャンが覆っていたが，しだいに地表のマグマが冷えて地上の気温が低下すると，大気中で凝結した水蒸気が再び蒸発せずに雨として地表に達するようになり，**原始海洋**がつくられた。
- b．正文。原始海洋が形成されると**原始大気**の主成分であった二酸化炭素が海水に溶け込み，大気から取り除かれて減少した。

問2 　2　正解は④
- ①不適。**中央海嶺**で噴出する溶岩は，マントルのかんらん岩が**部分溶融**してできる**玄武岩質溶岩**である。
- ②不適。沈み込み帯において火山が多数分布するのは，海溝から火山前線（火山フロント）の間の領域ではなく，**火山前線（火山フロント）より大陸側の領域**である。
- ③不適。震源の深さが100kmより深い地震のほとんどは，沈み込んだ海洋プレートに沿った**和達-ベニオフ帯**で起こる。
- ④適当。海溝沿いの巨大地震は，海洋プレートが沈み込む際に大陸側のプレートとの境界に大きな力がはたらくことで，繰り返し断層が活動して発生する。

問3 　3　正解は②
地震の**マグニチュード**は地震で放出されたエネルギーの大きさを表し，その数値が1だけ増えるとエネルギーは約32倍になる。図1から，マグニチュードが5.3と4.3の全地震の数はそれぞれ100，900と読み取れる。したがって

$$\frac{\text{M5.3 の全地震のエネルギーの総和}}{\text{M4.3 の全地震のエネルギーの総和}} = \frac{32 \times 100}{1 \times 900} = 3.55 \fallingdotseq 3.6 \text{ 倍}$$

B　標準　《地質断面図，示準化石，不整合》

問4 　4　正解は②
地層Yを**不整合**に覆う地層Dは，地層Yよりも新しい。地層Aは地層Yよりも下位にあるので地層Aは地層Dよりも古い。地層Zの上の不整合面上に地層Aがあることから地層Zは地層Aよりも古く，さらに地層BやCは地層Zより下位にあるので，地層Aよりも地層BやCの方が古い。断層Ⅱのずれを元に戻すと地層Bは地層Cの

下位にくるので，最も古いのは地層Bである。

問5 5 正解は④

断層Ⅰは断層面に沿って上盤が下盤に対してずり上がっているから逆断層である。また，断層Ⅰは古生代末に栄えたフズリナを含む地層Yを切っているので，古生代末よりも新しい時期に活動をしたことがわかる。したがって，古生代はじめのオルドビス紀の活動はありえない。また，中生代に栄えたイノセラムスを含む地層Xより古い地層Dで不整合に覆われているので，活動していたのは中生代のいずれかの時期までであり，新生代古第三紀の活動はありえない。これらのことから，断層Ⅰは中生代はじめの三畳紀に活動したと考えられる。

問6 6 正解は②

a．正文。古生代地層と新生代地層の間には約2億年におよぶ長い時間の地層が欠落しているので，不整合といえる。

b．誤文。低地に堆積した地層が地殻変動により陸化して侵食を受けた後，再び地殻変動により下降して水面下に没し，その上に新しい地層が堆積することによっても不整合面が形成される。

C やや易 《岩石，鉱物》

問7 7 正解は⑤

A城の石垣の岩石には片理が発達しているので広域変成作用を受けた結晶片岩である。ホルンフェルスはマグマの熱による接触変成岩であるから片理はみられない。B城の石垣の岩石は等粒状組織がみられるので深成岩である。深成岩で石英や黒雲母を含む岩石は珪長質岩であるから花こう岩である。

C城の石垣の岩石は火山砕屑物が固結してできているので凝灰岩である。石灰岩は海底に炭酸カルシウムの殻をもつ生物の遺骸が堆積するなどしてできた堆積岩である。

問8 8 正解は①

鉱物の結晶はその原子の並び方にそれぞれ特徴があり，特定の方向の面で割れやすい性質をもつ場合がある。この性質をへき開という。例えば，黒雲母はケイ酸塩鉱物で，SiO_4四面体が平面網目状のシート状につながっており，へき開面に沿って薄くはがれやすい性質をもつ。

第2問 —— 大気・海洋

A [標準] 《地球の熱収支,熱輸送》

問1 | 9 | 正解は④

太陽は常に幅広い波長域の電磁波を放射しているが,そのうち最も強い波長は可視光線の領域にある。一方,地球の表面から宇宙に向かって放射される電磁波の波長域は主に赤外線の領域である。

問2 | 10 | 正解は②

① 不適。図1の北半球の南北方向の大気＋海洋の熱輸送量は正であり,北向きを正としているので北半球では北向きに熱が輸送されている。また,南半球はこの逆になっている。

② 適当。海洋による熱輸送量は図1の実線と破線の差で求められる。図1から北緯10°において,その差 $(2.3 \times 10^{15} - 0.5 \times 10^{15} \fallingdotseq 1.8 \times 10^{15}$〔W〕)は破線の大気による熱輸送量(約 0.5×10^{15} W)よりも大きい。

③ 不適。海洋による熱輸送量は実線と破線の差であり,その差が大きいのは北半球では北緯10°から北緯30°の間付近である。

④ 不適。大気による熱輸送量を示す破線の値は北緯30°では約 3.8×10^{15} W であり,北緯70°では約 2.3×10^{15} W であるから北緯30°の方が大きい。

B [標準] 《大気と海洋の温度鉛直分布》

問3 | 11 | 正解は④

海面の気圧 1000hPa は約 16km 上昇すると 10 分の 1 の 100hPa になり,そこから 16km 上昇した 32km 上空では 10hPa となる。そこからさらに 16km 上昇した 48km の高度で気圧が 1hPa となる。この高度は成層圏の最上部であるが,成層圏ではオゾンが太陽の紫外線を吸収して,上空ほど温度が高くなっている。したがって,気圧が 100hPa の地点,すなわち高度 16km の成層圏下部よりも高度 48km の気温は高い。

問4 | 12 | 正解は③

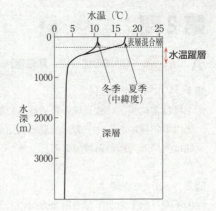

a．誤文。表層混合層は海洋の表層で風や波によってよくかき混ぜられているので，水温はその地域の気温と大差ないと考えてよい。したがって，中緯度であれば約10〜20℃程度の水温である。一方，深層の水の温度はおよそ2℃以下であり，**表層混合層の水温は深層の水温よりも高い**（右図）。

b．正文。表層混合層と深層の温度差は大きいが，右図のように表層混合層から深さ数百mの間に水温が大きく変化する。この水温が急変する部分を**水温躍層（主水温躍層）**とよぶ。

第3問 標準 ── 宇　宙 《太陽系の元素，小惑星》

問1 | 13 | 正解は③

原始の太陽系では**原始太陽のまわりの微惑星が衝突・合体して**惑星を形成した。地球もその一つである。地球に飛来する隕石の研究から，原始の地球を形成した微惑星に多量の**鉄**が含まれていたことがわかり，現在の地球の核は鉄が主成分であると考えられている。

問2 | 14 | 正解は①

太陽系は宇宙空間の元素存在比が最も多い水素やヘリウムが濃集して形成されたものであり，元素xは**水素**である。

地球の大気で最も多い元素は窒素，2番目に多い元素は酸素であるから元素yは**酸素**である。

ダイヤモンドは炭素からなる鉱物であるから元素zは**炭素**である。また天王星や海王星が青く見えるのはCH_4（メタン）の存在が原因である。

問3 | 15 | 正解は②

①は火星，②が**小惑星（イトカワ）**，③は彗星，④は木星の画像である。小惑星は大きさが数kmと小さく，自らの重力によって天体の形を①や④の惑星のような球形にすることができないため，いびつな形状をしているものが多い。③の彗星の本体もいびつな形状と考えられるが，多くの塵を含んだ氷のかたまりであり，太陽に近づくと氷が融けて，ガスと塵が太陽風に流されて太陽と反対方向に尾を伸ばす。

地　学　本試験
（第2日程）

問題番号 （配点）	設　問		解答番号	正 解	配 点	チェック
第1問 (17)	A	問1	1	③	3	
		問2	2	②	3	
	B	問3	3	①	3	
		問4	4	③	4	
		問5	5	③	4	
第2問 (17)	A	問1	6	②	4	
		問2	7	④	4	
		問3	8	④	3	
		問4	9	①	3	
	B	問5	10	④	4	
第3問 (23)	A	問1	11	③	3	
		問2	12	④	4	
		問3	13	①	3	
	B	問4	14	③	3	
		問5	15	②	3	
		問6	16	④	3	
		問7	17	①	4	

問題番号 （配点）	設　問		解答番号	正 解	配 点	チェック
第4問 (20)	A	問1	18	④	3	
		問2	19	②	3	
		問3	20	①	4	
	B	問4	21	③	4	
		問5	22	②	3	
	C	問6	23	③	3	
第5問 (23)	A	問1	24	②	4	
		問2	25	③	3	
		問3	26	③	4	
		問4	27	③	3	
	B	問5	28	①	3	
		問6	29	①	3	
	C	問7	30	②	3	

自己採点欄

100 点

（平均点：43.53 点）

第1問 ── 地球，大気・海洋，宇宙

A ［標準］《地質時代，生物の変遷，銀河系》

問1 ［1］ 正解は③

原生代の海洋では，約21億年前に真核生物が出現し，約15億年前には多細胞の藻類が出現した。原生代終期には，エディアカラ生物群とよばれる多様な大型生物が現れた。

植物がはじめて上陸したのは古生代シルル紀であり，約4億年前には維管束をもつ植物が現れた。また，両生類が出現して上陸したのはデボン紀であり，石炭紀からペルム紀にかけて繁栄した。

石炭紀にはトンボのなかまであるメガネウラが出現し，生物は空へと生息空間を拡大した。さらに，中生代ジュラ紀には恐竜類から進化した鳥類が空を生息空間として繁栄をはじめた。

問2 ［2］ 正解は②

鳥類が恐竜類から進化したのは中生代ジュラ紀と考えられており，今から約1.5億〜2億年前のことである。

①不適。海王星は太陽のまわりを約165年かけて一周する。

②適当。太陽は銀河系の中心のまわりを約2億年かけて一周する。

③不適。太陽は銀河系の中心から約2.8万光年のところに位置しているので，銀河系中心付近の天体の光が地球に届くには約2.8万年かかる。

④不適。現在観測されている最も遠い天体は，地球から約134億光年のところに位置しているので，その光が地球に届くには約134億年かかる。

B ［標準］《転向力，大気の流れ，地磁気の逆転》

問3 ［3］ 正解は①

北半球で運動する物体に対して，転向力（コリオリの力）は進行方向に向かって右向きにはたらく。北極から南に向かって飛ぶ飛行機において，進行方向右向きは西向きになるので，転向力は飛行機を西側にずらすようにはたらく。

転向力の大きさは，緯度をϕとすると$\sin\phi$と動く速さvに比例する。したがって，同じ飛行速度であれば，$\sin\phi$が大きくなる高緯度ほど転向力も大きくなる。

問4 ［4］ 正解は③

図3によると，1982年4月5日にメキシコのエルチチョン火山から放出されはじ

めた二酸化硫黄は，東風によって同年4月25日には地球の赤道近くの低緯度帯を一周し，再びメキシコ付近に到達している。このことは，地球をおよそ25日−5日＝20日かけて一周したことを示している。1日は24時間であるから，移動経路の全長を赤道一周に等しい約40000km，風速をvとすると

$$v = \frac{40000}{20 \times 24} = 83.33\cdots \fallingdotseq 80 \,[\mathrm{km/h}]$$

問5 　5　 正解は③

現在の地球上では方位磁石のN極が北を指すので，地球中心においた棒磁石のS極の位置は北極付近にある。したがって，約77万年前の地磁気逆転より古い時代には，棒磁石のS極の位置は南極付近にあったと考えられる。このことと，棒磁石の強さが徐々に減少し，極の位置が急激に変化した後は徐々に回復したことを合わせて考えると仮説Mを表した図は③である。

第2問 ── 地 球

A 　やや難　 《地球の内部構造，半減期，プレートの運動，マグニチュードと断層》

問1 　6　 正解は②

①不適。南太平洋仏領ポリネシア付近では，核の近くまでどの深さにおいても地震波速度が周囲よりも遅い低速度領域が存在する。

②適当。地球表層の深さ約100kmまではリソスフェアとよばれる比較的硬い領域が存在し，十数枚のプレートとして剛体的にふるまう。一方，リソスフェアの下には比較的やわらかく流動的にふるまうアセノスフェアとよばれる領域が存在する。

③不適。地球の中心部は最初は液体であったが，地球の冷却にしたがって内核とよばれる固体領域が形成され，現在に至るまで時間とともに徐々に大きくなってきている。

④不適。外核は液体であると考えられており，固体であるマントルから外核に入るとP波の速度は急激に小さくなる。

問2 　7　 正解は④

放射性同位体Aの量は半減期の7億年ごとに2分の1になっていく。35億年は7億年の5倍であるから，現在の量は35億年前の$\frac{1}{2^5} = \frac{1}{32}$となる。発熱量は放射性同位体の量に比例するので，35億年前の発熱量は現在の32倍である。

問3 　8　 正解は④

4000万年前に活動した**地点Xの火山の東側**に6000万年前に活動した火山があるので，6000万年前から4000万年前にかけてはプレートが**東向き**に移動していたことがわかる。次に，現在活動中の火山△の北東に伸びる火山列の向きに1700万年前や4000万年前の火山が並んでいるので，4000万年前から現在にかけてはプレートが**北東向き**に移動したことがわかる。

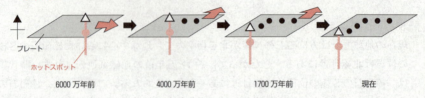

問4 　9　 正解は①

図2において，断層の長さ10kmの地震の**マグニチュード**はおよそ5.7であり，断層の長さ100kmの地震のマグニチュードはおよそ7.7であるから，マグニチュードが2.0大きくなると断層の長さが約**10倍**になる。

また，本震の後しばらくの期間は本震の断層面上のいたるところで**余震が多数発生**するので，**余震の震源分布**を観測することで，本震を起こした断層の範囲を推定できる。

B 　標準　 《黒　鉱》

問5 　10　 正解は④

新第三紀になって日本列島が大陸から分離し，日本海が拡大する過程で**海底に激しい火成活動**が起こり，それに伴って**黒鉱**とよばれる**熱水鉱床**ができた。黒鉱に含まれる主な鉱物は**閃亜鉛鉱（ZnS）や方鉛鉱（PbS）**であり，これらの鉱物が黒色を呈することが黒鉱の名称の由来である。

第3問 ── 鉱物・岩石，地質・地史

A 　やや難　 《偏光顕微鏡，マグマの化学組成》

問1 　11　 正解は③

偏光顕微鏡を用いる際，**干渉色は直交ニコルで観察する**ので①と②は不適。開放ニコル（平行ニコル）で鉱物を観察するとき，ステージ（載物台）を回転させると鉱物の色が徐々に変化することがある。これを**多色性**という。石英は無色鉱物で，**開**

放ニコルでは多色性が観察されないので④も不適。一方，角閃石は有色鉱物であり，開放ニコルで多色性が見られる。よって③が最も適当。

問2　　12　　正解は④

直交ニコルで鉱物を観察すると，**複屈折して透過してきた光の干渉によって干渉色**が見られる。斜長石や輝石はステージを回転させると，2方向に振動する偏光が90°ごとに打ち消し合うため暗くなる。これを**消光**という。斜長石は消光する部分としない部分が交互に縞状に見えているが，図1で消光していた部分は，90°回転しても同じように消光し，消光していなかった部分は消光しない。したがって，斜長石は90°回転させても同じ縞状に見える。また，輝石は図1で消光していないので，90°回転しても消光しない。

問3　　13　　正解は①

玄武岩質マグマは**苦鉄質**であり安山岩は**中性岩**であるから，マグマ**X**は溶岩**V**よりも SiO_2 含有量が少なく，MgO 含有量が多い。

B　やや難　《ルートマップ，斜交葉理，示準化石，日本列島の形成》

問4　　14　　正解は①

地層が傾斜している場合，水平面とその層理面は直線で交わり，その交線の方向を地層の**走向**という。また，その地層の層理面と水平面とのなす角を地層の**傾斜**という。

問5　　15　　正解は②

地点**D**の地層の傾斜が30°NEで，この地域の地質構造が同斜構造であると仮定するので，地点**B**の砂岩層も北東に30°傾斜している②または④になる。また，**斜交葉理**は層理面を水平にしたとき下に凸になるように形成され，上位の層理面によって切られている。この地域には地層の逆転がないので，①または②となり，正解は②である。

問6　　16　　正解は④

地点**A**に見られる浮遊性有孔虫化石は新第三紀のものであるが，地点**C**の**カヘイ石**は古第三紀の，地点**E**の**デスモスチルス**は新第三紀の示準化石である。同斜構造であると仮定して南東側からこの地域の断面図を見ると，地点**A**や**B**の新第三紀の砂岩層の上に地点**C**の古第三紀の石灰岩層がのることになり，この地域に地層の逆転がないことと矛盾する。

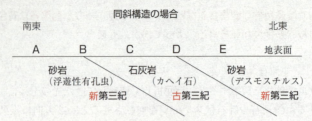

そこで，北西―南東方向の褶曲軸をもつ背斜構造を仮定すると，古第三紀の石灰岩層が下位に，地点A，Bや地点D，Eに見られる新第三紀の砂岩層が上位にくるので合理的に説明可能となる。

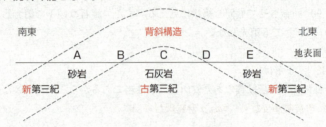

問7 ┃ 17 ┃ 正解は①

① 適当。新第三紀の1500万年前ごろに日本海が拡大して，日本列島は弧状列島になった。

② 不適。日本列島がまだアジア大陸東縁にあった中生代ジュラ紀に，海洋プレートが海山や海洋性の堆積物を運んできて付加したものが美濃―丹波帯の付加体である。

③ 不適。筑豊炭田や夕張炭田といった日本の主な炭田の形成年代は古第三紀である。当時，日本の内陸には低湿地と森林が広がり，埋没した植物が石炭化しやすい状況であったためである。

④ 不適。秋吉帯や超丹波帯は古生代ペルム紀に海洋プレートの沈み込みに伴って形成された付加体である。

第4問 ── 大気・海洋

A　やや難　《緯度と気温，フェーン現象，極渦》

問1 ┃ 18 ┃ 正解は④

標高0mの地点から標高2000mの地点に行くことによる気温低下は，気温低下の割合が6.5℃/kmであれば6.5×2＝13℃である。図1で北向きに測った距離が0

km の地点の気温は 25℃ であり，ここから 13℃ 低下した 12℃ のところをグラフで
読むと，北向きに測った距離は 1500 km になる。

問2　19　正解は②

温度 21℃ の空気が**湿潤断熱減率**に従って高度 1400m に上ったときの気温を図3の
グラフで読み取ると 15℃ になる。山頂から下りるときは雲が消え，**乾燥断熱減率**
に従って温度が上昇するので，1400m＝1.4km より，温度上昇は

$$1.4 \times 10 = 14〔℃〕$$

したがって，平野部に吹き下りた空気の温度は

$$15 + 14 = 29〔℃〕$$

このように吹き下りた空気が風上側の空気より乾燥して高温になる現象を**フェーン
現象**という。

問3　20　正解は①

①**誤文**。冬季の**成層圏**の緯度 60° 付近より極側には低温の**巨大な低気圧性の渦**が存
在し，これを**極渦**という。

②**正文**。成層圏の極渦周辺では夏と冬に向きが反転する強風が吹いていて，冬季に
は西風が地球を一周する。

③**正文**。冬季の極渦内は著しく低温となり，水蒸気や硝酸などが凝結して**極成層圏
雲**が形成される。

④**正文**。冬季には対流圏からの波動が成層圏に伝播して極渦が乱れる。このため極
域の成層圏の気温が急激に上昇することがある。

B　やや易　《潮汐》

問4　21　正解は③

満潮は図4のように地球上の月に面した側とその反対側の2カ所で起こる。この状
態で地球は月に対して1日にほぼ1回転するので，地球上の各地で約1日に**2**回の
干潮と満潮を迎えることになる。また，月は赤道の上空に位置するので1回の自転
のうちに月の引力が最も大きく変化する**赤道**付近で**起潮力**の変化，したがって潮位
差が最大となり，月の引力があまり変化しない両極付近で潮位差が最小となる。

問5　22　正解は③

太陽による起潮力は月による起潮力の半分程度であるが，月と同じ方向から及ぼす
と干潮・満潮の潮位差も大きくなる（大潮とよぶ）。それは太陽―地球―月の順

（満月）や太陽―月―地球の順（新月）のように3天体が同一直線上に位置するときである。

C　やや易　《水深・波長・波の速さ》

問6　23　正解は③

a．誤文。図5において，水深1kmの海域を横軸方向に波長ごとに見ていくと，波長10m付近では波の伝わる速さが約4m/sであり，波長が100m，1kmと増えるにつれて速さが約10m/s，約40m/sと増加していくので，波長にかかわらず約10m/sにはなっていないことがわかる。

b．正文。図5において，波長10mの波について縦軸方向に水深ごとに見ていくと，水深が100m以上のどこでも波浪の伝わる速さは約4m/sである。

第5問 ── 宇　宙

A　やや難　《連星，ウィーンの変位則，核融合反応，シュテファン・ボルツマンの法則》

問1　24　正解は②

a．正文。連星を観測すると，連星が地球から見た視線方向に近づくときに波長が短く，遠ざかるときに波長が長く観測される。これはドップラー効果によるものであり，ずれの量は視線方向の速さに応じて変化する。つまり，連星から出される光の波長のずれによって視線方向の運動を知ることができる。

b．誤文。連星の公転面が視線方向に一致していれば，連星の一方の星が他方を隠す食現象が起こるが，公転面と視線方向が垂直の場合，連星が重なって見えることがないので食現象は起こらない。

問2　25　正解は③

図1は白い部分ほど明るいことを示しているので，G型星のスペクトルでは波長0.5μm付近に放射される光の明るさの極大があることがわかる。太陽と同様に表面温度5800K程度の恒星であると考えられる。恒星XのスペクトルではG型星よりも波長が短い0.4μm付近が最も明るくなっている。したがってウィーンの変位則によると，恒星XはG型星よりも青みがかった色の恒星で，表面温度はG型星よりも高いと考えられる。一方，恒星Yのスペクトルで最も明るくなっている部分は0.6μmより長い波長領域である。つまり，恒星YはG型星よりも赤みがかった色の恒星で，表面温度はG型星よりも低いと考えられる。

問3　26　正解は③

①正文。星間物質が周囲より密に分布する星間雲の中で，分子雲が収縮して原始星が誕生するが，原始星がさらに重力によって収縮し，中心部の温度がおよそ10^7K以上になると，水素の核融合反応が始まって主系列星となる。

②正文。恒星の中心部にヘリウム中心核ができると，水素の核融合反応が起こる場所はヘリウム中心核の外側の領域へと移る。

③誤文。太陽と同じか数倍程度の質量しかない恒星では，水素がヘリウムに合成され，さらに炭素や酸素が合成される核融合反応までしか起こらず，ケイ素が合成されることはない。

④正文。太陽質量の10倍以上の大質量星では水素→ヘリウム→炭素や酸素→ケイ素やマグネシウム→鉄というように核融合反応の段階が進み，最後には超新星爆発へ至る。

問4　27　正解は③

恒星Aの表面温度を図2から読み取るとおよそ12×10^3Kである。一方，太陽の表面温度は約6×10^3Kであるから，恒星Aの表面温度は太陽の約2倍である。次に，恒星Aの光度は図2からおよそ18と読み取ることができる。

恒星Aの半径をR，太陽の半径と表面温度をR_0，T_0とし，シュテファン・ボルツマンの法則から光度の比の式を立てると次のようになる。

$$\frac{18}{1}=\frac{4\pi\sigma\cdot R^2(2T_0)^4}{4\pi\sigma\cdot R_0{}^2T_0{}^4}$$

$$\therefore\quad \frac{R}{R_0}=\sqrt{\frac{18}{2^4}}\fallingdotseq1.1$$

すなわち，恒星Aの半径は太陽半径程度であるといえる。

B　やや易　《年周視差，ハッブルの法則》

問5　28　正解は①

右図のように，地球が太陽のまわりを公転することで，比較的地球に近い天体であれば半年ごとに天体は天球上の位置を変える。そのみかけの動きの角度の半分のことを年周視差といい，一般にp（単位は$''$）で表す。年周視差p''は非常に小さい角度であり，その大きさと天体までの距離は反比例する

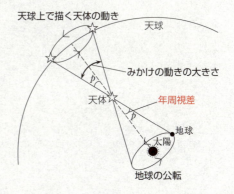

天球上で描く天体の動き
天球
みかけの動きの大きさ
年周視差
天体
地球
太陽
地球の公転

ので，天体までの距離を d 光年とすると次のような関係がある。

$$d = \frac{3.26}{p}$$

つまり，年周視差の逆数が天体の距離に比例する。

問6 　29　正解は①

ハッブルの法則によると，遠くの銀河の後退速度は銀河までの距離と比例関係にあるので，グラフは原点を通る直線で表される。

C 標準 《ケプラーの第3法則》

問7 　30　正解は②

惑星Aについてケプラーの第3法則の式を立てると

$$\frac{0.5^3}{0.5^2 \cdot 0.5} = K$$

$$\therefore \quad K = 1$$

次に，惑星Bについて立式すると

$$\frac{4^3}{8^2 \cdot 1} = K$$

$$\therefore \quad K = 1$$

となり，惑星Aの場合とKの値に矛盾はない。

したがって，定数 $K=1$ として惑星Cについても立式すると，以下のようになる。

$$\frac{x^3}{2^2 \cdot 2} = 1$$

$$\therefore \quad x = 2$$

第 2 回　試行調査：地学基礎

問題番号 （配点）	設　問		解答番号	正　解	配点	チェック
第1問 (12)	A	問1	1	③	4	
	B	問2	2	①	4	
		問3	3	⑤	4	
第2問 (19)	A	問1	4	①	4	
	B	問2	5	②	4*	
			6	①		
		問3	7	③	3	
	C	問4	8	④	4	
		問5	9	①	4	

問題番号 （配点）	設　問		解答番号	正　解	配点	チェック
第3問 (19)	A	問1	10	④	4	
		問2	11	②	4	
		問3	12	③	4	
	B	問4	13	①	3	
		問5	14	④	4	

（注）　＊は，両方正解の場合のみ点を与える。

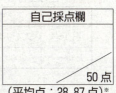

自己採点欄

50 点

（平均点：28.87 点）※

※ 2018 年 11 月の試行調査の受検者のうち，3 年生の得点の平均値を示しています。

第1問 —— 地質・地史

A 標準 《地層の堆積》

問1 　1　 正解は③

① 不適。地層は，砂や泥が下位から順に堆積して形成されるので，その後の変形や逆転が起こらないかぎり上位の地層の方が新しい。これを地層累重の法則という。

② 不適。地層が堆積した地質時代を推定するのに有用な化石を示準化石という。示相化石は堆積した当時の環境を推定するのに有用な化石である。

③ 適当。地層中に観察される断層面は，堆積した地層がある程度固結した後に何らかの力を受け，切断されてずれることで生じる。

④ 不適。地層の堆積が途絶えた後に再堆積した不連続な堆積関係を不整合といい，その境界面を不整合面という。不整合面は侵食面であることが多い。したがって，地層中に不整合面が観察されると，連続的な堆積が中断されたと推定できる。

B 標準 《原生代の環境と生物》

問2 　2　 正解は①

① 誤り。岩石アのチャートは深海に堆積した放散虫という海洋プランクトンからなる。紡錘虫（フズリナ）の化石が見つかる岩石は石灰岩である。また，紡錘虫は古生代後期の示準化石であり，年代も太古代（始生代）の約35億年前と合致しない。

② 正しい。岩石イのストロマトライトは海中のシアノバクテリアの活動によって炭酸カルシウムなどが固定されることで形成されたドーム状の構造物である。

③ 正しい。岩石ウの縞状鉄鉱層の岩石は，海中の鉄イオンと酸素が結合してできた酸化鉄が堆積することで形成されたものである。約25億年前に酸素濃度が急増したことから，この年代のものが世界中で多く産出する。

④ 正しい。岩石エのバージェス動物群の化石を含む泥岩は，約5億年前のカンブリア紀のものである。このとき，アノマロカリスや三葉虫などのかたい殻を持つ多種多様な動物が急激に発生した。これをカンブリアの爆発という。

NOTE　主な生物岩

名　称	もとになる生物	主成分
石灰岩	フズリナ・貝殻・サンゴなど	$CaCO_3$
チャート	放散虫	SiO_2

問3　3　正解は⑤

　　縞状鉄鉱層は，海中の鉄イオンが酸素と結合して沈殿したものである。シアノバ
クテリアの光合成によって海中の酸素濃度が急激に上昇したことで，縞状鉄鉱層が
形成され始め，鉄イオンが使われていき，海中の鉄イオン濃度が低下するにつれて，
縞状鉄鉱層は形成されなくなり，酸素が大気中に放出されるようになった。したが
って，大気中の酸素濃度が急激に増加した時期は，縞状鉄鉱層形成後にあたる期間
cに含まれると考えられる。なお，陸上に生物が進出したのはオゾン層が形成され
た後，古生代に入ってからであるから，期間a〜cのいずれにもあたらない。

第2問 ── 地球，地質・地史，大気・海洋

A　やや易　《地震，火砕流》

問1　4　正解は①

a．正文。地震のエネルギーを示す**マグニチュード（M）**は，値が2大きくなると
　　エネルギーが1000倍になるように定義されている。したがって，Mが1大きく
　　なるとエネルギーは$\sqrt{1000} \fallingdotseq 32$倍になる。M7.0とM5.0の差は2.0なので，
　　M7.0のエネルギーはM5.0のエネルギーのちょうど1000倍である。

b．誤文。震度はその地域での揺れの強さを表す尺度であり，地震のエネルギーだ
　　けでなく震源からその地域までの距離などによっても値が変わる。

c．正文。**火砕流**は，マグマに含まれる火山ガスと，マグマが発泡しながら固結し
　　た軽石や火山灰などが渾然一体となって斜面を**高速**で流れ下る現象である。その
　　温度は数百℃の高温に達し，速度は時速100kmを超えることもある。

d．誤文。斜面に沿っての高速移動が火砕流の条件であり，大気中を風に流されて
　　移動した場合は火砕流とは呼ばない。

NOTE　火山災害の要因となる主な現象

現　象	状　態	内　容
溶岩流	液　体	高温の溶岩（マグマが地表に出たもの）が流下
火山ガス	気　体	高温の水蒸気と二酸化炭素を主成分とするガスが噴出 二酸化硫黄，硫化水素は少量だが毒性が強い
火山灰，噴石	固　体	火山灰，火山弾，軽石などが降下
火砕流	気体＋固体	高温の火山ガスと火山砕屑物が混合して高速で斜面を流下
火山泥流	液体＋固体	火山噴出物が雪や氷河を溶かして高速で地表を流下

B　やや難　《土石流の堆積構造》

問2　5　正解は②　6　正解は①

　設問文にある観察事実とは，一切の解釈を加えずにいえる客観的事実のことである。図Ⅰのスケッチからいえるのは，泥と砂に大小さまざまな礫が分散して存在していることである。一般に，大小の粒子が水中でゆっくりと堆積する場合，大きく重いものほど先に沈んで下位に積もり，細粒なものほど後から上位に積もる。ところが，この未固結堆積物は上位にも大きな礫があり，下位にも細粒な泥と砂が存在している。したがって，この堆積物はゆっくりと水中で堆積したのではなく，比較的短時間に全体が一度に堆積したと推定できる。よって，観察結果としては②が，考察としては①が適当である。

参考　土石流の堆積構造のように，大きな礫と細粒な泥や砂が均等に分散する場合と，粒径がほぼそろっているような場合は，客観的数値で区別することができる。具体的には粒径分布の標準偏差の大小をとれば，観察者の主観に関係なく分布状態を観察事実として表すことができる。本問の土石流堆積物のように大小さまざまなものが含まれる場合，粒径分布の標準偏差は大きくなる。このような堆積物には土石流のほか，火砕流堆積物や氷河堆積物があるので，この観察事実に加えて適切な考察がなければ土石流堆積物とは決められない。考察では，なぜそのような分布になったのかを，他の類似例や物理や化学の法則から推測できる内容をもとに記載するとよい。

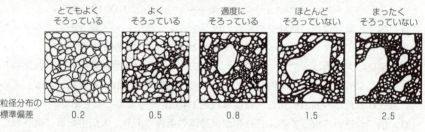

	とてもよく そろっている	よく そろっている	適度に そろっている	ほとんど そろっていない	まったく そろっていない
粒径分布の 標準偏差	0.2	0.5	0.8	1.5	2.5

問3　7　正解は③

　岩石が地表でさまざまな要因でもろくなり，細かく砕かれ，小さくなっていく過程を風化作用という。固く大きな岩石も，日中と夜の温度差で体積膨張と収縮を繰り返すことで亀裂が入ったり，その亀裂に染み込んだ水が凍結したときの体積膨張でさらに割れたりして，細かく砕かれていく。これを物理的風化（機械的風化）という。また，さまざまな物質を含んだ水や大気と化学反応を起こすことでもろくなっていき，侵食されやすくなる。これを化学的風化という。

C 標準 《台風の進路》

問4 8 正解は④

低緯度地域では，赤道付近で暖められた大気が上空で高緯度方向へ進み，緯度 20°〜30° 付近で下降し，地表で赤道方向に向かうことで，鉛直面内の大循環を形成している。これを**ハドレー循環**という。赤道付近の上昇気流域は**熱帯収束帯 (赤道収束帯)**，緯度 20°〜30° 付近の下降気流域は**亜熱帯高圧帯**という。下降後，赤道方向へ向かう大気は，転向力の影響で東寄りの**貿易風**となる。一方，高緯度へ向かう大気は，転向力の影響で西寄りの**偏西風**となる。

図1の**ウ**は緯度 30°〜40° 付近を西から東へ流れる大気循環なので**偏西風**である。また，図1の**エ**は緯度 10°〜20° の低緯度を東から西へ吹く定常的な循環なので**貿易風**である。一般に台風は，低緯度から高緯度へ進行するが，低緯度にあるときは貿易風の影響を受けて北西に向かって進み，中緯度に入って偏西風の影響を受けると向きを変え，北東方向へ進む。

NOTE 大気の大循環

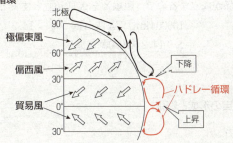

問5 9 正解は①

台風は中心に向かって**反時計回りに風が吹き込む**ので，右図のように台風の中心の北側では北東風，西側では北西風，南側では南西風，東側では南東風になる。

記録によると，18 日午前 4 時頃に久留米では南西風になったとあるので，久留米は台風の中心の南側に位置していたことがわかる。また，「激しい風が吹いた」時刻に久留米が台風の中心の真東に位置していたと考えると，「南東風に変わり」の事実にも合致する。

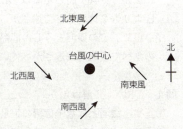

第3問 ── 地球，宇宙

A 　標準 　《溶岩チューブ，エラトステネスの方法》

問1 　10 　正解は④

　　一般に，火山岩はもとになる溶岩の二酸化ケイ素（SiO_2）含有量によって以下のように分類され，溶岩に含まれる二酸化ケイ素の量が多いほど粘性は高く，少ないほど粘性は低くなる。溶岩チューブをつくる溶岩は，粘性の低い**玄武岩質マグマ**が噴出したものである。

　　二酸化ケイ素（SiO_2）含有量（質量%）　約45────約52────約66───約70───
　　　　　　　　　火山岩　　　　　　　　　　玄武岩｜安山岩｜デーサイト｜流紋岩
　　　　　　　　　溶岩の粘性　　　　　　　低い ◀───────────▶ 高い

問2 　11 　正解は②

　　エラトステネスの方法によると，天体の全周：2地点の距離＝360°：2地点の中心角という関係が成立するので，距離Xを X〔km〕とすると

$$10000〔km〕: X〔km〕= 360° : 14.2°$$

$$\therefore \quad X = \frac{14.2 \times 10000}{360} = 394.4 ≒ 400〔km〕$$

B 　やや難 　《宇宙の形成と膨張》

問3 　12 　正解は③

ア．**誤文**。間隔が2倍に広がってaから2aになると，AB間の距離はaから2aに広がり，AC間の距離は2aから4aに広がるので，Aから見ると，Cの方がBよりも2倍の速さで遠ざかるように見える。

イ．**正文**。どの銀河どうしの間隔も広がっているので，どの銀河を基準にしても他のすべての銀河は遠ざかっている。

問4 　13 　正解は①

①**誤文**。銀河系は数千億個の恒星の集団である。

②**正文**。一般的に，銀河は数個から数十個の銀河の集まりをつくっており，これを**銀河群**という。我々の太陽系を含む銀河系は，周囲にアンドロメダ銀河など50個以上の銀河の集まりを形成している。これを**局部銀河群**という。

③**正文**。銀河群よりも大規模に，銀河が数百個から数千個集まった集団を**銀河団**という。

④**正文。**宇宙では銀河群や銀河団が連なって大規模構造を形成している。銀河が多く集まっている部分は壁状あるいはフィラメント状に連続していて，銀河が非常に少ない空洞部分（**ボイド**）を取り囲むような構造であることから，**泡状（網目状）構造**という。

問5　　14　　正解は④

　　宇宙の誕生から約3分の間に，陽子（水素の原子核）や中性子が誕生した（**エ**）。約38万年後に，自由に飛び回っていた電子が原子核にとらわれて光子が直進できるようになり，これ以降の宇宙は光に対して透明になった。これを**宇宙の晴れ上がり（オ）**という。電子が飛び回っていると，光子は乱反射して霧がかかったようになり，遠くまで達しないが，晴れ上がり以降は遠くまで見通せるようになった。その後，数億年が経って水素原子とヘリウム原子を主体とする最初の恒星が誕生した（**ウ**）。

NOTE **宇宙誕生からの時間と出来事**
　0秒（今から138億年前）：宇宙が生まれる＝ビッグバン
　約3分：陽子や中性子，電子がつくられる
　約38万年：電子が水素の原子核やヘリウムの原子核にとらわれて，水素原子やヘリウム原子がつくられる＝宇宙の晴れ上がり
　約4億年：最初の恒星がつくられる
　約92億年（今から46億年前）：太陽系がつくられる

第2回 試行調査：地学

問題番号 （配点）	設　問		解答番号	正　解	配　点	チェック
第1問 （21）	A	問1	1	⑤	3	
		問2	2	③	3	
		問3	3	②	3	
		問4	4	②	3	
		問5	5	③	3	
	B	問6	6	①	3	
		問7	7	②	3	
第2問 （20）		問1	1	③	3	
		問2	2	④	3	
		問3	3	②	4	
		問4	4	①	3	
		問5	5	③	3	
		問6	6	②	4	
第3問 （19）		問1	1	②	3	
		問2	2	③	3	
		問3	3	③	3	
		問4	4	①	4	
		問5	5	④	3	
			6	①	3	

問題番号 （配点）	設　問		解答番号	正　解	配　点	チェック
第4問 （20）	A	問1	1	④	4	
		問2	2	②	4	
		問3	3	①	4	
	B	問4	4	②	4*	
			5	④		
		問5	6	③	4	
第5問 （20）	A	問1	1	④	4	
		問2	2	⑥	4	
		問3	3	①	4	
	B	問4	4	③	4	
		問5	5	①	4	

（注）　＊は，両方正解の場合のみ点を与える。

自己採点欄

100 点

（平均点：42.02 点）※

※ 2018年11月の試行調査の受検者のうち，3年生の得点の平均値を示しています。

第1問 —— 鉱物・岩石，大気・海洋，地質・地史，地球

A 標準 《石灰岩，海水，大気の組成，多形，地質時代》

問1 　1　正解は⑤

岩石Xは石灰岩である。石灰岩は炭酸カルシウムを主体とする岩石で，セメントの原料である。また，石灰岩を構成する鉱物は方解石であり，酸と反応して二酸化炭素を発生する。

a．誤文。火山灰が固結してできる岩石は凝灰岩である。

b．正文。石灰岩は酸性の地下水や雨水と反応して，カルスト地形とよばれる特異な地形をつくる。

c．誤文。石灰岩が変成作用を受けると，構成鉱物である方解石が再構築されて粗粒になり，粒の境界も強く圧着されて硬くなる。このような岩石を大理石（結晶質石灰岩）という。

d．正文。石灰岩は堆積岩の一種であり，炭酸カルシウムの殻をもつ貝や造礁サンゴ，あるいはフズリナ（紡錘虫）のような有孔虫などの化石を含むことがある。

問2 　2　正解は③

海水 1kg に含まれるイオンの濃度は右表のようになり，重量の大きい順にあげると，塩化物イオン・ナトリウムイオン・硫酸イオン・マグネシウムイオン・カルシウムイオンとなる。これらが化合してできる塩類には，塩化ナトリウム，塩化マグネシウム，硫酸ナトリウム，硫酸マグネシウムなど様々なものがあり，海水 1kg に含まれるすべての塩類の質量の合計はおよそ 35 g になる。

イオン	濃度（g/kg）
塩化物イオン	19.35
ナトリウムイオン	10.77
硫酸イオン	2.71
マグネシウムイオン	1.29
カルシウムイオン	0.41
カリウムイオン	0.40
炭酸水素イオン	0.12
臭化物イオン	0.07

問3 　3　正解は②

①正文。地球は他の惑星と同様に微惑星の衝突・合体によって形成された。このとき微惑星に含まれていた水，二酸化炭素，窒素などの成分が地球を取り巻いて原始大気をつくった。微惑星の衝突が少なくなり，地表の温度が低下すると，原始大気を構成していた水蒸気が凝結して地表に降り，原始海洋をつくった。大気中の二酸化炭素は，この原始海洋の海水に溶け込んで減少したと考えられている。

②誤文。原生代前期（約 25 億〜20 億年前）に酸素濃度が増加したのは，海中の光合成生物（シアノバクテリア）の活動による。生物が陸上に進出したのは少なく

とも古生代シルル紀（約 4 億 4000 万年前）以降である。

③正文。地球大気の酸素濃度は，原生代前期に急増した後，原生代末（約 7 億〜 6
億年前）にも急増し，古生代になると高濃度を保つようになった。このためオゾ
ン層が安定して存在できるようになり，陸上への生物進出の要因となった。

④正文。石炭紀にはロボク・リンボクなど大型のシダ植物が繁栄し，それらが埋積
して大量の石炭がつくられた。大気中の二酸化炭素を起源とする炭素が石炭とし
て地中に固定されたので，二酸化炭素濃度は減少したと考えられている。

問 4　　4　　正解は②

①不適・②適当。多形は同質異像ともいい，化学組成は同じであるが，結晶構造が
異なる鉱物どうしの関係のことである。図 1 のアラレ石は方解石と多形の関係に
ある鉱物で，ともに化学組成は $CaCO_3$ だが結晶構造が異なっている。

③不適。化学組成が連続的に変化する鉱物を固溶体という。たとえば斜長石は，高
温のマグマから晶出するときには Ca が多く含まれるが，マグマの温度が下がる
につれて次第に Na 成分が多くなっていく。

④不適。結晶構造と化学組成が同じであれば，同じ鉱物といえる。外形はその時の
偶然の割れ方や結晶成長のタイミングなどの条件によって異なる場合がある。た
とえば，マグマが冷えて鉱物結晶が晶出する際，最初に晶出する鉱物はその鉱物
本来の結晶の形，すなわち自形の結晶となる。しかし，すでに周囲に晶出した鉱
物が多くあれば，後に晶出する鉱物はその隙間を埋めるような形にしかならない。
これを他形という。多形と他形はともに「たけい」と読むが，全く別のものであ
る。

問 5　　5　　正解は③

①不適。地質時代は，動物界の大きな変化に基づいて古生代，中生代，新生代と区
分されており，年代を決めるのに役立つ化石は示準化石である。示相化石は地層
が堆積した環境を推定するのに有効な化石のことである。

②不適。地層の対比とは，2 カ所以上の地層が同時代のものであるかどうかを決め
ることである。したがって，生存期間が短い生物の化石の方が，地層の対比に有
効である。

③適当。異なる大陸のように離れた地域の地層どうしを対比するために，同時代に
海洋に広く生息していた浮遊性の生物の化石がよく利用される。

④不適。半減期が約 5700 年の放射性炭素（^{14}C）で測定可能な年代はせいぜい数万
年である。古生代は約 5.4 億年前から 2.5 億年前までの地質年代であり，この
^{14}C で年代を測定するには年代が古すぎる。

B やや易 《地球の内部構造》

問6 **6** 正解は①

マントルから核に入るとき，P波の速度が遅くなり，その境界でP波が下向きに屈折することから，角距離 103°〜143° に**かげの領域**ができると考えられていた。ところが，より詳細な観測の結果，かげの領域にも弱いP波が観測されることがわかった（下図）。レーマンは核の中にP波を**上**向きに屈折させる境界があり，そこより深部にP波の速度が**速い**内核があると考え，この現象を説明した。

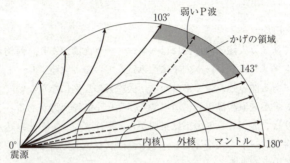

問7 **7** 正解は②

地殻とマントルの境界面は，その発見者の名にちなんで**モホロビチッチ不連続面（モホ不連続面）**とよばれている。密度の小さい地殻と密度の大きいマントルの関係は，木片と水の関係にたとえられる。水に厚さの異なる木片を浮かべると，薄い木片より厚い木片の方が水中に深く入り込む。厚い木片は水面の上に出ている高さも高いので，高い山脈を構成する地殻とみなせる。したがって，標高が高い山脈地域の地殻はマントルに**深く**入り込んでいると考えられる。

第2問 やや難 —— 地球 《大陸移動説，海洋底拡大説，プレートテクトニクス》

問1 **1** 正解は③

①**正文**。たとえば，アフリカ大陸の西岸と南アメリカ大陸の東岸は，形状がジグソーパズルのようにぴったりと一致することから，もともとは接していた可能性が高いと考えられた。

②**正文**。何千キロも海を渡るのが困難だと考えられる動植物の化石が，海を隔てた大陸に分布していることから，もともとは接していた可能性が高いと考えられた。

③**誤文**。海洋底の磁気異常の縞模様は 1960 年代に発見され，**海洋底拡大説**の根拠となった。

④**正文**。現在の大陸がもともと一つの巨大な大陸だったと考えて配置しなおすと，氷河の痕跡が一つにまとまり，その流れる方向にも一貫性がみられた。

問2　2　正解は④

調査船の掘削した航路上では，15°W 付近の水深が浅く，そこから東西に離れると深くなっているので，15°W 付近に海嶺軸があると考えられる。海洋底は海嶺で作られるので，15°W 付近の年代が最も若く，海嶺軸から離れるにつれて古い年代のものになっていく。よって，④のグラフが適当である。

問3　3　正解は②

①**不適**。南アメリカ大陸の西岸沖にはペルー・チリ海溝があり，西側からナスカプレートが南アメリカプレートの下に沈み込んでいる。大陸プレートと海洋プレートの境界にある沈み込み帯であるから，**仮説Xの反例にならない**。

②**適当**。伊豆・小笠原諸島東側に沿って，伊豆・小笠原海溝がある。ここでは，西側のフィリピン海プレートの下に東側から太平洋プレートが沈み込んでいる。フィリピン海プレートも太平洋プレートも海洋プレートであるから，この沈み込み帯は**仮説Xの反例となる**。

③**不適**。ハワイ諸島付近にはホットスポットがあり，火山島が並んでいるが，ここは沈み込み帯ではない。したがって，ハワイ諸島付近は**仮説Xの反例にならない**。

④**不適**。図2を見ると，オーストラリア大陸内部では深さ 100 km 以下の地震がほとんど発生していない。一般に，沈み込み帯であれば深さ 100 km 以下の**深発地震**が頻繁に発生するので，オーストラリア大陸内部は沈み込み帯ではなく，**仮説Xの反例にならない**。

問4　4　正解は①

図3の海嶺軸付近を上から見て，プレートの動きを図示すると右図のようになる。

A地点は海嶺軸上にあり，水平方向に引っ張るように力がはたらく。このような場所では**正断層型**の地震が発生する。また，B地点の**トランスフォーム断層**では，手前から見て向こう側が右へ動くタイプの**右横ずれ断層型**の地震が発生する。

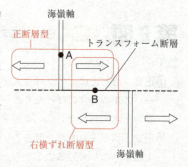

問5 5 正解は③

普段はプレートの動きに伴って，ハワイとつくば市の距離は年間数 cm だけ近づいている。ところが，2011 年の地震のときに，海洋プレートの力でたわんでいた陸側のプレートが一気に跳ね上がったと考えられる（下図）。これによって，陸側のプレート上 T にあったつくば市は，T′ に移動し，ハワイとの距離が約 60 cm 急接近した。遠ざかる場合を正として距離変化を考えるので，グラフは③のようになる。

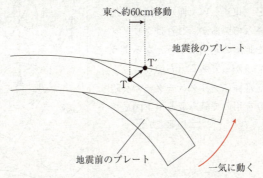

問6 6 正解は②

グラフはどの角度であっても右上がりの直線になっている。したがって，D を一定としたとき，横軸の A と縦軸の V の関係は 1 次関数である。ここで，A が増加すれば V も増加することから，A と V の係数をそれぞれ p, q として，$qV = pA + k$（k は定数）の関係が予想される。ところで，定数 k は縦軸の切片であり，D が大きくなると k の値が小さくなっているので，他の定数 C を用いて $k = C - D$ であれば D が増加するほど k が減少する。これらのことから，求める関係式は

$$qV = pA + C - D$$

これを変形して

$$D = pA - qV + C$$

第3問 標準 ── 地質・地史，地球 《ルートマップ》

問1 1 正解は②

この地域の地層の走向は N30°W，傾斜は
45°NE である。

走向は**クリノメーター**の磁針を用いて読み取
る。文字盤のE（東）とW（西）は通常の地
図とは逆に記されているが，これはクリノメー
ターの長辺を地層の走向に平行となるよう
に置いて測定するからである（右図）。

また，傾斜は層理面にクリノメーターの長辺
をあて，おもりを用いて読み取る（下図）。

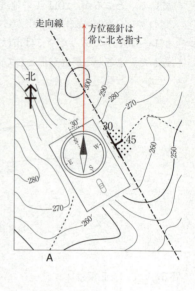

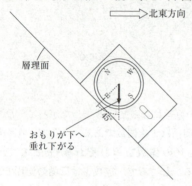

問2 2 正解は③

ア．堆積岩のうち，砕屑岩とよばれるものは<u>粒径</u>によって分類され，粒径が2mm
より大きいものが礫岩，それより小さいものが砂岩である。

イ．ビカリアは新生代<u>新第三紀</u>の温暖な干潟に繁栄していた巻貝で，示準化石とし
ても有用である。

問3 3 正解は③

SiO_2の含有量が66％以上である火山灰は酸性の流紋岩質である。

①不適。盾状火山は，SiO_2含有量が少ない<u>玄武岩質</u>溶岩が噴出して形成される。

②不適。枕状溶岩は，<u>玄武岩質</u>溶岩が水中に噴出したときに形成される。

③<u>適当</u>。流紋岩質溶岩は粘性が大きく，火山は釣鐘状に盛り上がった**溶岩ドーム**
（溶岩円頂丘）を形成することがある。

④不適。溶岩台地は，塩基性の<u>玄武岩質</u>溶岩が大量に噴出してできる地形である。

問4　[4]　正解は①

ルートマップをもとにしてこの地域の地質境界を描くと下図のようになる。

露頭Xには砂岩のみ露出しており，露頭Yには砂岩の上に火山灰層が堆積している様子が見られるはずである。露頭Yは走向と平行なので，火山灰層と砂岩層の境界は水平方向になる。

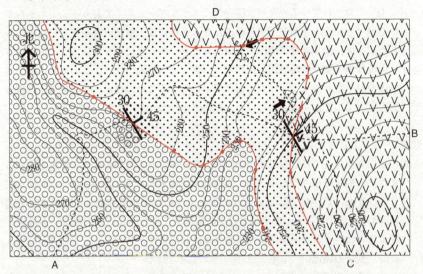

問5　[5]　正解は④　[6]　正解は①

エ．マグマが貫入した場合，高温のマグマは周囲の地層に接触変成作用を与える。したがって，地層が接触変成作用を受けていれば，地層の形成後に花こう岩のマグマが熱いうちに貫入してきたと考えられる。

オ．一般に，下の地層が侵食されてできた礫は，不整合面の上に再堆積することが多く，こうしてできる礫層を基底礫層とよぶ。花こう岩の上の地層にその花こう岩の礫を含む基底礫層があれば，花こう岩が冷えて固まった後に侵食作用を受けてできた不整合面の上に地層が堆積したと考えられる。

第4問 —— 大気・海洋

A やや易 《地球のエネルギー収支》

問1 1 正解は④

ア．大気に含まれている水蒸気は潜在的にエネルギーを蓄えており，このエネルギーを潜熱という。水蒸気が液体の雨になるときには，潜熱（凝結熱）を放出する。したがって，大気が極に向かって流れるとき，極向きに熱を輸送することになる。

イ．中緯度の低気圧や高気圧の東西では，南北方向の風が吹く。このため，中緯度では地球を取り巻くように吹く偏西風が蛇行することになる。その結果，低緯度の大気のもつ熱が極向きに運ばれ，熱輸送が行われる。

問2 2 正解は②

ウ・エ．赤道付近では貿易風が東から西に吹く影響で，東から西への海流が生じる。また，中緯度では西から東に吹く偏西風が卓越するので，西から東への海流が生じる。また，北半球では水の流れの進行方向に向かって右向きにコリオリの力（転向力）がはたらき，南半球ではその逆向きにはたらく。この結果，赤道域と中緯度にはさまれた亜熱帯域で，北半球においては時計回り，南半球においては反時計回りの環流が生じる。

オ．北半球（南半球／以下，カッコ内は南半球の場合）では，北上流に対して東向き（西向き）にコリオリの力がはたらくが，コリオリの力が高緯度ほど大きいことが時計回りの回転効果をもたらすので，時計回り（反時計回り）の環流は強め（弱め）られる。南下流に対しては西向き（東向き）にコリオリの力がはたらくが，コリオリの力が高緯度ほど大きいことが反時計回りの回転効果をもたらすので，時計回り（反時計回り）の環流は弱め（強め）られる。この結果，大洋西側の北上流（南下流）は強められ，東側の南下流（北上流）は弱められることになる。この現象を西岸強化という。

問3 3 正解は①

大気と海洋による極向き熱輸送がないので，北緯10°における極向き熱輸送量は0である。また，地球が受け取る太陽放射は赤道で大きく，極で小さい。これがそのまま気温に反映されるので，赤道と極の温度差は現在より大きくなる。

B やや難 《熱輸送》

問4 4 正解は②   5 正解は④

カ. 赤道を横切る熱輸送は無視するので，緯度帯Aで熱のつりあいを保つためには，緯度帯Aに入ってきた R_A と同じ量の熱量 R_A を北向きに輸送する必要がある。

キ. 緯度帯Bで熱のつりあいを保つためには，太陽放射と地球放射の差 R_B に加えて緯度帯Aからの熱輸送量 R_A をさらに北向きに輸送しなければならない。したがって，緯度帯Bから北向きに流出する熱輸送量は $R_A + R_B$ と見積もられる。

問5 6 正解は③

問4の結果を踏まえると，緯度0°の熱輸送量は0である。また，図1より緯度40°付近までは太陽放射の方が地球放射より大きいため，各緯度帯に入射するエネルギーは増加し，極向きの熱輸送量も増大していくが，緯度40°付近を過ぎると太陽放射よりも地球放射の方が大きくなる。すると極向きの熱輸送量は減少していき，極（緯度90°）で熱輸送量は0になる。よって，③のグラフが適当である。

第5問 —— 宇　宙

A やや易 《金　星》

問1 1 正解は④

①**不適**。金星には衛星は存在しない。地球型惑星で衛星を持つのは地球と火星のみである。火星には二つの衛星がある。

②**不適**。金星の赤道半径は 6052 km であり，赤道半径 6378 km の地球と同程度である。

③**不適**。金星の自転周期は 243 日であり，公転周期の 225 日よりも長い。

④**適当**。惑星の公転の向きはどれも地球と同じ向きであり，北極上空から見て反時計回りであるが，金星は自転の向きが公転の向きと逆である。

問2 2 正解は⑥

金星の大気の主成分は二酸化炭素であり，その地表面における大気圧はおよそ 90 気圧もある。

問3　　3　　正解は①

日没時には，太陽が西の地平線付近にあり，金星はその東側（北半球で見ると左側）に存在する。図1で地球から見て金星が左側にあるのは位置Xである。このように，太陽から最も東側に離れることを東方最大離角という。

B　標準　《金星探査》

問4　　4　　正解は③

惑星が太陽から受け取る単位面積あたりの熱量は，惑星と太陽の距離の2乗に反比例する。金星が太陽から受ける単位面積あたりの熱量を地球のr倍とすると

$$r = \frac{\dfrac{1}{0.72^2}}{\dfrac{1}{1^2}} = 1.92 \fallingdotseq 1.9 \text{倍}$$

問5　　5　　正解は①

a．正文。図2では中・下層雲領域の風速は最大でも90m/s程度である。一方，雲頂での風速は少なくとも100m/s以上あるので，雲頂の方が風速が大きいといえる。

b．正文。雲頂での風速は緯度10°でも30°でもあまり変わらず110m/s程度である。一方，金星を東西方向に一周する距離は緯度10°より30°の方が短い。
したがって，金星を東西方向に一周するのに要する時間は緯度30°の大気の方が短い。

第 1 回　試行調査：地学

問題番号	設　問	解答番号	正解	備考	チェック
第 1 問	問 1	1	②		
	問 2	2	③		
	問 3	3	④		
	問 4	4	③		
	問 5	5	③		
	問 6	6	④		
第 2 問	問 1	1	④		
	問 2	2	③		
	問 3	3	②		
	問 4	4	②		
	問 5	5	⑦		
	問 6	6	④		
第 3 問	問 1	1	②		
	問 2	2	④		
	問 3	3	②, ③	＊	
	問 4	4	①		
	問 5	5	④		

問題番号	設　問	解答番号	正解	備考	チェック
第 4 問	A 問 1	1	①		
	A 問 2	2	③		
	A 問 3	3	⑥		
	B 問 4	4	②		
	B 問 5	5	①		
第 5 問	問 1	1	⑤		
	問 2	2	①		
	問 3	3	①		
	問 4	4	②		
	問 5	5	④		
	問 6	6	①		

（注）　＊は，過不足なくマークしている場合のみ
　　　正解とする。

自己採点欄

／ 28 問

● 各設問の配点は非公表。

第1問 標準 ── 地球，地質・地史，大気・海洋，宇宙
《プレート運動,ホットスポット,地形の変化,海洋循環,熱輸送,太陽の表面》

問1　1　正解は②

東北日本の下には，東太平洋の中央海嶺で生成された太平洋プレートが沈み込んでいる。図1の矢印**A**で示される場所では，沈み込むプレートが大陸プレートを引きずり込み，水深が深くなるので，帯状の海溝が形成される。

問2　2　正解は③

①**不適**。ハワイ諸島はホットスポットを起源とする火山島であるが，伊豆・小笠原諸島は沈み込み帯で発生するマグマが起源である。

②**不適**。すべての海嶺でプルームが上昇しているわけではない。プルームの上昇地域に海嶺が形成される場合もあるが，一般には，海溝へ沈み込むプレートの重みによって張力が生じ，プレート境界が開いて，その間隙を埋めるように地下のマントル物質が上昇することで海嶺が形成される。

③**適当**。プルームの上昇流は，地震波トモグラフィーという手法で可視化される。地震波トモグラフィーは，世界各地の観測地点で遠地地震を観測し，地球内部の地震波速度分布をコンピュータで3次元的に解析する技術である。一般に，地震波速度は物質が高温になると遅くなるので，地震波速度の遅い部分がプルームとして観察される。

④**不適**。ホットスポットでは上部マントルの物質であるかんらん岩が上昇してくる。超苦鉄質（超塩基性）岩のかんらん岩が部分溶融すると，苦鉄質（塩基性）の玄武岩質マグマが生じ，花こう岩や流紋岩はつくられない。

問3　3　正解は④

①**不適**。氷河は固体であるが，長い時間をかけて変形流動して地表を流れ下る。このとき，下方だけでなく側方にも侵食作用がはたらき，U字谷と呼ばれる地形をつくる。氷河は運搬・堆積作用も行い，堆積物による地形はモレーンと呼ばれる。

②**不適**。河川が急勾配の山間部から平坦な平野に出ると，急速に運搬作用が小さくなるため，大量の土砂を堆積させ，流路が変わる。この堆積作用が何度も繰り返されると，堆積物が扇を広げたような地形が形成される。これを扇状地という。

③**不適**。カルスト地形は石灰岩地域に見られる侵食地形である。弱酸性の雨水や地下水と石灰岩の主成分である炭酸カルシウムが反応して溶出する作用は，石灰岩がある限り進行していくので，カルスト地形は雨水や地下水の影響で，年月を経るごとに変化していく。

④**適当**。海岸段丘の平坦面は，もともとは波浪による侵食作用で海水面付近に生じた海食台である。それが陸上に見られるのは，海食台を含む基盤が地殻変動によ

って隆起したり，海面低下によって陸化したりするからだと考えられる。

問4 　4　 正解は③

海洋の深層循環のサイクルはおよそ 1000〜2000 年程度である。このことは，問題文の数値から逆算することで確認できる。深層循環の経路の長さ「数万 km」を仮に地球 1 周程度の 40000 km とし，循環に要する時間を t 秒とすると，深層の流れの平均的な速さは 1mm/s 程度なので

$$t=\frac{40000\times10^6}{1}=4\times10^{10} \text{ 秒}$$

1 年の長さは $60\times60\times24\times365 \fallingdotseq 3.2\times10^7$ 秒であるから，求める時間を T 年とすると

$$T=\frac{4\times10^{10}}{3.2\times10^7}\fallingdotseq1.3\times10^3 \text{ 年}$$

となって，およそ 1000〜2000 年かかることが確認できる。

問5 　5　 正解は③

①不適。海陸風は，晴れた日の海面と陸地の表面温度差によって生じる局地的な風であり，季節ごとに変化する季節風と違って風向の変化の周期は 1 日である。一般に，昼間は陸地が高温になり低圧となるため海から陸へ風が吹き，夜間はその逆になる。

②不適。ハドレー循環によって緯度 30° 付近に形成される亜熱帯高圧帯では，下降気流が卓越するので降水量が少なく，陸地では砂漠地帯を形成することも多い。

③適当。北半球の偏西風が南北に大きく波打つ部分では，北から吹く風が寒気を高緯度から中緯度へ運び，南から吹く風が暖気を高緯度側へ運ぶので，熱輸送が実現している。

④不適。貿易風はハドレー循環が亜熱帯高圧帯に吹き降りた後，赤道域へ向かう風系である。このときコリオリの力が，北半球では北から吹く風の進行方向を右へ曲げるようにはたらき，逆に南半球では南から吹く風の進行方向を左へ曲げるようにはたらくので，貿易風は北半球でも南半球でも東から吹く恒常的な風となる。

問6 　6　 正解は④

太陽表面に見られる，対流によって粒のように見える構造は粒状斑である。図 3 のスケールからわかるように，1 つ 1 つの粒の大きさは直径およそ 1000km 程度である。

第2問 標準 ── 鉱物・岩石 《造岩鉱物の観察，探究活動》

問1 1 正解は④

① 不適。鉄クギで鉱物に傷がつくかどうかで，鉱物の硬度が確かめられる。

② 不適。字を書いた紙の上に透明な方解石を置くと，字がずれて二重に見えることから，方解石の持つ複屈折という性質を確かめられる。

③ 不適。ガスバーナーで方解石を熱すると，カルシウムに特有な炎色反応を示すことから，方解石にカルシウムが含まれることを確かめられる。

④ 適当。ハンマーで方解石をたたくと，特定の角度に容易に割れることがわかる。鉱物の特定の方向に割れやすい性質をへき開といい，この方法で方解石にへき開があることが確かめられる。

問2 2 正解は③

干渉色は，直交ニコルの状態で，岩石薄片の下側から透過した白色光を上側で観察する。直交ニコルとは，岩石薄片の下方と上方の偏光板の透過の向きが90°になっている状態である。2枚の偏光板の間に何もない，あるいはガラスのみの場合，下方の偏光板を透過した光が上方の偏光板で完全に遮られて真っ暗に見える。ところが，多くの鉱物には複屈折の性質があるので，2枚の偏光板の間に岩石薄片を入れると，透過した光は振動方向がわずかにずれて上方の偏光板を透過できるため，真っ暗にならない。また，2方向に分かれた光の波長がわずかに異なることから光が干渉して，さまざまな色を呈する。この色を干渉色という。

問3 3 正解は②

図2に示されている格子点100カ所のうち，有色鉱物と重なる格子点の数は30である。色指数は全体に対する有色鉱物の割合をパーセントで表したものであるから

$$\frac{30}{100} \times 100 = 30$$

問4 4 正解は②

ポスター中の表Ⅰによると，石材Yに特徴的に見られる有色鉱物は角閃石と輝石であり，かんらん石や黒雲母は見られない。また，斜長石は含まれているが，石英やカリ長石は見られない。これらのことを踏まえて図3を見ると，石材Yは中間質岩である可能性が高い。また，問3の結果から，石材Yの色指数は30程度であり，中間質岩であることを裏付けている。さらに，図Ⅰのスケッチより，石材Yの組織は等粒状組織であるから，深成岩と考えられる。したがって， イ に入れる岩石名は，中間質の深成岩である閃緑岩が適当である。

問5　　5　　正解は⑦

a・b．マグマが冷却して鉱物が晶出していくとき，鉱物に含まれる元素が液体の
マグマから取り除かれていくことで，マグマの組成が連続的に変化していく。こ
のような変化を**結晶分化作用**という。斜長石の場合，初期に晶出するものほど
Ca に富み，結晶分化が進むと Na に富むようになる。よって，**b** が正しい。

c・d．**斑状組織**に見られる比較的大きな鉱物結晶を**斑晶**という。斑晶はマグマが
まだ**マグマだまり**にある時期にすでに晶出していた鉱物結晶である。その状態の
マグマが一気に上昇すると急に冷やされて，斑晶を取り囲む液状の部分は結晶で
きずにガラス質となるか，結晶してもごく細粒のものになる。この部分を**石基**と
いう。よって，**d** が正しい。

e・f．マグマが冷却して鉱物が成長するとき，一般に中心部から周辺部に向かっ
て成長していく。よって，**e** が正しい。

問6　　6　　正解は④

ポスターに示された探究活動の目的には，石材として利用されている岩石の種類や
性質とその用途との関係を明らかにするとある。選択肢のうち，石材の用途につい
て言及しているのは④のみである。

第3問　難 —— 大気・海洋 《湿度，蒸発量，台風，天気図，地衡流》

問1　　1　　正解は②

図2より，気温 30℃ における飽和水蒸気圧はおよそ 44hPa である。冷房をかける
前の室内の湿度が 40% であったことから，このときの水蒸気圧は

$$44 \times \frac{40}{100} = 17.6 \text{〔hPa〕}$$

この水蒸気圧を保ったまま気温が 26℃ になったとすると，26℃ における飽和水蒸
気圧はおよそ 34hPa であるから，このときの湿度は

$$\frac{17.6}{34} \times 100 = 51.7 \fallingdotseq 52 \text{〔%〕}$$

問2　　2　　正解は④

図3のグラフは，X の値にかかわらず，いずれも右下がりの曲線である。すなわ
ち，W が増加すると Y が減少するような関係だとわかる。X を一定としたとき，
そのような関係になる式は③か④であるが，もし③であればグラフは直線になる。
ところが，グラフは曲線であり，Y と W が反比例の関係にあるグラフの形状（双
曲線）なので，④が適当とわかる。

問3 　3 　正解は②・③

①不適。台風は，北西太平洋（赤道より北で東経180°より西の領域）または南シ
　　ナ海で発生した熱帯低気圧が最大風速約17m/s以上に発達したものである。台
　　風の発生には海水温が重要な要素であり，23.4°Nより高緯度であっても，海水
　　温がおよそ26〜27℃あれば台風が発生することがある。

②適当。台風は，高い温度の海水から供給された水蒸気が凝結するときに放出され
　　る潜熱をエネルギー源として発達する。

③適当。台風は低緯度から中緯度に向かって北上するので，台風を構成する暖かく
　　湿った空気は熱と水（水蒸気）を低緯度から中緯度へ運んでいる。

④不適。勢力の強い台風の中心付近には，雲のない円形の領域がみられる。この領
　　域を台風の目といい，下降気流が生じているので雲がみられない。

問4 　4 　正解は①

潜熱は水蒸気のもつエネルギーであるから，海洋から大気へ運ばれる潜熱が最も大
量な時期は，蒸発量が最も多い時期と言い換えることができる。図3によると，蒸
発量が多くなるのはYとWがともに大きいときである。①の天気図では，大陸の
シベリア高気圧から日本海へ吹き出す風は非常に乾燥しており，暖流の流れる海面
上と海上10mの水蒸気量の差が非常に大きい。また，等圧線が混んでおり，風速
も大きいので，蒸発量が最も多いと考えられる。さらに，①は冬季の天気図と考え
られるので，下線部(c)の記述とも合致する。よって①が適当。

問5 　5 　正解は④

地衡流は圧力傾度力（海面の傾きに比例）とコリオリの力がつりあった状態で流れ
る。コリオリの力は，流速と，緯度の関数と，地球の自転速度との積に比例する。

①不適。黒潮を地衡流とみなすと，その位置が東西どちらに10°移動しても緯度は
　　変わらず，コリオリの力が変わらないので，流速が変化する必要はない。

②不適。力のつりあいを保つためには，海面の傾きが小さくなって圧力傾度力が小
　　さくなるとコリオリの力も小さくなる必要がある。地衡流の緯度と地球の自転速
　　度が変わらないとき，コリオリの力に比例して流速も小さくなる必要がある。

③不適。海面の傾きが変わらないとき圧力傾度力は変わらず，力のつりあいを保つ
　　ためには，コリオリの力も一定である必要がある。このとき，地球の自転速度が
　　大きくなると，流速は反比例して小さくなる必要がある。

④適当。地球上では緯度が低い（赤道に近い）ほどコリオリの力がはたらきにく
　　なる。したがって，③と同様にコリオリの力を一定に保つためには，緯度が低く
　　なると，その関数に反比例して流速が大きくなる必要がある。

第4問 —— 宇　宙

A やや易 《コロナ，惑星の特徴，HR 図》

問1 ⬚1⬚ 正解は①

　〈名称〉図1にみられる，皆既日食時の太陽の周囲に放射状に広がる白い光の部分は**コロナ**である。彩層は太陽表面を薄く覆う層であり，鮮やかなピンク色に見える。放射層は光球面より内部の層であり，写真に撮って見ることはできない。

　〈特徴〉コロナは**太陽を取り巻く希薄な大気であり，その温度は 100 万度～200 万度に達している。**コロナでは原子が電離しており，高温のため非常に高速度で飛び回っている。水素の原子核がヘリウムの原子核に変換される核融合反応が起きている領域は，太陽の中心部である。

問2 ⬚2⬚ 正解は③

　水星も金星も地球と同じく岩石の表面をもつ惑星であり，**地球型惑星**である。**金星**は，大きさと質量が地球とほぼ同程度であり，**二酸化炭素**を主成分とする厚い大気をもつ。一方，水星は，大きさも質量も小さく，大気を保持するのに十分な重力が存在しないので，ほとんど大気がない。

問3 ⬚3⬚ 正解は⑥

　光を波長ごとに分解したものが**スペクトル**である。恒星のスペクトルは表面温度によって吸収線の現れ方が異なり，高温なものからO，B，A，F，G，K，Mの7つの型に分類されている。**HR 図**は恒星のスペクトル型を横軸に，恒星の絶対等級を縦軸にとった図である。**シュテファン・ボルツマンの法則**によると，恒星の表面 $1m^2$ あたりから放射されるエネルギー量は，表面温度の 4 乗に比例する。つまり，仮に恒星の大きさが同じであれば，表面温度が高い恒星ほど放射エネルギーが多いので明るく，表面温度が低い恒星ほど放射エネルギーが少ないので暗いということである。

　図2を見ると，左上から右下にかけて一連の恒星群がみられる。これらの恒星は表面温度が高いほど明るく，表面温度が低いほど暗いので，ほぼ同じような大きさの恒星群であると予想される。これらの一連の星を主系列星とよび，シリウスはこの**主系列星**に分類される。一方，右上にあるベテルギウスは，表面温度は低いが，絶対等級は非常に明るいことから，主系列星に比べて表面積が非常に大きな恒星であるといえる。つまり，ベテルギウスは**赤色巨星**に分類される。

B　やや難　《日食の影の速度》

問4　4　正解は②

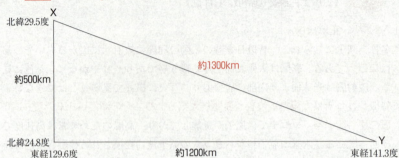

地点ＸとＹの距離は緯度差と経度差から概算できる。地球では緯度差１度あたりの距離が約110km であるから，緯度差５度弱の距離はおよそ500km と見積もられる。

一方，東西方向には12度弱の経度差がある。経度差１度あたりの距離は緯度によって異なり，赤道で約110km，緯度 θ では約 $110\cos\theta$〔km〕である。北緯30度付近を考えているので，経度差１度あたりの距離は $110\times\dfrac{\sqrt{3}}{2}\fallingdotseq100$〔km〕であり，Ｘ—Ｙの東西方向の距離は1200km 弱と見積もられる。

したがって，Ｘ—Ｙの距離は，三平方の定理よりおよそ1300km 程度である。

一方，日食の起こった時刻の差は 11：28 から 10：56 を引いて 32〔分〕＝32×60〔秒〕 $\fallingdotseq$ 1900〔秒〕なので，平均移動速度 V〔km/s〕は

$$V=\frac{1300}{1900}=0.68\fallingdotseq0.7 \text{〔km/s〕}$$

会話文に「大雑把に見積もって」とあり，選択肢の数値が２桁ずつ異なるので，距離をきっちり計算する必要はない。

問5　5　正解は①

オ. V_E で移動する地球上から見た月の影の相対速度が V である。ここでは，月の影の速度は月の公転速度 V_M に等しいと考える。

　　したがって，$V=V_M-V_E$ となる。

カ. 北緯 θ の地表は自転軸からの距離が $R_E\cos\theta$ であるから，半径 $R_E\cos\theta$ の円周上を動く。この１周にかかる時間が T_E なので，その速さ V_E は，$V_E=\dfrac{2\pi R_E\cos\theta}{T_E}$ となる。

第5問 ── 地質・地史，地球
《タービダイト, 示準化石, 付加体, 走時曲線, 地球内部》

問1 　1　 正解は⑤

a．誤文。図3から，100万年前の堆積物は海底からおよそ **700m** の深さにあると読み取れる。

b．**正文**。泥岩を主とする地層はおよそ $1200-600=600$〔m〕の厚さを約 1300 万年かけて堆積している。一方，**タービダイト**を主とする地層は同じ 600m の厚さを 100 万年以内の短い期間で堆積している。したがって，タービダイトを主とする地層の方が，堆積速度が大きい。

c．誤文。タービダイトは，大陸から供給されて大陸斜面に堆積した砂や泥が，海底の地滑りによって再堆積したものである。このとき，1 回の堆積サイクルでは粒径の比較的大きな砂粒から順に堆積し，上位ほど細粒な泥になる **級化層理** とよばれる特徴的な構造がつくられる。一方，泥岩は粒径が $\frac{1}{16}$ mm 以下の細粒物からなり，**タービダイトを主とする層よりも平均粒径が小さい**。

d．**正文**。泥岩を主とする地層はおよそ 600m 堆積するのに 1300 万年程度かかっているので，1000 年あたりの平均堆積速度は

$$\frac{600 \times 10^2}{1300 \times 10^4} \times 1000 \fallingdotseq 4.6 < 5 \,〔\text{cm}/1000 \text{年}〕$$

問2 　2　 正解は①

グラフは，横軸に年代を，縦軸に堆積深度つまり堆積した厚さをとっているので，A層のグラフは，左へ 500 年進むと上に 5cm 上がる。また，B層はほぼ一瞬で堆積するので，縦軸とほぼ平行に 30cm 上に向かうグラフになる。これらに該当するのは①のグラフである。

問3 　3　 正解は①

a．**適当**。示準化石は離れた地域であっても同時性を示すためのものであるから，世界各地において見つかる可能性が高くなければならない。そのためには，広い地域に分布していることが必要である。

b．**不適**。生物が化石として残るために硬い骨格を持つことなどが有利ではあるが，体の大きさはほとんど関係ない。

c．**適当**。示準化石はその化石を含む地層の堆積した時代を特定するために役立つので，その生物の生存期間が短いことが必要である。

d．**不適**。生息環境が限られており，地層が堆積したときの環境を特定するのに役立つ化石を **示相化石** という。示相化石となる生物のように限られた環境にのみ生

存していても，地層の堆積した時代を特定することには役立たない。

問4　　4　　正解は②

付加体の堆積物は，海洋プレートの沈み込みに伴って大陸側の堆積物の下に次々と押し込まれる。図7や図8では，堆積物がZ側に次々に付加されていくので，A→B→Cの順に形成されたといえる。Aが付加された後，その下にBが押し込まれ，さらにその下にCが押し込まれるので，AB間やBC間の境界は断層（逆断層）となっている。

問5　　5　　正解は④

観測地点が震央に近いときは屈折波より直接波が先に到達するのは明らかなので，図10のOAが直接波，BCが屈折波である。走時曲線の縦軸は走時つまり時間を表し，横軸は震央距離であるから，グラフの傾きが小さい方が伝播速度が大きいといえる。傾きの大きいOAが地殻のみを伝わった直接波，傾きの小さいBCがマントルを通った屈折波であるから，地殻よりもマントルの方が地震波速度が大きい。

問6　　6　　正解は①

地球内部では温度も圧力も，地表付近から中心部に向かって連続的に徐々に上昇していく。よって，①のグラフが適当である。

②と③では温度のグラフが深さ2900 km付近で不連続に低下している。ここはマントルと外核の境界付近なので，岩石主体から鉄主体に急変する部分であるが，物質が違っても同じ温度で接しているはずである。また，③と④では圧力のグラフが深さ2900 km付近で急増している。外核は鉄が主体なので，マントルと比べて急激に密度が増すが，圧力はその上にのっている物質の質量によって決まるため，不連続に急増するわけではない。

地学基礎　本試験

問題番号 (配点)	設　問		解答番号	正　解	配　点	チェック
第1問 (20)	A	問1	1	④	3	
		問2	2	④	3	
	B	問3	3	②	3	
		問4	4	③	4	
	C	問5	5	①	4	
		問6	6	②	3	
第2問 (10)	A	問1	7	②	3	
		問2	8	④	3	
	B	問3	9	①	4	

問題番号 (配点)	設　問	解答番号	正　解	配　点	チェック
第3問 (10)	問1	10	②	3	
	問2	11	③	4	
	問3	12	③	3	
第4問 (10)	問1	13	③	4	
	問2	14	②	3	
	問3	15	③	3	

自己採点欄

50点

（平均点：27.03 点）

第1問 —— 地球，地質・地史，鉱物・岩石

A 標準 《地震，プレートテクトニクス》

問1 1 正解は④

① **不適。** 固いプレート内部の岩盤がずれて断層が生じ，地震が発生することがある。都市部の地表に近い場合，**直下型地震**となって被害をもたらすことがある。

② **不適。** マグニチュードは地震の規模（その地震で放出されたエネルギーの大きさ）を表し，震源距離に関係なく一つの地震に固有の値となる。

③ **不適。** 地震発生の直後に，震源近くの観測点に到達したP波の情報を解析し，震源から離れた地域に大きな揺れをもたらすS波の到達を事前に知らせるのが**緊急地震速報**である。

④ **適当。** 初期微動継続時間（PS時間）は，観測点にP波が到達してからS波が到達するまでの時間である。したがって，初期微動継続時間を T，観測点から震源までの距離を D，その地域におけるS波速度とP波速度をそれぞれ V_S，V_P とすると，$T = \dfrac{D}{V_S} - \dfrac{D}{V_P} = \dfrac{V_P - V_S}{V_P V_S} D$ となる。この式から，震源との距離 D が小さいほど初期微動継続時間 T は短くなることがわかる。

問2 2 正解は④

① **適当。** アイスランドはプレートの**拡大境界**の真上にあり，東西にプレートが離れていくために正断層が生じ，大地の裂け目が生じると説明される。

② **適当。** 大陸プレートどうしが衝突する**収束境界**では，大陸プレートが重なり合って標高が高くなり，ヒマラヤ山脈やアルプス山脈のような大山脈が形成されたと説明される。

③ **適当。** 日本列島のような島弧は，大陸プレートの下に海洋プレートが沈み込む収束境界である。このような境界では，圧縮する力がはたらいて逆断層型の地震が多く発生すると説明される。また，沈み込んだ海洋プレートからマントルに水が供給されてマグマが生じ，火山活動も活発になると説明される。

④ **不適。** ハワイ島のような**ホットスポット**はマントル下部にマグマの供給源があり，プレートの動きとは無関係に形成される。

B やや難 《地層，地球の歴史》

問3 3 正解は②

クロスラミナ（斜交葉理）は，水流がある場所に砂が堆積するときに形成される。

水流が変化するとクロスラミナの形成される方向が変わるため，クロスラミナどうしが「切る−切られる」の関係で重なっていく。この場合，切られている方が下位であり，この地域の地層が堆積したときの下位は西側，上位は東側であったと考えられる。よって，地層累重の法則から，この露頭では東へ向かって地層が新しくなるといえる。また，水中で砂や泥などの砕屑物が堆積するときは粒径の大きなものほど速く沈むので，上位の方が細粒になる。これを**級化層理**という。この露頭では東側が上位なので，東へ向かって粒子が細かくなる。

問4 ┃4┃ **正解は③**

aのリンボクは古生代石炭紀に大森林を形成したシダ植物であり，活発な光合成が行われた結果，石炭紀からペルム紀にかけて酸素濃度が上昇した。古生代の終わりが2.52億年前であるから，およそ3億年前が**a**の酸素濃度上昇時期である。**b**の被子植物の出現は中生代であるから，**a**よりも後である。一方，**c**のクックソニアは古生代シルル紀に出現した**最初の陸上生物**であり，約4.2億年前に出現している。以上から，順序は古い方から**c→a→b**であり，年代とあわせて**③**が正解となる。

C　標準　《火成岩，変成岩》

問5 ┃5┃ **正解は①**

白色の鉱物**A**は**無色鉱物**である。中性岩である安山岩に多く含まれる無色鉱物は**斜長石**である。また，斜長石は2方向にへき開がみられ，長柱状になりやすいことからも鉱物**A**は斜長石であると考えられる。一方，黒色や暗緑色の鉱物**B**は**有色鉱物**である。中性岩である安山岩に多く含まれる有色鉱物には輝石や角閃石がある。また，輝石は2方向にへき開がみられ，八角の短柱状になりやすいことからも鉱物**B**は輝石であると考えられる。

問6 ┃6┃ **正解は②**

①不適。主成分がSiO_2である**チャート**が広域変成作用を受けても炭酸カルシウム（$CaCO_3$）を主成分とする**大理石**になることはない。

②適当・③不適。ケイ酸塩鉱物を主体とする泥岩や砂岩などの堆積岩や，玄武岩のような火成岩が広域変成作用を受けると，結晶片岩や片麻岩となる。

④不適。**ホルンフェルス**は泥岩や砂岩などの砕屑岩が高温のマグマによって**接触変成作用**を受けてできる**変成岩**である。変成岩は，マグマのような液体にならずに固体の状態で鉱物が変化してできる。マグマが固化した岩石は火成岩であり，ホルンフェルスにはならない。

第2問 ── 大気・海洋

A 　標準　《熱帯低気圧，温帯低気圧》

問1　　7　　正解は②

　最も低い気圧954hPaが観測されているZのデータが台風の進路に最も近い観測所Bのものとわかる。また，台風が観測所Bに最も接近したと考えられる14時に南寄りの風が吹くYのデータが観測所C，北西の風が吹くXのデータが観測所Aのものである。なお，図2で羽の数が多いものほど風力（風速）が強いことが示されている。一般に，台風が接近するほど風力は強くなるが，観測所Bに最接近したときは**台風の目**にさしかかっており，風力がその前後の時刻より弱くなっていることも考慮する。また，一般に，台風の進路の東側は台風の移動速度と風速が合わさるので，西側よりも風力が強くなる。

　以上の考察から，13時，14時，15時の台風の中心位置と各観測所の風向と風力を記入して確認すると下図のようになる。

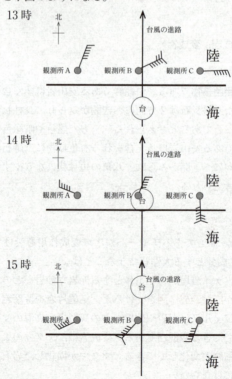

問2 　8 　正解は④

北側から見た断面図は，一般に教科書等でみられる図とは左右が逆になる点に注意する。破線 DE に沿った鉛直断面を北側から見ると，右（D）側に寒冷前線，左（E）側に温暖前線がみられ，前線の間に暖気が存在する。寒冷前線では，右（D）側にある寒気が暖気の下にもぐり込み，暖気を押し上げるので積乱雲が発生し，温暖前線では，左（E）側にある寒気の上の前線面を暖気がゆるやかに上昇するため乱層雲がみられる。

B やや易 《海水の密度》

問3 　9 　正解は①

a．**正文。**南極周辺海域や北大西洋北部では，気温が低いので，海水は表面から冷やされて温度が低下するために密度が大きくなる。

b．**正文。**海氷が生成するときに塩類は氷に取り込まれないので，氷の周囲の海水の塩分が増加して，海水の密度が大きくなる。

第3問 やや難 ── 宇　宙　《宇宙の年表，天体の広がり，太陽系の惑星》

問1 　10 　正解は②

宇宙の誕生は現在から約 **138 億年前**である。最初の恒星の誕生は，宇宙の誕生から約 **4 億年後**と考えられるので **a** に対応する。

太陽系の誕生は現在から約 **46 億年前**であるから **d** に対応する。

太陽が**巨星**になるのは現在から**およそ 50 億年後**であるから **e** に対応する。

問2 　11 　正解は③

画像 **a** は散開星団の一つであるプレアデス星団（通称すばる），画像 **b** は銀河群の一つである HCG40，画像 **c** は惑星状星雲の一つである M57 である。銀河は星団や星雲を含む天体であり，その群れが**銀河群**であるから最も大きい。**惑星状星雲**は，太陽の 8 倍以下の質量をもつ恒星がその一生の最後にガスを放出して中心に白色矮星を残し，そのガスが広がっていく様子であるから，恒星を取り巻く程度の広がりである。**星団**は多くの恒星が集まっており，惑星状星雲よりもかなり大きい。したがって，大きい方から **b → a → c** となる。

問3 ［12］ 正解は③

木星の質量は地球の約320倍で，太陽系の惑星のうち最も大きい。

地球は岩石と鉄が主体の惑星なので平均密度が大きく，木星と天王星は水素やヘリウムなどのガスが主体の惑星なので地球よりも平均密度が小さい。

第4問 やや難 ── 地球，大気・海洋 《地震と津波，火山噴火》

問1 ［13］ 正解は③

a．誤文。平野や埋め立て地のようにゆるい地盤では，地震動が増幅され，震度が大きくなりやすい。

b．正文。津波は海岸に近づいて水深が浅くなると高くなる。津波の速度は水深が浅くなると遅くなるので，道路の渋滞が生じるように後続の海水が集まって高く盛り上がるからである。

問2 ［14］ 正解は②

①不適。地点アは火口から10km以上離れているものの，火砕流の流下速度は時速100kmに達することもあり，噴火後10分前後で地点アに到達する可能性がある。

②適当。地点イはハザードマップの破線円の中にあるので，厚さ100cm以上の火山灰が堆積する可能性が高い。

③不適。地点ウはハザードマップの太実線の円内にある。火山岩塊は風による影響をあまり受けないので，火山岩塊が落下する可能性が高い。

④不適。地点エはハザードマップの破線円に入っていないが，100cmの堆積に満たなくとも数十cm程度の火山灰が堆積する可能性が高い。

問3 ［15］ 正解は③

ア．図2より，火山Aの南東方向にあるB市に向かって火山灰が流されていくと予測されているから，風は北西から南東に向かって吹く北西の風と予測されている。

イ．風速10〔m/s〕$= 10 \times \dfrac{60 \times 60}{1000}$〔km/h〕$= 36$〔km/h〕である。火山AとB市はおよそ100km離れているので，火山灰が到達する時間は

$$\frac{100}{36} = 2.7 ≒ 3 \text{ 時間}$$

地学基礎 本試験

問題番号（配点）	設問		解答番号	正解	配点	チェック
第1問（30）	A	問1	1	④	4	
		問2	2	④	3	
		問3	3	③	3	
	B	問4	4	②	3	
		問5	5	③	4	
		問6	6	②	3	
	C	問7	7	①	3	
		問8	8	③	3	
		問9	9	②	4	

問題番号（配点）	設問	解答番号	正解	配点	チェック
第2問（10）	問1	10	③	3	
	問2	11	②	4	
	問3	12	④	3	
第3問（10）	問1	13	⑥	4	
	問2	14	③	3	
	問3	15	①	3	

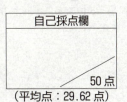

自己採点欄

50点

（平均点：29.62点）

第1問 ── 地球，地質・地史，鉱物・岩石

A 標準 《地球の形，震源距離，プレートの動き》

問1 [1] 正解は④

① 適当。月食は，太陽が地球を照らした影が月面に映る現象であるから，地球が球形であることを示している。

② 適当。もしも地球が平らであれば，沖合からでも山の全体が見えるはずである。

③ 適当。地球が球形だから，北極点では北極星が真上の方向に見え，緯度が低くなるほど北極星の高度は低くなる。

④ 不適。岬の先端から水平線までの距離は 10 km 程度にすぎず，人間の視覚で見分けられるほど曲がり方は大きくない。

問2 [2] 正解は④

図1より，初期微動継続時間は4秒と読み取れる。震源から観測点までの距離を d〔km〕とすると，P波が伝わってきてからS波が伝わってくるまでの時間差が4秒なので

$$\frac{d}{3} - \frac{d}{5} = 4 \quad \therefore \quad d = 30 \,〔km〕$$

となる。

問3 [3] 正解は③

ハワイ諸島のような火山列は，**ホットスポット**からマグマが供給されてつくられる。ホットスポットの位置はほとんど不動で，プレートの移動速度が一定なので，島A～Dの位置間隔は，火山活動の時間間隔に比例する。次図のように，時間軸に各島の形成年代をとると，島の位置関係がわかる。

また，プレートが西北西の方向に動いており，西北西に向かうほど古い島が存在するので，③が正解である。

B 標準 《地質調査》

問4 4 正解は②

A層に見られる褶曲は，地層が水平方向に圧縮されたことを示す。褶曲したA層を岩脈が切っているが，褶曲の影響を受けていないので，A層の褶曲より後にマグマが貫入して岩脈ができた。岩脈は基底礫岩のある不整合面で切られているので，岩脈より後に隆起と侵食が起こり，不整合面ができた。不整合面上にB層が堆積しているので，不整合面の形成より後にB層が堆積した。B層はもともと水平に堆積したと考えられるが，現在はやや西に傾斜しているので，B層の堆積後に地層全体が西に傾いたと考えられる。以上の考察より，(イ)→(ア)→(ウ)→(オ)→(エ)の順序となる。

問5 5 正解は③

ア．地球の原始大気の主成分は，水蒸気と二酸化炭素であった。

証拠となる化石：生物が陸上に進出するためには，オゾン層が形成されて太陽からの有害な紫外線が減る必要があった。その時期は古生代シルル紀であり，最古の陸上植物の化石であるクックソニアが産出する。

問6 6 正解は②

イ．地層累重の法則より，各露頭では上位にある地層ほど新しいので，露頭Xでは地層A→B→C→D→Eの順に，露頭Yでは地層O→P→Qの順に堆積したと考えられる。露頭XのB層とC層の境界に着目すると，この境界より下位では化石eが産出するが，上位の地層では出現せず，それと入れ替わるように化石cが産出している。また，化石bとfは境界の上下ともに産出している。これと全く同じ特徴をもつ地層境界が，露頭YのO層とP層の境界である。このことから，露頭XのB層は露頭YのO層に対比され，C層はP層に対比される。また，露頭XのE層と露頭YのQ層はともに最上位にあり，化石a，d，fをともに産出するので，同じ時期の地層であるとみなせる。

ウ．露頭XのD層のように，化石b，d，fの組合せを含んだ地層は露頭Yには見られず，露頭YでP層の上位にあった地層が，不整合面ができる前に侵食されてしまったと考えられる。

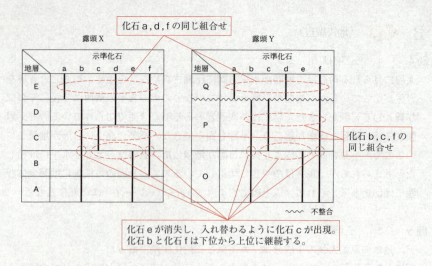

化石 a, d, f の同じ組合せ

化石 b, c, f の同じ組合せ

化石 e が消失し，入れ替わるように化石 c が出現。
化石 b と化石 f は下位から上位に継続する。

C　やや難　《火山と火成岩》

問7　　7　　正解は①

a．マグマの粘性が高く，狭い範囲にドーム状に盛り上がるタイプの火山であるから，マグマの性質は**流紋岩質**である。

b．火山灰と溶岩流を交互に噴出して山体を成長させる成層火山である。このタイプの火山は**安山岩質**のマグマによって形成される。

c．マグマの粘性が低く，なだらかに遠くまで広がる盾状火山は，**玄武岩質**マグマによってつくられる。

NOTE　火山の形状とマグマ
溶岩ドーム：流紋岩質マグマ，粘性高い　（例）昭和新山
成層火山：安山岩質マグマ，粘性中程度　（例）浅間山，桜島
盾状火山：玄武岩質マグマ，粘性低い　（例）三原山，マウナケア

問8　　8　　正解は③

色指数は岩石中に含まれる鉱物のうち，岩石全体に対する有色鉱物の体積比で示される。通常，図5のように，格子点ごとに有色鉱物か無色鉱物かを判断して数え，以下の式で算出する。

$$色指数 = \frac{有色鉱物と判断した格子点の数}{格子点の総数} \times 100$$

斜長石は無色鉱物であり，輝石と角閃石が有色鉱物である。図5には全部で 25 の格子点があり，有色鉱物上の格子点は 8 カ所なので

$$色指数 = \frac{8}{25} \times 100 = 32$$

となる。

問9　9　正解は②

　岩石のでき方：この火成岩は斑晶と石基からなるので，火山岩である。火山岩はマグマが地表付近で急速に冷えて形成される。

　岩石の SiO_2 含有量：岩石全体に含まれる SiO_2 の含有量は，斑晶に含まれる量と石基に含まれる量の和であるから，岩石全体の質量を 1 とすると

$$0.30 \times 0.55 + (1 - 0.30) \times 0.65 = 0.62 = 62 \text{ 重量\%}$$

となる。

第2問 —— 大気・海洋 《気圧傾度力，赤外画像，気圧配置》

問1 　10　 正解は③

①**不適**。等圧線は 4 hPa ごとに描かれ，20 hPa ごとに太線になっている。北海道東部をかすめて引かれている太い等圧線が 1000 hPa であるから，地点Aの海面気圧はおよそ 1008 hPa と読み取れる。

②**不適**。地点Bの海面気圧は 1028 hPa と読み取れるので，地点Bの方が地点A（1008 hPa）よりも高い。

③**適当**。水平方向の気圧の差によって空気にはたらく力を**気圧傾度力**という。この力は等圧線の間隔が狭いほど大きく，広いほど小さい。図1では，地点A周辺の方が地点B周辺よりも等圧線の間隔が狭いので，気圧傾度力は大きい。

④**不適**。気圧傾度力は，等圧線と直交して気圧の高い方から低い方に向かってはたらく。地点A付近の等圧線の方向は北東—南西方向で，地点Aの北西側が高圧である。したがって，地点Aにおける気圧傾度力の向きは，北西から南東への向きである。

問2 　11　 正解は②

気象衛星赤外画像では，積雲や積乱雲のように**上空の高い雲ほど白く写る**。図1の天気図は冬季の1月23日のものであり，大陸に高気圧，北海道東部に低気圧があって典型的な**西高東低**の冬型気圧配置である。冬型気圧配置のとき，大陸から吹き出す北西の季節風が日本海を通るときに，海水から水蒸気の供給を受けて日本海に筋状の積雲列ができる。この様子が見られる画像は②である。寒冷前線に沿って雲ができ，それが南に凸状に連続すると見て④を選んではいけない。④の画像に示されているような，中国大陸側の雲域に対応する根拠は図1の天気図には見られない。

問3 　12　 正解は④

①**不適**。オホーツク海の空気は，北海道東部の低気圧に向かって流れ込み，気圧の高い日本海には流入していない。また，日本付近に停滞前線も見られない。

②**不適**。東シナ海の風向は北西から南東方向と考えられるので，日本海に流れ込んではいない。

③**不適**。低気圧に向かって空気が吹き込むのであって，低気圧から空気が吹き出すことはない。

④**適当**。大陸の冷たく乾いた風が北西から南東へ吹く途中，暖流である対馬海流の流れる**日本海で大量の熱と水蒸気を供給され**，雲が発生しやすくなっている。

第3問 —— 宇　宙 《恒星の一生，ビッグバン》

問1 　13　 正解は⑥

ア．恒星と恒星の間の宇宙空間には全く何もないわけではなく，1cm³ あたり1個程度の水素原子からなる星間ガスや，100万 m³ に1個程度の固体微粒子（星間塵）が存在する。これらの星間物質は一様ではなく濃淡があり，特に濃度が高い領域が**星間雲**である。

イ．星間雲でさらに密度の高い部分では，**ガスが自分の重力で収縮し**，回転しながら中心部にガスのかたまりを形成する。このような初期の星は原始星と呼ばれ，重力による収縮エネルギーで明るく光るが，星間物質に遮られ赤外線でしか見えない。

ウ．原始星がさらに収縮し，中心部の温度が $10^7\,$K 以上になると，水素がヘリウムに変換される核融合反応が始まる。この段階の恒星を主系列星という。太陽程度の質量であれば，主系列星として安定した状態が約100億年持続する。現在の太陽は，誕生してから約46億年経過していると見積もられているので，残りおよそ**50億年後**に不安定となって寿命が尽きると考えられている。

問2 　14　 正解は③

a．**誤文**。ビッグバンの直後にヘリウムは多くつくられたが，主系列星の中心部では4個の水素原子核から1個のヘリウム原子核への核融合反応が進行しており，現在も多くの主系列星内部でヘリウム原子がつくられている。

b．**正文**。太陽は主系列星であり，水素核融合反応が進行しているが，中心部の水素が枯渇してくると，ヘリウム原子核が核融合反応を起こすようになる。この段階で恒星が膨張して赤色巨星となる。赤色巨星の中心部では，ヘリウム原子核の核融合により炭素や酸素の原子核がつくられ，さらにケイ素やマグネシウムといった重い元素もつくられることになる。

問3 　15　 正解は①

①**適当**。宇宙誕生の数分後には陽子や中性子が存在し，さらに陽子と中性子が集まってヘリウム原子核もできた。

②**不適**。宇宙誕生直後は，電子が自由に飛び回っており，光は直進できなかったが，宇宙誕生から38万年後に自由に動く電子がなくなって，光が直進できるようになった。これを**宇宙の晴れ上がり**という。

③**不適**。最初の恒星が誕生したのは，宇宙誕生から7〜8億年後と考えられている。

④**不適**。宇宙誕生は今から約138億年前と考えられている。太陽系が誕生したのは約46億年前なので，宇宙誕生から約90億年後のことである。

地学基礎 本試験

2018 年度

問題番号（配点）	設　問		解答番号	正　解	配　点	チェック
第1問（27）	A	問1	1	②	3	
		問2	2	④	3	
		問3	3	④	4	
	B	問4	4	①	4	
		問5	5	④	3	
	C	問6	6	③	3	
		問7	7	①	3	
	D	問8	8	②	4	

問題番号（配点）	設　問	解答番号	正　解	配　点	チェック
第2問（13）	問1	9	①	3	
	問2	10	④	3	
	問3	11	②	4	
	問4	12	④	3	
第3問（10）	問1	13	②	3	
	問2	14	③	3	
	問3	15	④	4	

自己採点欄

50 点

（平均点：34.13 点）

第1問 —— 地球，地質・地史，鉱物・岩石

A 標準 《地球の構造と地震》

問1 1 正解は②

核—マントル境界面の深さは約 2900 km である。地球の半径は約 6400 km であるから，核の半径は 6400－2900＝3500〔km〕となる。これは地球半径の $\dfrac{3500}{6400} \times 100 ≒ 55$〔%〕にあたり，灰色の領域の半径が全体の半分よりやや大きい②が正しい。

問2 2 正解は④

a. **誤文。リソスフェア**は，マントル深部から湧き上がってきた物質が表面から冷却され，硬く固結した領域である。**アセノスフェア**は，リソスフェアの下にあってまだ冷却が進まず，融点に近いためやわらかくて流動しやすい領域である。

b. **誤文。**地殻はマントルから浮力を受け，その上に浮かんだような構造をしている。大陸地域は海洋地域に比べて地殻が厚く重い。したがってこれを支えるための浮力が大きくなるようマントル中に深く沈み込んでいる。つまりモホロビチッチ不連続面は大陸地域の方が海洋地域より深い。

問3 3 正解は④

震源距離 40 km の場所の初期微動継続時間 T は 40＝8.0×T より T＝5.0〔秒〕である。図1よりこの場所には P 波が 6.0 秒で到達するので，S 波の到達は地震発生から 6.0＋5.0＝11.0〔秒〕後になる。これは緊急地震速報の受信後 11.0－3.0＝8.0〔秒〕後ということになる。

B 標準 《地質調査，示準化石》

問4 4 正解は①

図2(b)をもとに，切る—切られるの関係に注目して考える。砂岩と石灰岩の褶曲は不整合面で切られているので，褶曲の方が先である。また，岩脈が不整合面を切っているので，岩脈の方が後である。したがって，褶曲→不整合→岩脈の順になる。

問5 5 正解は④

花こう岩は石灰岩に貫入して接触変成作用を及ぼし，結晶質石灰岩を形成した。したがって，石灰岩は白亜紀以前に堆積したもので，三葉虫が産出する可能性はある

がビカリアはない。また，不整合面上に花こう岩礫が存在することから，不整合の
形成と礫岩の堆積は白亜紀以後である，泥岩の堆積はさらにその後なので，デスモ
スチルスの化石が産出する可能性はあるが，他の3つはないと考えてよい。

NOTE 代表的な示準化石（標準化石）
新生代：デスモスチルス，ビカリア，カヘイ石，マンモス，メタセコイア
中生代：モノチスなどの二枚貝，アンモナイト，大型は虫類，始祖鳥
古生代：三葉虫，クックソニア，リンボクなどの大型シダ植物，フズリナ

C 標準 《火成岩の特徴》

問6 **6** 正解は③
　図3中の鉱物のうち，A～Cおよび黒雲母が有色鉱物（苦鉄質鉱物）で，左にある
ものほど SiO₄ 四面体の配列構造が単純である。よって，A：かんらん石，B：輝
石，C：角閃石となる。

問7 **7** 正解は①
　色指数は，火成岩中に占める有色鉱物の割合（体積％）である。図3において，石
英が 20 体積％のところを見ると，黒雲母が 10 体積％を占めていることがわかる。
該当する有色鉱物はこれだけなので，色指数は 10 である。

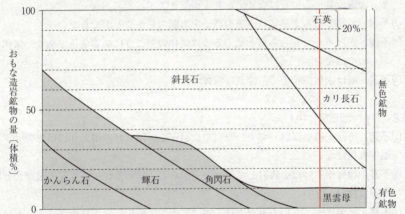

D　やや易　《変成作用》

問8　8　正解は②

①**正文**。結晶片岩は，プレートの沈み込みに伴って地下に押し込まれた岩石が，低温高圧条件下で変成して形成され，鉱物が一定方向に配列して面状にはがれやすい。

②**誤文**。接触変成作用は，マグマから伝搬してきた熱を受けておこるため，その範囲は接触部からせいぜい数 km までの範囲に限られる。

③**正文**。片麻岩は，プレートの沈み込みに伴う造山帯の中軸部の高温低圧条件下で形成され，鉱物の再結晶が進んで鉱物が粗粒になっている。また，無色鉱物と有色鉱物が縞模様を形成していることが多い。

④**正文**。ホルンフェルスは泥岩や砂岩が接触変成作用を受けて形成され，鉱物がモザイク状にかみ合って硬く緻密になっている。

第2問　やや難 ── 大気・海洋　《流体の運動，自然災害》

問1　9　正解は①

①**適当**。立ちのぼった水蒸気が空気に冷やされて凝結し，直径数 μm 程度になると，肉眼で見えるようになり，これを湯気とよぶ。

②**不適**。気体である水蒸気は，その様子を肉眼で見ることができない。

③**不適**。かげろうでちらちらと見えるのは気体の向こうにある景色であり，気体そのものではない。

④**不適**。塵は固体微粒子で，湯気は液体である。

問2　10　正解は④

①**不適**。可視光線を反射しても，吸収や放射がない限り熱の出入りには影響せず，温度変化はない。

②**不適**。物体が赤外線を放射して温度が下がることはあるが，湯程度の温度だと紫外線は放射しない。

③**不適**。湯が昇温していく過程では，溶けていた二酸化炭素が放出されることはあるが，冷却過程では液中に溶け込むほうが多い。

④**適当**。湯の表面の水分子は，まわりから熱を奪って蒸発していく。逆に残された水分子は熱を奪われたことになり，温度が下がる。このように，状態変化に伴って出入りする熱のことを潜熱という。

問3 [11] 正解は②

②続成作用は，固化していない堆積物が堆積岩に変わっていく作用で，上からの圧
力による圧縮と脱水，新たな鉱物の析出による粒子同士の接着の二段階からなる。
他の３つの現象はいずれも，低温で高密度になった部分が下降し，高温で低密度に
なった部分が上昇するという鉛直方向の動きが，全体の動きを駆動している現象で
ある。

問4 [12] 正解は④

①不適。オゾンホールは，成層圏にまで上昇していったフロンから遊離した塩素原
子が，オゾン分子を分解することで生じる。

②不適。台風の渦による気圧変化や強風による海水の吹き寄せによって起こる高い
潮位は高潮とよばれる。

③不適。火砕流は，高温の火山ガスと火山灰などの火山砕屑物が，山の斜面に沿っ
て高速で流れ下るものである。

④適当。積乱雲は上昇気流が強いときに発達し，雲粒が上昇・下降を繰り返しなが
ら大きく成長して雨滴となり，激しいにわか雨をもたらす。また，この過程で生
じた摩擦電気により雲粒が帯電し，雷が発生しやすい。

第3問 標準 ── 宇　宙 《原始太陽，星間物質，原始地球》

問1 [13] 正解は②

ア．星間物質が自らの重力により収縮すると，重力エネルギーが解放され熱を発す
る。そして，中心部が超高温・高圧状態になると水素の核融合反応が始まり，ヘ
リウムが生成されるとともに，莫大なエネルギーが放出され明るく輝くようにな
る。これが主系列星の誕生である。

イ．原始地球は，微惑星の衝突・合体により大きく成長していくが，その過程にお
いて解放された重力エネルギーが原始地球の表面を高温にし，また，脱ガス作用
によって生じた原始大気（主成分：水蒸気と二酸化炭素）の温室効果もあって表
層の岩石がとけ，**マグマオーシャン**ができた。

なお，ホットスポットは，マントル深部に起源をもつ上昇流により地表面にマグ
マが供給され，火山活動が起こっている場所のことである。

問2 [14] 正解は③

①不適。星間空間の塵は，地球大気圏に突入すると摩擦により高温になり，まわり
の大気分子を電離・発光させる。これが流星として観測される。

②不適。ビッグバン直後に形成されたものは，陽子・中性子やヘリウムの原子核である。星間空間の塵は宇宙空間に漂う固体微粒子であり，ケイ酸塩鉱物や炭素，鉄などで構成されているため，ビッグバン直後に形成されたものではない。

③適当。星間ガスは宇宙空間を漂う気体で，宇宙誕生当初から存在し続けているものもあるが，恒星の引力を振り切って飛び出してきたものや，恒星の最期の段階で放出されたものもある。

④不適。星間ガスはおもに水素とヘリウムからなる。

問3 　15 　正解は④

適当なものはbとcである（問1イの解説参照）。

a. 原始地球には磁場がなく，電離した高エネルギー粒子の流れである太陽風が地表面に達していたが，大量の岩石をとかすほどのエネルギーは持っていない。

d. 原始地球内部はまだそれほど高温にはなっていない。マグマオーシャンが形成されたあと，内部がマントルと核に分化するとき解放された位置エネルギーが熱となり，中心部を高温にした。それでも5000～6000℃程度で，核融合反応が起きるほどの超高温ではない。

地学基礎　本試験

2017 年度

問題番号 （配点）	設　問		解答番号	正　解	配　点	チェック
第1問 （17）	A	問1	1	⑥	3	
		問2	2	②	4	
		問3	3	①	3	
	B	問4	4	③	4	
		問5	5	②	3	
第2問 （16）	A	問1	6	①	3	
		問2	7	④	3	
		問3	8	①	3	
	B	問4	9	③	4	
		問5	10	②	3	

問題番号 （配点）	設　問	解答番号	正　解	配　点	チェック
第3問 （7）	問1	11	②	3	
	問2	12	③	4	
第4問 （10）	問1	13	①	3	
	問2	14	④	3	
	問3	15	①	4	

自己採点欄

50 点

（平均点：32.50 点）

第1問 — 地球，岩石

A　標準　《地球の構造，地震，地球の形成と地史》

問1　1　正解は⑥

外核はS波が伝わらないことから液体であると考えられている。内核は固体である。また，外核・内核ともに主成分は鉄（Fe）である。ケイ素（Si）は岩石の主成分で地殻やマントルに多い。マグネシウム（Mg）はマントルの岩石に多く含まれている。したがって，液体，Fe の組み合わせが正しい。

問2　2　正解は②

震源距離 14 km の地点には，P 波到達の 2 秒後，つまり地震発生から 2.5＋2＝4.5 秒後に，S 波が到達した。したがって S 波の速度は　$\dfrac{14}{4.5} ≒ 3.1$ 〔km/s〕

問3　3　正解は①

①適当。地球形成初期には，原始地球の周辺の微惑星が地球に落下して，その衝突時のエネルギーが熱に変わり，原始地球は表面から溶けていった。それを**マグマオーシャン**という。

②不適。地球は微惑星の集合体として誕生した。それがマグマオーシャンの形成により，重い鉄などが次第に内部に，軽い岩石が表面に集まり，核・マントルの分離が起こった。

③不適。微惑星の衝突脱ガス作用によりできた原始大気は，水蒸気と二酸化炭素が主成分で，そのころ酸素はほとんどなかった。酸素ができたのは生物の誕生後である。

④不適。何回か起こった生物の大量絶滅の中で，白亜紀末の大量絶滅は巨大隕石の衝突によって起こったと考えられている。

B　やや易　《火成岩》

問4　4　正解は③

図の岩石は，輝石や斜長石の斑晶を含む斑状組織のものなので火山岩である。

組織のでき方：大きな結晶は，できるのに時間がかかるので，地上付近まで上昇する前にできていたものである。また，細かい結晶やガラスはマグマの急冷でできた。したがって，ｂが正しい。

岩石名：閃緑岩は深成岩で等粒状組織である。したがって，安山岩が正しい。

問5 ⬜5 正解は②

①不適。火成岩の主成分は SiO_2 で，玄武岩でも約 50 ％くらいが SiO_2 である。

②適当。斜長石には Ca 成分と Na 成分が任意の割合で含まれている。

③不適。花こう岩に含まれている有色鉱物は 10 ％以下（体積比）である。したがって，無色鉱物は 90 ％以上含まれている。

④不適。斑れい岩は花こう岩より重い金属元素が多く，密度は花こう岩より大きい。花こう岩の密度は約 $2.7\,g/cm^3$，斑れい岩の密度は約 $3.0\,g/cm^3$ である。

NOTE 色指数
火成岩中の有色鉱物の体積比を色指数という。玄武岩や斑れい岩は 35〜70 ％くらい，安山岩や閃緑岩は 10〜35 ％くらい，流紋岩や花こう岩は 10 ％以下である。

第2問 —— 地球環境，大気・海洋

A 標準 《温暖化》

問1 ⬜6 正解は①
水蒸気，二酸化炭素，メタン，オゾンなどは温室効果ガスである。

問2 ⬜7 正解は④

a．誤文。宇宙空間に放射される地球放射（赤外放射）が増えると，地球の温度は下がる。

b．誤文。様々な理由によって，温暖化傾向が弱くなった時期があるが，大気中の二酸化炭素濃度が減少したわけではない。

問3 ⬜8 正解は①
図1の直線の傾きは，100 年で約 1.1 ℃上昇する傾向を示している。これが 2 倍になると，100 年でなく 50 年で約 1.1 ℃上昇することになる。

B 標準 《日本周辺の大気・海洋・自然環境現象》

問4 ⬜9 正解は③

a．誤文。地球規模の深層循環は，北大西洋のグリーンランド沖などで冷やされた海水が沈み込んで生じる。

b．**正文**。オホーツク海高気圧は，日本列島に冷たい空気を送り込む高気圧で，北
太平洋高気圧からの暖かくて湿った空気とぶつかって梅雨前線を形成する。オホー
ツク海高気圧がいつまでも強いと，梅雨明けが遅れる。このようなとき北日本
や東日本では冷夏になり，冷害が生じることがある。

問5 ┌10┐ 正解は②

①**不適**。海溝は，海洋プレートが大陸プレートの下に沈み込むところで，沈み込む
プレートが反発して巨大地震が周期的に起こっている。ここではプルームの上昇
は起こっていない。

②**適当**。梅雨前線に南から湿った空気が流れ込むと，局部的に前線が活発になり，
集中豪雨が起こりやすい。

③**不適**。火山のハザードマップは，噴火が起こったときに，各地域で予想される被
害を想定して，地図に表したもので，減災・防災のために作成されたものである。
噴火時期の予知を示したものではない。

④**不適**。液状化は固結していない軟らかい地盤のところで起こりやすい現象である。

第3問 やや易 ── 宇　宙 《太陽，惑星》

問1 ┌11┐ 正解は②

①**正文**。写真は光球に見られる**粒状斑**で，太陽の内部からエネルギーが対流で運ば
れているために生じる模様である。白い部分が対流が上昇しているところで，黒
い部分が沈み込んでいるところである。

②**誤文**。写真は周囲より温度が低いために黒く見えている**黒点**である。黒い部分を
暗部，やや黒い部分を半暗部という。黒点は周囲の光球面より1500〜2000 K温
度が低い。

③**正文**。光球の外側の彩層からコロナにかけて見られる現象で**プロミネンス**という。
太陽の縁に見られるが，太陽面で生じると黒い筋に見える。これをダークフィラ
メント（暗条）という。

④**正文**。明るい部分は太陽の一番外側にある希薄な大気層の**コロナ**である。黒い丸
い部分は光球で，普段は光球の明るさでコロナは見えないが，皆既日食で光球が
隠されると写真のように見える。

問2 ┌12┐ 正解は③

地球から太陽までの平均距離が1天文単位であるから，海王星から太陽までの距離
は$30×1.5×10^8$〔km〕である。光速度は時速に直すと$30×10^4×3600$〔km/h〕で

あるから，太陽の光が海王星に届くまでの時間は

$$\frac{30\times1.5\times10^8}{30\times10^4\times3600}=4.1\fallingdotseq4〔h〕$$

第4問　標準 ── 総　合　《星雲，地球の歴史，地質断面図》

問1　13　正解は①

ア. オリオン大星雲の距離は約 1500 光年で，銀河系内の太陽に近い天体である。選択肢の大マゼラン雲は銀河系の外側の銀河なので当てはまらない。

イ. 約 3 万年前のマンモスが生息していた時代は，氷河時代の最後の氷期である。第四紀は氷期と間氷期が交互にやってきた時代で，全球凍結ほど寒冷化していない。

問2　14　正解は④

ウ. 約 5 億年前は，古生代のはじめで，カンブリア紀にあたる。多様な生物が急増し，これを**カンブリア爆発**という。その中には固い殻をもった動物も多く，三葉虫はその代表的な生物である。デスモスチルスは新生代第三紀のほ乳類である。

エ. 地球の誕生時であるので，約 46 億年前である。38 億年前は原始海洋がすでに形成された時代である。

問3　15　正解は①

断層の種類：この断層は上盤が相対的に下がっているので正断層である。

不整合の形成時期：泥岩は恐竜の化石が含まれているので中生代の地層である。砂岩はビカリアの化石が含まれているので新第三紀の地層である。したがって，中生代の地層が侵食されて，その上に新第三紀に砂岩が不整合で堆積した。

NOTE　正断層と逆断層
断層面の上側を上盤，下側を下盤という。上盤が下がった場合が正断層，上がった場合が逆断層である。逆断層の場合は，断層面を境にして同じ高さの地層を比較すると，上盤側が古い地層になり，地層の逆転が見られる。

正断層　　　　　　逆断層

2024年版

共通テスト
過去問研究

地学基礎

付録：地学

問題編

問題編

＊ 2021 年度の共通テストは，新型コロナウイルス感染症の影響に伴う学業の遅れに対応する選択肢を確保するため，本試験が以下の 2 日程で実施されました。
　第 1 日程：2021 年 1 月 16 日(土)および 17 日(日)
　第 2 日程：2021 年 1 月 30 日(土)および 31 日(日)
＊ 第 2 回試行調査は 2018 年度に，第 1 回試行調査は 2017 年度に実施されたものです。
＊ 地学基礎の試行調査は，2018 年度のみ実施されました。

マークシート解答用紙　2 回分
※本書に付属のマークシートは編集部で作成したものです。実際の試験とは異なる場合がありますが，ご了承ください。

地学基礎
地学

共通テスト 本試験

2023

地学基礎：

解答時間　2科目60分

配点　2科目100点

$\left(\begin{array}{l}\text{物理基礎，化学基礎，生物基礎，}\\\text{地学基礎から2科目選択}\end{array}\right)$

地学：

解答時間60分　配点100点

地 学 基 礎

$$\left(\text{解答番号}\ \boxed{1}\ \sim\ \boxed{15}\right)$$

第1問 次の問い（**A～C**）に答えよ。（配点　19）

A 地球の形状と活動に関する次の問い（**問1・問2**）に答えよ。

問1 次の文章中の　**ア**　に入れる数値として最も適当なものを，後の①～④のうちから一つ選べ。　**1**

　エラトステネスの方法にならって，X市に住むAさんはY市に住むBさんと共同で地球の大きさを求めることにした。X市とY市はほぼ南北に位置している。同じ日に太陽の南中高度を測定すると，Aさんは57.6°，Bさんは53.1°という結果を得た。X市とY市はほぼ真っ直ぐの高速道路で結ばれている。そこで，AさんはBさんを訪問するときに，自動車の距離計で距離を測定したところ，550 kmであった。これらのデータから地球全周の長さを計算すると　**ア**　kmとなった。実際の地球全周の長さよりは少し長くなったが，近い値を得ることができた。

① 10500
② 11000
③ 42000
④ 44000

問 2 プレート境界に関する次の文章を読み，| イ |～| エ |に入れる語の組合せとして最も適当なものを，後の①～④のうちから一つ選べ。| 2 |

プレート境界には，発散(拡大)境界，収束境界，すれ違い境界の3種類がある。海底にある発散境界で見られる代表的な地形は| イ |，陸上の発散境界で見られる地形は地溝(リフト)帯である。地震はどの種類の境界でも起こるが，深発地震が起こるのは| ウ |境界である。また，| エ |境界では火山活動は見られない。

	イ	ウ	エ
①	海嶺(かいれい)	収 束	すれ違い
②	海嶺	すれ違い	収 束
③	海溝(かいこう)	収 束	すれ違い
④	海溝	すれ違い	収 束

B　地層に関する次の文章を読み，後の問い(**問3・問4**)に答えよ。

　　互いに離れた地域 A と地域 B で地質調査を行い，次の図1に示すような地層の柱状図を作成した。両地域で X と Y の2枚の凝灰岩層が見つかり，それらを鍵層（かぎ）として地域 A と地域 B の地層を対比した。なお，砂岩層と泥岩層はそれぞれ異なる速さで堆積し，堆積の速さの変化や中断はなかったものとする。

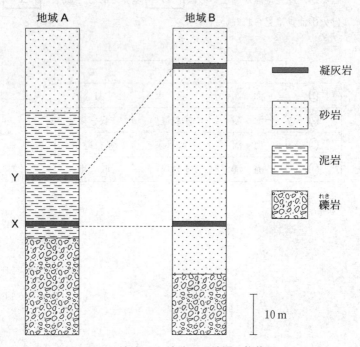

図1　地域 A と地域 B の地層の柱状図

問 3　鍵層に適している地層の特徴の組合せとして最も適当なものを，次の①～
④のうちから一つ選べ。　3

	堆積期間	分布範囲
①	短　い	広　い
②	短　い	狭　い
③	長　い	広　い
④	長　い	狭　い

問 4　地域 A と地域 B の地層の対比に関連して述べた次の文 a・b の正誤の組
合せとして最も適当なものを，後の①～④のうちから一つ選べ。　4

a　凝灰岩層 X と凝灰岩層 Y で挟まれる地層について，地域 B の砂岩層が
10 m 堆積するのにかかる時間は，地域 A の泥岩層が 10 m 堆積するのに
かかる時間より長い。

b　地域 B の地層の堆積環境がわかれば，地層の対比にもとづき，地域 A
の地層の堆積環境も地域 B と同じと推定できる。

	a	b
①	正	正
②	正	誤
③	誤	正
④	誤	誤

C 鉱物と火山に関する次の問い（**問5・問6**）に答えよ。

問5 次の文章を読み，　**オ**　・　**カ**　に入れる語と記号の組合せとして最も適当なものを，後の**①**～**⑥**のうちから一つ選べ。　**5**

　次の図2は，ある深成岩Gのプレパラート(薄片)を偏光顕微鏡で観察したスケッチである。マグマの中からはじめに晶出する鉱物は，自由に成長することができる。したがって，その鉱物は結晶面で囲まれた鉱物本来の形になり，これを　**オ**　と呼ぶ。このことを考慮すると，この深成岩Gに見られる3種類の鉱物a～cのうち，一番はじめに晶出した鉱物は　**カ**　と考えられる。

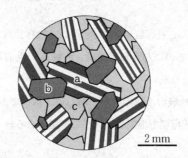

2 mm

図2　深成岩Gのプレパラート(薄片)を偏光顕微鏡
　　　(直交ニコル)で観察したときのスケッチ

	オ	カ
①	自　形	a
②	自　形	b
③	自　形	c
④	他　形	a
⑤	他　形	b
⑥	他　形	c

問 6 Nさんは，火山に関連する言葉をつないだ図を，A：火山の形，B：マグ
マの分類，C：マグマの粘性，D：マグマの SiO₂ 量の四つの項目に着目して
描いてみた（図3）。Nさんは，図を見直して，A〜D のうちの一つの項目に
ついて，言葉が上下入れ替わっていることに気づいた。どの項目の言葉を入
れ替えると図3は正しくなるか。最も適当なものを，後の①〜④のうちから
一つ選べ。 6

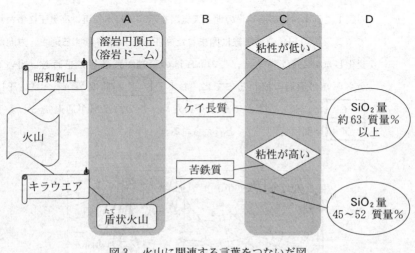

図3 火山に関連する言葉をつないだ図

① A   ② B   ③ C   ④ D

第2問　次の問い（**A・B**）に答えよ。（配点　7）

A　地上天気図に関する次の問い（**問1**）に答えよ。

問1　次の文章中の　ア　・　イ　に入れる数値と語の組合せとして最も適当なものを，後の①〜④のうちから一つ選べ。　7

　　図1に日本付近のある日の地上天気図を示す。日本付近は高気圧に覆われている。1020 hPa の等圧線に囲まれた高圧部の形や移動する速さ，方向が変化しないと仮定すると，この高圧部の東端が東経140°を通過し始めてから西端が通過し終わるまでに，およそ　ア　時間かかる。高気圧は　イ　が卓越し，雲ができにくいため，この高圧部が通過するおよそ　ア　時間は晴天が続くと考えられる。

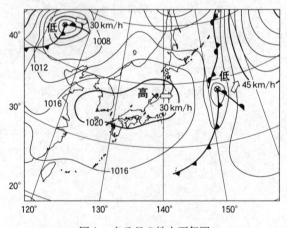

図1　ある日の地上天気図

×は高・低気圧の中心位置を示す。矢印は高・低気圧の移動する方向，数値（km/h）は移動する時速を示す。なお，北緯35°付近において，経度幅10°に相当する距離は約900 km である。

	ア	イ
①	30	上昇流
②	30	下降流
③	60	上昇流
④	60	下降流

B 黒潮に関する次の問い（**問2**）に答えよ。

問2 日本近海を流れる黒潮は，大量の暖かい海水を輸送し，その流路の付近で
は水温が高い。このことは，周辺の気象や海洋生物の分布に大きな影響を与
えている。日本近海の年平均海面水温を次の図2に示す。図2を参考にし
て，黒潮の典型的な流路の模式図として最も適当なものを，後の①～④のう
ちから一つ選べ。 8

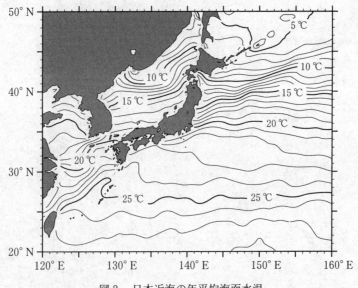

図2 日本近海の年平均海面水温

① ② ③ ④

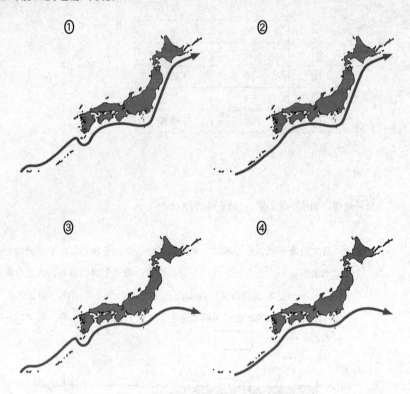

第3問　高校生のSさんは，一昨年に太陽を観察してから宇宙に興味をもつように
なった。そこで，家の近くにある公開天文台に通い，天体写真を撮った。次の会話
文を読み，後の問い（**問1 ～ 4**）に答えよ。（配点　14）

S さ ん：メシエ天体の写真をいくつか撮ったので見てください（図1）。

T研究員：うまく撮れていますね。これらはどのような天体かわかりますか？

S さ ん：M13 と M45 は星団です。　ア　にある恒星は若く，　イ　にある
　　　　　恒星は年をとっています。

T研究員：よく勉強していますね。そのとおりです。

S さ ん：M42 と M97 は星雲です。　ウ　の中には生まれたばかりの恒星が含
　　　　　まれることがあります。太陽程度の質量をもつ恒星は終末期に　エ
　　　　　をつくります。

T研究員：それもそのとおりです。星雲が淡くぼんやりと見えるのは，　オ　か
　　　　　らですね。

S さ ん：メシエ天体はいろいろな形があって楽しいのですが，恒星はどれも点に
　　　　　しか写りませんでした。

T研究員：そうですね。ただ，表面の様子が詳しく見える恒星が一つだけありま
　　　　　す。太陽です。

S さ ん：そういえば一昨年に(a)太陽の黒点を観察しました。今度は(b)遠い銀河
　　　　　を観察したいです。

T研究員：それには大きな望遠鏡が必要です。宇宙を学べる大学に行くといいです
　　　　　よ。

※　メシエ天体とは，フランスの天文学者メシエがつくった星雲星団カタログに記
　　載されている天体である。たとえば M13 は，カタログ中の 13 番目の天体とい
　　う意味である。カタログには銀河も含まれる。

球状星団 M13
（ヘルクレス座球状星団）

散開星団 M45
（プレアデス星団，すばる）

散光星雲 M42
（オリオン大星雲）

惑星状星雲 M97
（ふくろう星雲）

図1　Sさんが撮影したメシエ天体の写真

©NHAO

問 1　前ページの会話文中の　ア　～　エ　に入れる語の組合せとして最も適当なものを，次の①～④のうちから一つ選べ。　9

	ア	イ	ウ	エ
①	散開星団	球状星団	散光星雲	惑星状星雲
②	散開星団	球状星団	惑星状星雲	散光星雲
③	球状星団	散開星団	散光星雲	惑星状星雲
④	球状星団	散開星団	惑星状星雲	散光星雲

問 2　11 ページの会話文中の　オ　に入れる語句として最も適当なものを，次の①〜④のうちから一つ選べ。　10

①　星雲が太陽系の中に存在し，太陽の光を受けて輝いている

②　広く分布しているガスや塵が輝いている

③　太陽にあるようなコロナが星雲中の恒星にもあり，それが輝いている

④　恒星周囲の系外惑星が光を受けて輝いている

問 3　11 ページの会話文中の下線部(a)に関連して，黒点が黒く見える理由として最も適当なものを，次の①〜④のうちから一つ選べ。　11

①　その部分の磁場が強いため，光を吸収する物質が溜まっているから。

②　その部分の磁場が強いため，内部からのエネルギーが表面まで運ばれにくくなって温度が低くなっているから。

③　その部分の磁場が弱いため，ガスが集まり高密度のガスで光が遮られるから。

④　その部分の磁場が弱いため，ガスの密度が低くなり発光するガスが少なくなっているから。

問 4 11 ページの会話文中の下線部(b)に関連して，次の文章中の ┃ **カ** ┃・
┃ **キ** ┃に入れる数値と語句の組合せとして最も適当なものを，後の①～④の
うちから一つ選べ。 ┃ **12** ┃

　銀河系の円盤部は直径が ┃ **カ** ┃ 光年ほどで，太陽系は円盤部の中に位置し
ており，地球からは円盤部の星々が帯状の天の川として見える。M31 はアン
ドロメダ銀河とも呼ばれる銀河で，地球からは天の川と異なる方向に見える。
図 2 は銀河系を真横から見た断面の模式図で，銀河系の中心と M31 の中心は
この断面を含む面内にある。この図において M31 の方向は ┃ **キ** ┃ である。

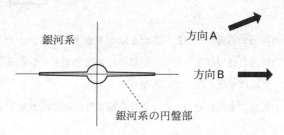

図 2　銀河系の断面の模式図

銀河系から見た M31 の方向は，方向 A または方向 B である。

	カ	キ
①	100 万	方向 A
②	100 万	方向 B
③	10 万	方向 A
④	10 万	方向 B

第 4 問　日本列島の地学的な特徴により，私たちはさまざまな自然災害をこうむることがある一方，多くの恵みも受けている。このような自然の恵みに関する次の問い(**問 1 ～ 3**)に答えよ。(配点　10)

問 1　日本は火山の多い国である。日本の火山とその恵みについて述べた文として**適当でないもの**を，次の①～④のうちから一つ選べ。　13

① マグマ活動に伴う熱水が金属成分を多く含んで上昇すると，鉱物資源をもたらす。

② 石炭などの化石燃料は，過去のマグマ活動により生成されたものである。

③ 火山近くの温泉は，マグマを熱源として地下水が温められたものである。

④ 火山地域で開発が進められている地熱発電は，マグマの熱エネルギーを利用している。

問 2 次の文章を読み, ア ~ ウ に入れる語句の組合せとして最も適当なものを, 後の①~④のうちから一つ選べ。 14

　セメントの原料となる石灰岩は, 日本国内で 100 % 自給可能な重要な資源である。日本の各地に分布する古生代後期の石灰岩は, おもに, 海底に生息していた ア などの遺骸(いがい)からなる生物起源の堆積物が イ を受けてできたものである。さらに, 石灰岩が ウ を受けて粗粒になったものが結晶質石灰岩(大理石)で, 両者ともに石材や工業原料として広く利用されており, 生物活動と地質過程が織りなす恵みを私たちは享(きょうじゅ)受していることになる。

	ア	イ	ウ
①	サンゴやフズリナ	変成作用	続成作用
②	サンゴやフズリナ	続成作用	変成作用
③	放散虫	変成作用	続成作用
④	放散虫	続成作用	変成作用

問 3 日本は世界的にみて降水量が多く, その豊かな降水量は生活用水や農工業用水, 水力発電など水資源として幅広く利用される。この降水をもたらす気象現象の説明として**誤っているもの**を, 下線部に注意して, 次の①~④のうちから一つ選べ。 15

① 梅雨前線はオホーツク海高気圧と北太平洋高気圧の間にできる温暖前線で, 長期間にわたって降水をもたらす。

② 台風は活発な積乱雲を伴い, 多量の降水をもたらす。

③ 温帯低気圧では, 暖気と寒気の境に温暖前線や寒冷前線が形成され, 降水をもたらす。

④ 冬季の季節風に伴い, 日本海で大気に大量の水蒸気が供給され, 日本海側に大量の降雪をもたらす。

地　　　　学

（解答番号　1　～　27　）

第1問　自然界は三次元であるが，教科書などの書籍にある図は紙という媒体の制約上，二次元で表現されている。我々が自然を理解するためには，そのような図から得た二次元情報を三次元に復元する必要がある。この二次元と三次元の情報のやり取り（相互変換）は地学のさまざまな分野に見られる。このようなやり取りに関する次の問い（**問1～5**）に答えよ。（配点　20）

問1　次の図1は，東北地方周辺における三次元的な地震活動を，二次元平面に投影した震源分布である。東北地方では，地震活動の空間分布から，日本列島下に沈み込む太平洋プレートの形状の推定が可能である。図1の線分 AB に沿った鉛直断面において，太平洋プレート上面の形状を示した模式図として最も適当なものを，後の①～④のうちから一つ選べ。　1

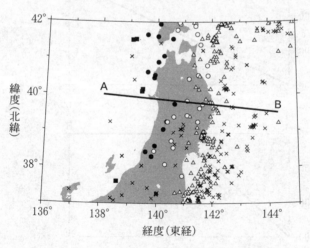

図1　東北地方周辺の震源分布

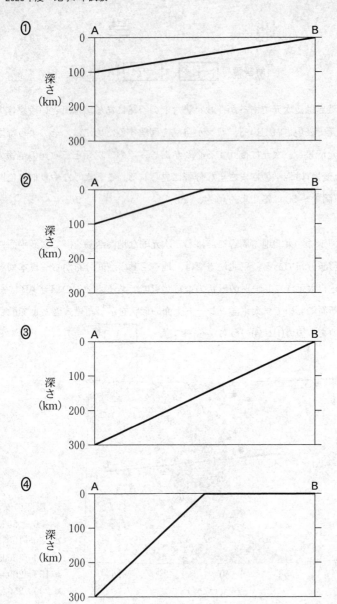

問 2　岩石プレパラート（薄片）の偏光顕微鏡観察では，本来三次元の鉱物を二次元の切断面で観察している。そのため，同じ鉱物であっても，その切断方向によって異なる特徴が見られることがある。ある鉱物 M は，偏光顕微鏡の開放ニコル（平行ニコル）で図 2 の A や B のように観察された。この鉱物の一般的な外形と鉱物名の組合せとして最も適当なものを，後の ①〜⑥ のうちから一つ選べ。　<u>2</u>

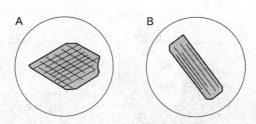

図 2　偏光顕微鏡で観察した鉱物 M のスケッチ
鉱物中の実線は，へき開を示す。

＜一般的な外形＞

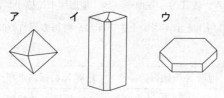

ア　　　　イ　　　　ウ

	一般的な外形	鉱物名
①	ア	かんらん石
②	ア	角閃石
③	イ	かんらん石
④	イ	角閃石
⑤	ウ	かんらん石
⑥	ウ	角閃石

問 3 次の図 3 の A は，平坦な土地に一定の角度の斜面をもった谷が発達し，谷底を河川が流れている様子を模式的に示したものである。図 3 の B は，この場所の地形図上に地層 X の分布を描いたもので，地質図の一種である。地層 X の傾斜の向きは北と南のどちらか。また，地層 X の傾斜と河川の勾配^{こうばい}はどちらが大きいか。その組合せとして最も適当なものを，後の①～④のうちから一つ選べ。 | 3 |

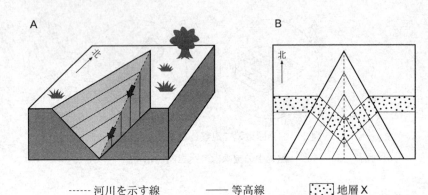

------ 河川を示す線　　　——— 等高線　　　:::: 地層 X

図 3　A：模式的な谷地形，B：地形図上に描かれた地層 X の分布

　　A の河川を示す線の上の矢印は，河川の流れる向きを示す。

	地層 X の傾斜の向き	地層 X の傾斜と河川の勾配の大きさ
①	北	地層 X の傾斜の方が大きい
②	北	河川の勾配の方が大きい
③	南	地層 X の傾斜の方が大きい
④	南	河川の勾配の方が大きい

問 4　次の図 4 は，北半球の温帯低気圧を模式的に表した地上天気図である。図の線分 AB に沿った鉛直断面を南側から見たとき，断面の気温の分布として最も適当なものを，後の ① 〜 ④ のうちから一つ選べ。なお，選択肢では前線（面）を厚みのある構造として表している。　　4

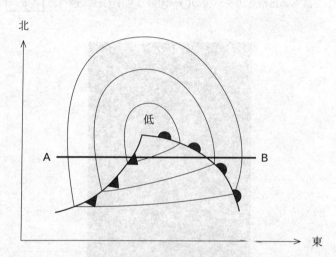

図 4　北半球の温帯低気圧を模式的に表した地上天気図

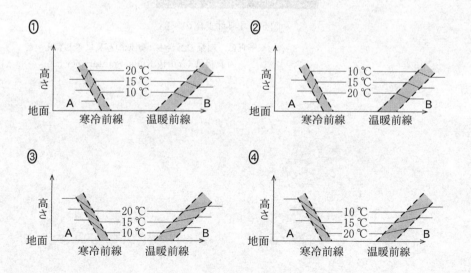

問 5 星座は天球上の星々を線で結んで描かれる。一方で，同じ星座の恒星でも，地球からの距離はさまざまである。次の図 5 はオリオン座を形づくる明るい星々を示している。これらの見かけの等級と絶対等級を，次ページの図 6 に示した。アルニタクとベテルギウス，リゲルを地球からの距離の順に並べたものとして最も適当なものを，後の**①**～**④**のうちから一つ選べ。 5

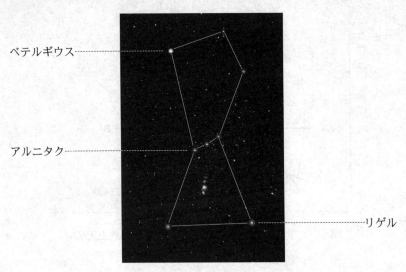

図 5　オリオン座の一部

※写真は，編集の都合上，類似の写真に差し替え
写真提供：Yuriy Kulik/Shutterstock.com

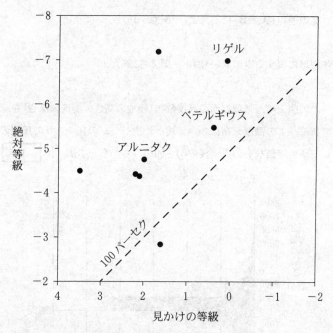

図6　オリオン座を形づくる明るい星の見かけの等級と絶対等級
破線は距離100パーセクを示す。

	近い ⟶ 地球からの距離 ⟶ 遠い		
①	アルニタク	ベテルギウス	リゲル
②	ベテルギウス	アルニタク	リゲル
③	リゲル	アルニタク	ベテルギウス
④	リゲル	ベテルギウス	アルニタク

第2問 次の問い(**A・B**)に答えよ。(配点　18)

A 固体地球に関する次の問い(**問1・問2**)に答えよ。

問1 次の図1は，地球表面の高度分布(陸地の高さ・海底の深さ)を示したものである。この高度分布について述べた次ページの文 **a・b** の正誤の組合せとして最も適当なものを，後の**①〜④**のうちから一つ選べ。 6

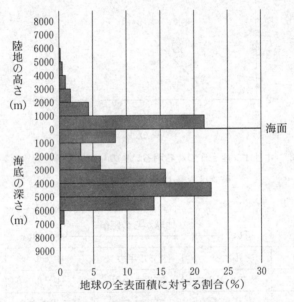

図1　地球表面の高度分布

地球全体の陸地の高さと海底の深さを 1000 m ごとに区切ったとき，その間にある地域の面積の割合(%)。

a　地球表面の高度分布に二つのピークが現れるのは，地球の地殻が，密度が小さく厚い大陸地殻と，密度が大きく薄い海洋地殻の2種類に分かれるためである。

b　地球の表面の約30 % が陸地，残りの約70 % は海洋であるが，大陸棚が大部分を占める1000 m 以浅の海洋を陸地に含めると，陸地の割合の方が海洋より大きくなる。

	a	b
①	正	正
②	正	誤
③	誤	正
④	誤	誤

問 2 次の図2は，異なる3地点 A〜C で観測されたある地震の波形を示したものである。図の横軸はP波到達時刻からの経過時間を示し，どの観測点でもS波の到達が明瞭に記録されている。地点 A〜C を震源に近い方から並べた順序として最も適当なものを，後の①〜⑥のうちから一つ選べ。

7

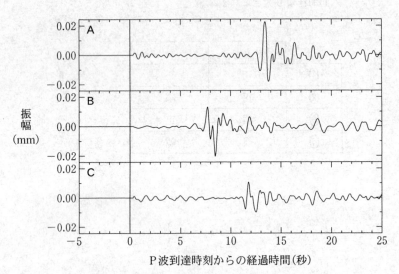

図2 3地点 A〜C で観測された地震波形

① A → B → C

② A → C → B

③ B → A → C

④ B → C → A

⑤ C → A → B

⑥ C → B → A

B プレートテクトニクスとマグマの発生に関する次の文章を読み，後の問い（**問 3 ～ 5**）に答えよ。

　図 3 はプレートテクトニクスを模式的に示したものである。**A** は中央海嶺^(かいれい)である。この領域では，火成活動により新しい海洋底が生み出されると同時に，　**ア**　の地震が多く起こる。中央海嶺と中央海嶺をつなぐトランスフォーム断層のうち，**B** は　**イ**　断層である。中央海嶺で生まれたプレートは，やがて海溝で地球深部に沈み込む。このとき，沈み込まれる側のプレートには，(a)海溝にほぼ平行に火山が分布する火山前線（火山フロント）が形成される。(b)中央海嶺と海溝付近でのマグマ発生メカニズムは大きく異なっている。

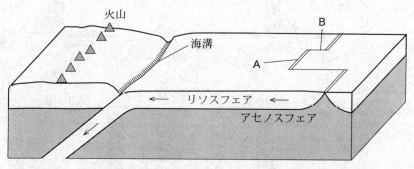

図 3　プレートテクトニクスの模式図

問 3　上の文章中の　**ア**　・　**イ**　に入れる語の組合せとして最も適当なものを，次の①～④のうちから一つ選べ。　**8**

	ア	イ
①	正断層型	右横ずれ
②	正断層型	左横ずれ
③	逆断層型	右横ずれ
④	逆断層型	左横ずれ

問 4 前ページの文章中の下線部(a)に関連して，北海道や東北地方は火山前線が見られる典型的な地域である。それらの地域において，太平洋側から日本海側にかけて存在する第四紀の火山噴出物の体積と火山前線の位置との関係を模式的に表した図として最も適当なものを，次の**①**～**④**のうちから一つ選べ。ただし，火山の位置にその噴出物の体積を示すものとし，火山前線から海溝までの距離はすべて同じとする。　| 9 |

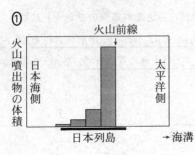

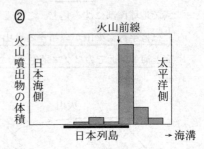

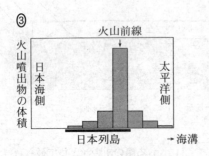

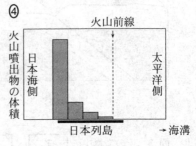

問5　27ページの文章中の下線部(b)に関して，中央海嶺および海溝付近では，マントル物質が部分溶融（部分融解）することで玄武岩質マグマが形成される。それぞれの場所におけるマグマのでき方を述べた文の組合せとして最も適当なものを，後の①〜④のうちから一つ選べ。　10

＜中央海嶺＞

　s　マントル物質の上昇に伴って，マントル物質の温度が上がり，部分溶融が起こる。

　t　マントル物質の上昇に伴って，マントル物質の圧力が下がり，部分溶融が起こる。

＜海溝付近＞

　x　マントル物質に水が加わることによって，マントル物質の融点が下がり，部分溶融が起こる。

　y　プレートの沈み込みによって，マントル物質の圧力が上がり，部分溶融が起こる。

	中央海嶺	海溝付近
①	s	x
②	s	y
③	t	x
④	t	y

第3問 次の問い（**A ～ C**）に答えよ。（配点　22）

A マグマの化学組成に関する次の文章を読み，後の問い（**問1・問2**）に答えよ。

地学部所属の高校生のＳさんは，マグマの特徴がさまざまに変化することに興味をもち，簡単な**思考実験**を行ってレポートを作成した。

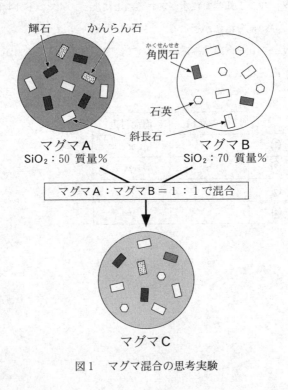

＜マグマの化学組成についてのレポート＞

＜目的＞
　マグマの化学組成が変化する過程について理解する。

＜方法＞
　次の図1のように，**思考実験**でマグマＡとマグマＢが混合してマグマＣができる場合を考える。図1では鉱物以外は液体とする。

輝石　　かんらん石

角閃石

石英

斜長石

マグマＡ
SiO_2：50 質量%

マグマＢ
SiO_2：70 質量%

マグマＡ：マグマＢ＝1：1で混合

マグマＣ

図1　マグマ混合の思考実験

<結果と考察>

　マグマ A とマグマ B が混合してできたマグマ C の SiO_2 の量は，60 質量%である。これが固結してできた火山岩は安山岩である。また，この安山岩の中には，(a)マグマ A とマグマ B の鉱物が，両方含まれるようになると考えられる。

　以下省略

問 1　レポート中の下線部(a)の考察をもとにすると，安山岩質マグマ C が固結した場合，普通は安山岩に含まれないとされる鉱物が見られるようになる。この鉱物として最も適当なものを，次の①〜④のうちから一つ選べ。　11

　　①　かんらん石　　　②　輝　石　　　③　角閃石　　　④　斜長石

問 2　次の文章を読み，　ア　・　イ　に入れる語の組合せとして最も適当なものを，後の①〜④のうちから一つ選べ。　12

　　S さんはレポートでマグマ混合を考えたが，これ以外にもマグマの化学組成が変化する現象がある。たとえば，玄武岩質マグマから有色鉱物や　ア　に富む斜長石などが取り去られることで安山岩質マグマができることもあり，これを　イ　という。

	ア	イ
①	Ca	同化作用
②	Ca	結晶分化作用
③	Na	同化作用
④	Na	結晶分化作用

B 地質と古生物に関する次の文章を読み，後の問い（**問3・問4**）に答えよ。

　　ジオさんは，デスモスチルスの歯の化石がかつて産出した露頭を調査した。この露頭では，図2のスケッチで示すように，A〜Eの5種類の地層が見られた。砂岩層Aと礫岩層Bの層理面は水平で，砂岩層Aは礫岩層Bを整合に覆い，礫岩層Bはそれより下位の地層を不整合に覆っている。泥岩層Cと凝灰岩層D，石灰岩層Eは互いに整合に重なり，褶曲と断層Fが認められる。露頭全体を調べたところ，砂岩層Aからはビカリアの化石，泥岩層Cからはイノセラムスの化石を発見した。地層の逆転はなかった。

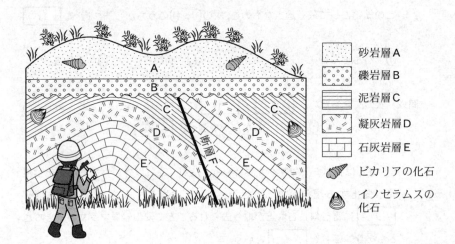

図2　露頭のスケッチ

問 3　デスモスチルスの歯の化石が産出した地層の候補として最も適当なもの
を，次の①～④のうちから一つ選べ。　13

① 砂岩層 A と礫岩層 B
② 礫岩層 B と泥岩層 C
③ 泥岩層 C と凝灰岩層 D
④ 凝灰岩層 D と石灰岩層 E

問 4　泥岩層 C と凝灰岩層 D，石灰岩層 E に認められた褶曲の構造，および断
層 F の種類の組合せとして最も適当なものを，次の①～④のうちから一つ
選べ。　14

	褶　曲	断層 F
①	向　斜	正断層
②	向　斜	逆断層
③	背　斜	正断層
④	背　斜	逆断層

C   人類の進化に関する次の文章を読み，後の問い（**問 5**・**問 6**）に答えよ。

高校生のSさんは，授業で生物進化と地球環境について学習するなかで，人類の出現から現在までの歴史を 1 年（365 日）とする，人類進化カレンダーを作成している（図 3）。最古の人類とされるサヘラントロプス・チャデンシスが出現した 700 万年前を 1 月 1 日とすると，完全二足歩行をした猿人とされるアウストラロピテクス・アファレンシス（アファール猿人）は 6 月下旬に出現し，やがてアウストラロピテクス・アフリカヌスが現れた。また，ホモ属の最初の種とされるホモ・ハビリスは 8 月下旬に出現した。

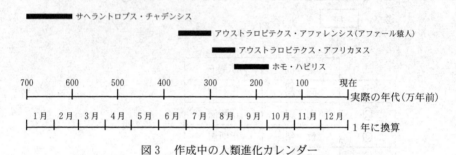

図 3   作成中の人類進化カレンダー

一部の人類種は省略されている。太線はそれぞれの人類種のおおよその生存期間を表している。

問 5   ホモ・ハビリス以降，ホモ属は進化を続けた。このカレンダーにホモ・サピエンス（現生のヒト）を入れると，その出現はいつ頃になるか。最も適当なものを，次の①～④のうちから一つ選べ。   15

① 9 月下旬

② 10 月下旬

③ 11 月下旬

④ 12 月下旬

問 6　Sさんは，人類進化の背景を調べるため，このカレンダーに地球史上のできごとを付け加えることにした。このカレンダーに入るできごととして最も適当なものを，次の①〜④のうちから一つ選べ。　16

①　氷期と間氷期のくり返し

②　全球凍結(スノーボール・アース)

③　ゴンドワナ大陸の形成

④　隕石衝突による生物の大量絶滅

第4問　次の問い（**A・B**）に答えよ。（配点　18）

A　地球大気に関する次の文章を読み，後の問い（**問1・問2**）に答えよ。

　地球大気において，高度約 10～50 km の範囲を　ア　と呼ぶ。北極域の　ア　ではほとんど雲は見られないが，− 78 ℃ より低温になると雲が発生する。人為起源のフロンガスがあると，この雲の表面では紫外線によってオゾン分子の分解が促進される。

　次の図1に，2018年から2020年にかけて，北極域の　ア　の下部で観測された気温の季節変化を示す。(a)2018 年 12 月～2019 年 3 月（期間1）と 2019 年 12 月～2020 年 3 月（期間2）の気温の変化を比較すると，その様子は大きく異なっている。

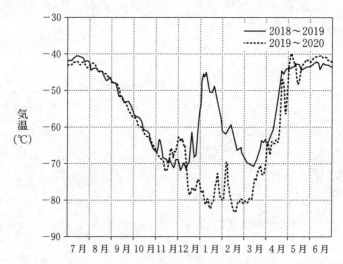

図1　北極域で平均した高度約 20 km 付近の気温の季節変化
2018～2019 年（実線）と 2019～2020 年（破線）の，それぞれ 7 月から翌年 6 月にかけての変化を示す。

問 1　前ページの文章中の　ア　に入れる語として最も適当なものを，次の
①〜④のうちから一つ選べ。　17

① 対流圏　　　② 成層圏　　　③ 中間圏　　　④ 熱 圏

問 2　前ページの文章中の下線部(a)に関連して，期間 1 および期間 2 の北極域上
空のオゾン層の破壊について，図 1 から考察できることを述べた文として最
も適当なものを，次の①〜④のうちから一つ選べ。　18

① どちらの期間でも，オゾン層が破壊され，その程度はほぼ同じであっ
た。

② 期間 1 では，期間 2 よりもオゾン層の破壊が促進された。

③ 期間 2 では，期間 1 よりもオゾン層の破壊が促進された。

④ どちらの期間でも，オゾン層は破壊されなかった。

B 海洋表層の大規模な循環に関する次の文章を読み，後の問い（**問3～5**）に答え
よ。

北太平洋の亜熱帯域を次の図2のような長方形の海洋に見立てて，北側では西
風が，南側では東風が常に吹いている状況を考える。ここでは，海水の密度は深
さ方向に増大しており，また，コリオリの力(転向力)の強さは流速のみに依存
し，(a)緯度には依存しないと仮定する。このとき，海水面は海洋の中央部にお
いて最も高く，海洋表層では地衡流としての循環が生じ，コリオリの力と
　イ　がつり合っている。

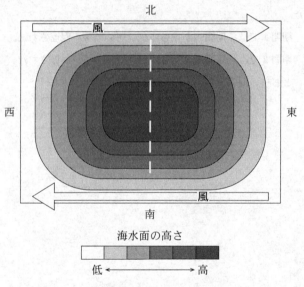

図2　北太平洋の亜熱帯域に見立てた海洋の模式図

問 3 上の文章中の　**イ**　に入れる語として最も適当なものを，次の①～④の
うちから一つ選べ。　19

① 遠心力　　② 起潮力　　③ 重力　　④ 圧力傾度力

問 4　前ページの図 2 の白い破線に沿った南北鉛直断面における海水の密度の構造を，海水面の高さの南北分布から推定した。海洋全体ではアイソスタシーが成立しており，最下層の水平面に加わる圧力が一様になっている。このとき，南北鉛直断面における海水の密度分布の模式図として最も適当なものを，次の①〜④のうちから一つ選べ。なお，選択肢では海水面の高さの変化が強調されている。　20

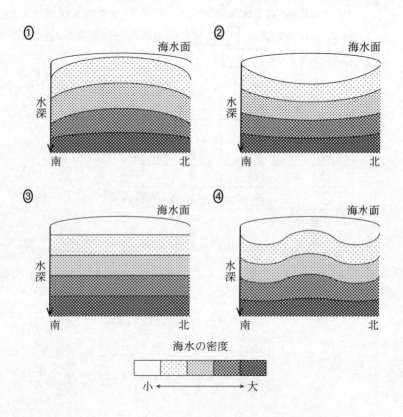

問 5　38 ページの下線部(a)に関する次の文章中の　ウ　・　エ　に入れる語の組合せとして最も適当なものを，後の①～④のうちから一つ選べ。

21

　　38 ページの図 2 は，流速が同じ場合にコリオリの力が緯度には依存しない，という仮定のもとでの模式図である。実際には，流速が同じでもコリオリの力は高緯度ほど強い。そのため，現実の北太平洋の海水面は図 2 とは異なり，海洋の中央部の　ウ　側で最も高く，表層循環の流速は海洋の西側の方が東側よりも　エ　。

	ウ	エ
①	東	速　い
②	東	遅　い
③	西	速　い
④	西	遅　い

第5問　次の問い（**A**・**B**）に答えよ。（配点　22）

　A　将来，人類が火星で天体観測を行う時代が来るかもしれない。次の図1を参照
し，火星での天体観測に関する後の問い（**問1〜3**）に答えよ。なお，ここでは各
惑星の軌道を太陽を中心とする円で近似して考える。

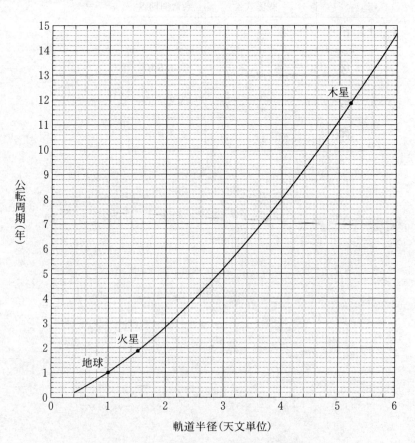

図1　惑星の軌道半径と公転周期の関係

図中の曲線はケプラーの第3法則に基づく曲線である。

問 1 火星の公転周期を M, 木星の公転周期を J とする。また, 火星から木星を見たときの会合周期を S とする。このとき, M と J, S の間に成り立つ関係式と会合周期 S の値の組合せとして最も適当なものを, 次の①~④のうちから一つ選べ。 22

	関係式	会合周期 S
①	$\dfrac{1}{S} = \dfrac{1}{M} + \dfrac{1}{J}$	約 1.2 年
②	$\dfrac{1}{S} = \dfrac{1}{M} + \dfrac{1}{J}$	約 1.6 年
③	$\dfrac{1}{S} = \dfrac{1}{M} - \dfrac{1}{J}$	約 2.2 年
④	$\dfrac{1}{S} = \dfrac{1}{M} - \dfrac{1}{J}$	約 3.4 年

問 2 火星から見たとき，地球は太陽からある角度以上離れて見えることはない。 41 ページの図 1 および次の図 2，表 1 を参照し，火星から見たときの地球の最大離角の値として最も適当なものを，後の①〜④のうちから一つ選べ。　23

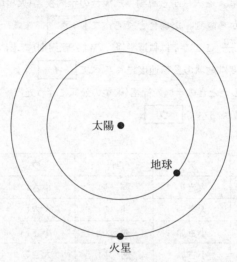

図 2　地球と火星の軌道の幾何学的関係

表 1　角度と正弦の関係

角度 θ	正弦$(\sin \theta)$
30°	0.500
40°	0.643
50°	0.766
60°	0.866

① 約30°　　② 約40°　　③ 約50°　　④ 約60°

問 3 41 ページの図 1 を参照し，次の文章中の ア ～ ウ に入れる語の組合せとして最も適当なものを，後の①～④のうちから一つ選べ。 24

　ある恒星 A を火星から観測した場合の年周視差（火星の公転に伴う視差）は，地球から観測した場合とくらべて ア 。また，惑星の公転速度 V は $V = \dfrac{2\pi a}{T}$（ここで a は軌道半径，T は公転周期）で求められるから，火星の公転速度は地球の公転速度にくらべて イ 。よって，恒星 A を火星から観測したときの年周光行差（火星の公転に伴う光行差）は，地球から観測した場合とくらべて ウ 。

	ア	イ	ウ
①	大きい	遅 い	小さい
②	大きい	速 い	大きい
③	小さい	遅 い	小さい
④	小さい	速 い	大きい

B　太陽系と恒星に関する次の問い(**問4~6**)に答えよ。

問4　太陽の活動について述べた次の文中の　**エ**　に入れる語として最も適当なものを，後の①~④のうちから一つ選べ。　25

太陽で突然発生する　**エ**　によって，地球ではデリンジャー現象や磁気嵐が起こり，私たちの生活にも影響を与えることがある。

①　フレア

②　オーロラ

③　粒状斑

④　プロミネンス

問5　地球や天体の運動について述べた文として**誤っているもの**を，次の①~④のうちから一つ選べ。　26

①　太陽以外の恒星の南中時刻(子午線を通過する時刻)は，毎日約4分ずつ早くなる。

②　地球の自転軸が歳差運動することによって，天の北極は移動する。

③　赤道面に対する黄道面の傾き角は，観測地点の緯度に依存する。

④　南半球では，恒星は天の南極のまわりを回転するように見える。

問 6　高校生のＳさんは大学の天文台で開催されている研究体験会に参加し，星団の観測データから HR 図を作成する方法を教わった。Ｓさんは天文台の望遠鏡を使って散開星団プレアデスと球状星団 M3 を観測し，二つの星団の HR 図を作成した。次の図 3 はそのうちの一つである。Ｓさんは，この星団に属する恒星のうち，最も明るいものから順に 10 個の恒星については等級とスペクトル型を測定できたが，それより暗い恒星については測定できなかった。図 3 の星団名と測定された恒星の種類の組合せとして最も適当なものを，後の①～④のうちから一つ選べ。　27

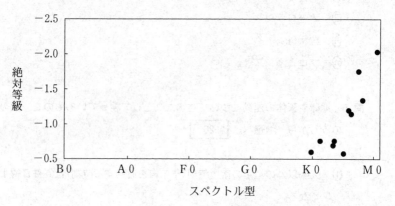

図 3　Ｓさんが作成した HR 図の一つ

	星団名	恒星の種類
①	散開星団プレアデス	主系列星
②	散開星団プレアデス	巨　星
③	球状星団 M3	主系列星
④	球状星団 M3	巨　星

2022

共通テスト 本試験

地学基礎 :

解答時間　2 科目 60 分

配点　2 科目 100 点

（物理基礎，化学基礎，生物基礎，
地学基礎から 2 科目選択）

地学 :

解答時間 60 分　配点 100 点

地 学 基 礎

$$\left(\text{解答番号}\;\boxed{1}\;\sim\;\boxed{15}\right)$$

第1問 次の問い（**A〜C**）に答えよ。（配点 20）

A 固体地球に関する次の問い（**問1・問2**）に答えよ。

問1 次の図1に模式的に示した断層の種類と，この断層の周辺の岩盤への力の
はたらき方との組合せとして最も適当なものを，後の①〜④のうちから一つ
選べ。 1

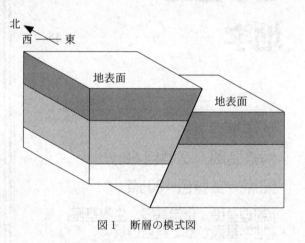

図1 断層の模式図

	断層の種類	力のはたらき方
①	正断層	東西方向の引っぱり
②	正断層	東西方向の圧縮
③	逆断層	東西方向の引っぱり
④	逆断層	東西方向の圧縮

問 2　次の図 2 は，地球の表面から深さ数百 km までの内部を，流動のしやすさの違いと物質の違いとでそれぞれ区分したものである。図 2 中の a ～ d に入れる語の組合せとして最も適当なものを，後の ①～④ のうちから一つ選べ。

2

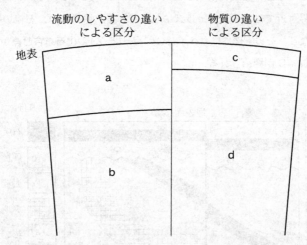

図 2　地球の表面から深さ数百 km までの内部の区分

	a	b	c	d
①	地 殻	マントル	リソスフェア	アセノスフェア
②	地 殻	マントル	アセノスフェア	リソスフェア
③	リソスフェア	アセノスフェア	地 殻	マントル
④	アセノスフェア	リソスフェア	地 殻	マントル

B 地層と化石に関する次の文章を読み，後の問い（**問3・問4**）に答えよ。

　次の図3は，ある地域の地質を模式的に示した断面図である。この地域では，地層Cが花こう岩Aと地層Bを不整合に覆っている。地層Bは，石炭の層を挟む泥岩からなり，古生代後期の植物化石を含む。ただし，地層Bは花こう岩Aとの境界付近ではホルンフェルスになっている。地層Cは，石炭の層を挟む砂岩からなり，その下部にはカヘイ石（ヌンムリテス）の化石を含む礫が含まれる。また，断層Dが認められる。

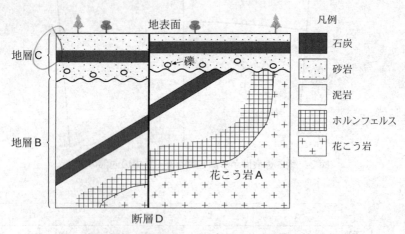

図3　ある地域の地質を模式的に示した断面図

問3 地層Bが堆積してから**地層Cの堆積が始まる**までの間に起こったできごとの説明として**誤っているもの**を，次の①～④のうちから一つ選べ。

　　　3

① 地層Bが断層Dの活動によってずれた。

② 地層Bが傾斜した。

③ 地層Bに花こう岩Aが貫入した。

④ 地層Bが侵食作用によってけずられた。

問 4 前ページの図 3 に示される地層 B と地層 C の石炭の層から産出する可能性のある化石の組合せとして最も適当なものを，次の①〜⑥のうちから一つ選べ。　4

	地層 B	地層 C
①	メタセコイア	フウインボク
②	メタセコイア	クックソニア
③	フウインボク	メタセコイア
④	フウインボク	クックソニア
⑤	クックソニア	メタセコイア
⑥	クックソニア	フウインボク

C　鉱物と岩石に関する次の問い（**問5・問6**）に答えよ。

問5　次の文章中の　ア　・　イ　に入れる語の組合せとして最も適当なものを，後の①～④のうちから一つ選べ。　5

　　火成岩をつくっている鉱物は，有色鉱物と無色鉱物に分けることができる。これらを比較したとき，鉄やマグネシウムをより多く含むのは　ア　である。また，マントルの上部を構成する岩石は，主として　イ　からなる。

	ア	イ
①	有色鉱物	有色鉱物
②	有色鉱物	無色鉱物
③	無色鉱物	有色鉱物
④	無色鉱物	無色鉱物

問 6　高校生の S さんは，共通点・相違点の視点から岩石の特徴を比較する課題に取り組んだ。次の図 4 は，チャートと石灰岩を比較したものである。円が重なっている部分に共通点が，重なっていない部分に相違点が示されている。次ページの図 5 は，図 4 と同様の表し方で，花こう岩と流紋岩を比較したものである。図 5 に示された特徴 a〜c に当てはまる語句の組合せとして最も適当なものを，後の **①**〜**④** のうちから一つ選べ。　 6

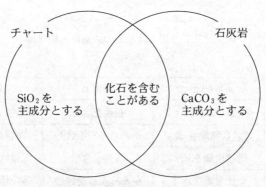

図 4　チャートと石灰岩の共通点・相違点

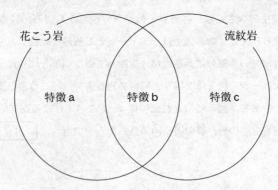

図 5　花こう岩と流紋岩の共通点・相違点

	特徴 a	特徴 b	特徴 c
①	等粒状組織を示す	石英を含む	斑状組織を示す
②	等粒状組織を示す	かんらん石を含む	斑状組織を示す
③	斑状組織を示す	石英を含む	等粒状組織を示す
④	斑状組織を示す	かんらん石を含む	等粒状組織を示す

第 2 問　次の問い（**A・B**）に答えよ。(配点　10)

A　梅雨期の天気に関する次の文章を読み，後の問い（**問 1・問 2**）に答えよ。

日本付近の梅雨前線は，暖かく　**ア**　太平洋高気圧と，冷たく　**イ**　オホーツク海高気圧の境界に形成される。次の図 1 は，梅雨期のある日の地上天気図である。この天気図から判断すると，梅雨前線の北側の A 点では　**ウ**　の風，南側の B 点では　**エ**　の風が吹くと考えられる。

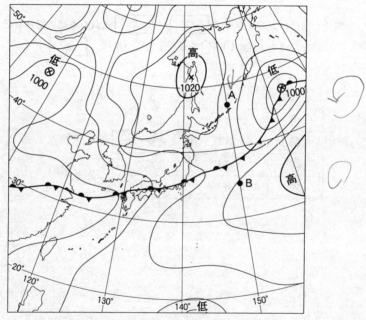

図 1　梅雨期のある日の日本付近の地上天気図

×印は低気圧および高気圧の中心位置を，数値はその中心
気圧（hPa）を示す。

問 1 前ページの文章中の ア ・ イ に入れる語の組合せとして最も適当なものを，次の①〜④のうちから一つ選べ。 7

	ア	イ
①	乾いた	乾いた
②	乾いた	湿った
③	湿った	乾いた
④	湿った	湿った

問 2 前ページの文章中の ウ ・ エ に入れる語の組合せとして最も適当なものを，次の①〜④のうちから一つ選べ。 8

	ウ	エ
①	北寄り	北寄り
②	北寄り	南寄り
③	南寄り	北寄り
④	南寄り	南寄り

B　津波に関する次の文章を読み，後の問い（**問3**）に答えよ。

　　次の図2は，ある海域の鉛直断面を示している。この海域の**X**点で津波が発生し，海岸の**A**点まで伝わる場合を想定する。津波の伝わる速度は水深によって決まり，**X**—**B**間では水深2000 mに応じた速度で伝わる。津波が発生してから**B**点に到達するまでの所要時間はおよそ　**オ**　分である。その後，津波は**B**—**A**間を水深150 mに応じた速度で伝わる。津波が**B**点に到達してから**A**点に到達するまでの所要時間はおよそ　**カ**　分である。

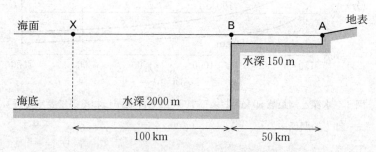

図2　津波を想定する海域の鉛直断面図

問 3　次の図3は，水深と，ある距離を津波が伝わるのに要する時間との関係を示している。図3に基づいて，前ページの文章中の　**オ**　・　**カ**　に入れる数値の組合せとして最も適当なものを，後の**①**〜**④**のうちから一つ選べ。　9

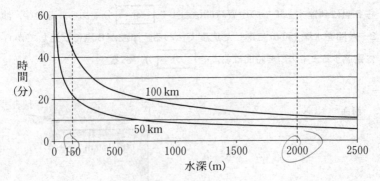

図3　水深と，距離50 kmおよび100 kmを津波が伝わるのに要する時間との関係

	オ	カ
①	6	22
②	6	43
③	12	22
④	12	43

第3問　太陽と太陽系に関する次の問い（**A・B**）に答えよ。（配点　10）

A　太陽に関する次の文章を読み，後の問い（**問1・問2**）に答えよ。

高校生のSさんは，太陽の主成分は　 ア 　であることを学んだ。さらに，太陽の黒点は太陽の自転とともに移動すると聞いたSさんは，その様子を実際に確かめてみたいと考え，(a)天体望遠鏡の太陽投影板に映した黒点を観察することにした。

問1　上の文章中の　 ア 　に入れる元素名と，その元素の起源について述べた文の組合せとして最も適当なものを，次の**①**～**④**のうちから一つ選べ。
　　　 10

	元素名	起　源
①	水　素	太陽の内部で核融合反応によりできた。
②	水　素	ビッグバンのときにできた。
③	炭　素	太陽の内部で核融合反応によりできた。
④	炭　素	ビッグバンのときにできた。

問 2　前ページの文章中の下線部(a)について，Sさんは6月上旬に，ある黒点を毎日正午に観察した。次の図1は，観察することができた6月4日と6月6日，6月7日の黒点のスケッチをまとめたものである。この図1から，太陽が自転していることが確認できる。この黒点の大きさと，地球から見た太陽の自転周期について，図1からわかることの組合せとして最も適当なものを，後の①～④のうちから一つ選べ。　[11]

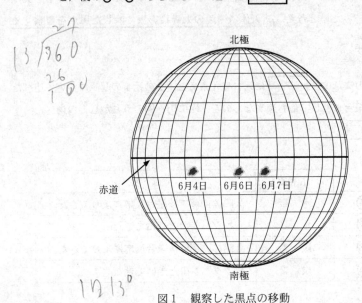

図1　観察した黒点の移動

太陽面の経線と緯線は10°ごとに描かれている。

	黒点の大きさ	地球から見た太陽の自転周期
①	地球の直径の約0.05倍	約13日
②	地球の直径の約0.05倍	約27日
③	地球の直径の約5倍	約13日
④	地球の直径の約5倍	約27日

B 太陽系に関する次の問い（**問3**）に答えよ。

問3 太陽系の天体について述べた文として**誤っているもの**を，次の**①**～**④**のうちから一つ選べ。 12

① 惑星表面での大気圧は，地球の方が金星より高い。

② 火星の軌道と木星の軌道の間には，多数の小惑星がある。

③ 土星と天王星の質量は，いずれも地球の質量より大きい。

④ 海王星の軌道の外側には，多数の太陽系外縁天体がある。

第4問 自然環境と災害に関する次の問い（**問1～3**）に答えよ。（配点 10）

問1 地震と火山噴火の予測・予報について述べた文として最も適当なものを，次の①～④のうちから一つ選べ。 13

① すでに地震が発生した活断層では，将来地震が起こることはない。

② 緊急地震速報では，地震の発生直前に地震動の大きさを予測している。

③ 地震は火山の直下では起きないので，噴火の予測には用いられない。

④ 山体の膨張などの地殻変動は，火山の噴火の予測に用いられる。

問2 活火山に近い地域にあるS高校の科学部は，自分たちの地域の火山のハザードマップを作ってみようと考え，その過程で次の方法 a・b を計画した。これらの方法について，ハザードマップを作成する上で適した方法であるかどうかを述べた文として最も適当なものを，後の①～④のうちから一つ選べ。 14

＜方法＞

　　a 地質調査により，過去の火山噴出物の種類やその分布範囲，層序を調べる。

　　b 歴史的な資料から，過去の噴火に関する情報を収集して整理する。

① 方法 a・b ともに適している。

② 方法 a は適しているが，方法 b は適していない。

③ 方法 a は適していないが，方法 b は適している。

④ 方法 a・b ともに適していない。

問 3　気象災害や環境問題に関する文について，下線部に注意して，**誤っているも**のを，次の①~④のうちから一つ選べ。　15

① フロンガスによって成層圏の<u>オゾンが増加する</u>と，地表面まで到達する紫外線の量が増加し，地上の生物に悪影響を及ぼすことがある。

② 人間活動で放出された硫黄酸化物・窒素酸化物が雨水に溶け込んで，<u>強い酸性を示す雨が降り</u>，生態系に影響を及ぼしたり，建築物などに被害をもたらすことがある。

③ 前線や台風の周辺で次々に<u>積乱雲が発生する</u>ことで，局地的に激しい降雨（集中豪雨）がもたらされ，水害や土砂災害が発生することがある。

④ <u>春季を中心として</u>，黄砂が偏西風に乗って中国北部や日本に飛来し，健康障害や視界不良による交通障害など人間活動に大きな影響を与えることがある。

地　　　　学

$$\left(\text{解答番号}\boxed{\ 1\ }\sim\boxed{\ 30\ }\right)$$

第1問　20世紀初頭における地学的な発見などには，今日の地学の基本的な概念や原理・法則などの基盤になっているものが多い。次の表1のA〜Eは，その主なものを示している。これらに関連する後の問い(**問1〜5**)に答えよ。(配点　17)

表1　20世紀初頭における地学的な発見など

	年 代	人 名	発見など
A	1902年	ド・ボール　T. de Bort	成層圏の発見
B	1905年	ヘルツシュプルング　　　　　E. Hertzsprung	ヘルツシュプルング・ラッセル図 (HR図)の概念の完成
	1913年	ラッセル　H. N. Russell	
C	1909年	モホロビチッチ　A. Mohorovičić	地震波速度の不連続面の発見
D	1913年	ホームズ　A. Holmes	放射年代に基づく地質年代の年表 (年代尺度)の提示
E	1920年代	ボーエン　N. L. Bowen	マグマの分化に関する原理の提唱

問1　表1のAに関連して，成層圏の発見をきっかけとして地球大気の鉛直構造の理解が進んだ。鉛直構造として区分された四つの層のそれぞれについて述べた文として最も適当なものを，次の①〜④のうちから一つ選べ。　　　　　　　　　　`1`

①　対流圏では，地表付近で水蒸気量が最も少ない。

②　成層圏では，オーロラが発生する。

③　中間圏では，気温が高度とともに低下する。

④　熱圏では，極渦という巨大な低気圧が発生する。

問 2　前ページの表 1 の B に関連して，恒星について述べた文として**誤っているも**の を，次の①〜④のうちから一つ選べ。　 2

① 太陽は，主系列星に分類される。

② 主系列星は，表面温度が高いほど光度が小さい。

③ 赤色巨星は，主系列の段階を終えた恒星である。

④ スペクトル型が M 型の恒星は，太陽より表面温度が低い。

問 3 18ページの表1の**C**に関連して，地殻とマントルの境界は，モホロビチッチ不連続面(モホ面)とよばれている。次の図1は，二つの地域(地域**A**および地域**B**)の地下を伝わるP波の走時曲線を重ねて示したものである。この図から読み取ることができることがらとして最も適当なものを，後の①～④のうちから一つ選べ。ただし，両地域ともに地下はモホ面を境界とする水平な2層からなるものとする。 3

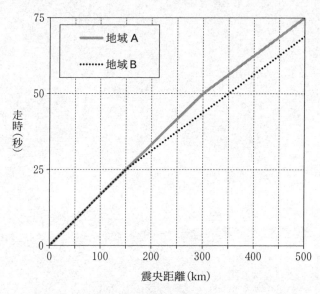

図1 P波の走時曲線

灰色の実線は地域**A**の走時曲線を，点線は地域**B**の走時曲線を表す。
震央距離 0～150 km では両者が重なっている。

① マントル内のP波速度は，地域**A**の方が地域**B**よりも小さい。

② マントル内のP波速度は，地域**A**の方が地域**B**よりも大きい。

③ モホ面の深さは，地域**A**の方が地域**B**よりも浅い。

④ モホ面の深さは，地域**A**の方が地域**B**よりも深い。

問 4 18ページの表1のＤに関連して，放射年代の測定には岩石などの試料に含まれる放射性同位体の崩壊（壊変）を利用している。放射性同位体の元の原子数に対するある時間経過後の原子数の比が，時間とともに変化する様子を表したグラフとして最も適当なものを，次の①〜④のうちから一つ選べ。なお，図中の T は半減期を示す。 **4**

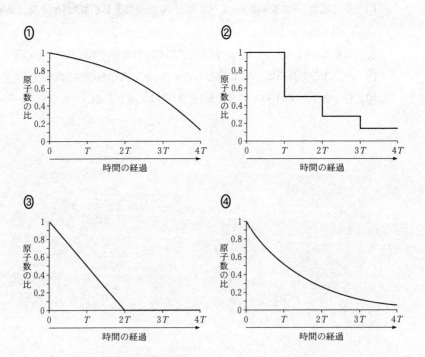

問 5 18ページの表1のEに関連して，マグマの結晶分化作用は，マグマの多様性を説明する考え方の基盤になっている。玄武岩質マグマの結晶分化作用が進んでいくときに起こる現象について述べた文として最も適当なものを，次の①～④のうちから一つ選べ。 <u>5</u>

① 有色鉱物(苦鉄質鉱物)がすべて晶出した後に，無色鉱物(ケイ長質鉱物)が晶出する。

② 有色鉱物は，かんらん石，輝石，角閃石，黒雲母の順に晶出し始める。

③ 晶出する斜長石は，Na に富むものから Ca に富むものへと変化する。

④ 残ったマグマの SiO_2 の含有量(質量%)は，減少する。

第2問　次の問い(**A~C**)に答えよ。(配点　20)

A　地球の構造に関する次の問い(**問1・問2**)に答えよ。

問1　次の図1は，アイソスタシーが成り立っている地域の地形と地下構造を模式的に示している。図1の地表に沿って行った重力測定から得られるフリーエア異常とブーゲー異常を模式的に示した図は，それぞれ後の**a~c**のうちのどれか。それらの組合せとして最も適当なものを，後の**①~④**のうちから一つ選べ。　6

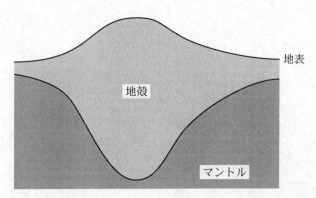

図1　アイソスタシーが成り立っている地域の地形と地下構造

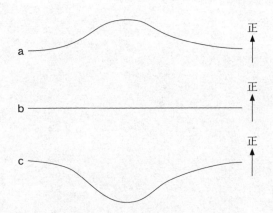

	フリーエア異常	ブーゲー異常
①	b	a
②	b	c
③	c	a
④	c	b

問 2　地震波の伝わり方から地球深部の構造を知ることができる。震源から地表に到達する P 波と S 波の伝わり方を模式的に示した図は，それぞれ次の a ～ c のうちのどれか。それらの組合せとして最も適当なものを，後の①～⑥のうちから一つ選べ。なお，地表の灰色の部分は，P 波または S 波の影の領域（シャドーゾーン）を示す。　□ 7 □

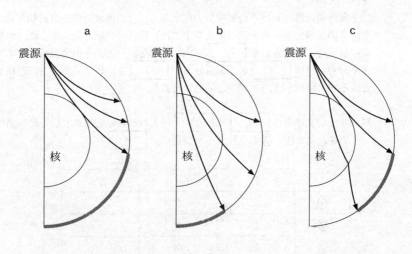

	P 波	S 波
①	a	b
②	a	c
③	b	a
④	b	c
⑤	c	a
⑥	c	b

B　地磁気に関する次の文章を読み，後の問い（**問3・問4**）に答えよ。

　　岩石に記録された残留磁気の方向の測定から，地磁気がときどき逆転することがわかっている。(a)地磁気の逆転は世界中で同時に起こるので，残留磁気から復元された過去の地磁気逆転は，世界中の地層を対比する上で最も信頼できる指標となる。最後の逆転は約77万年前で，その直前の地球磁場は現在と逆の方向を向いていた。

　　千葉県の地層における残留磁気の測定から，この最後の地磁気逆転が見つかった。その地層での，ある地層面より上では，現在の磁場と同じように，水平分力がほぼ北を，鉛直分力が　ア　を向いていた。一方，その地層面より下では，水平分力がほぼ　イ　を，鉛直分力が　ウ　を向いていた。この逆転を境界とする地質時代がチバニアンと名付けられた。

問3　上の文章中の　ア　～　ウ　に入れる語の組合せとして最も適当なものを，次の①～⑧のうちから一つ選べ。　8

	ア	イ	ウ
①	上	北	上
②	上	北	下
③	上	南	上
④	上	南	下
⑤	下	北	上
⑥	下	北	下
⑦	下	南	上
⑧	下	南	下

問4　上の文章中の下線部(a)に関連して，地磁気の逆転記録の同時性を利用して知ることができることがらとして最も適当なものを，次の①～④のうちから一つ選べ。　9

① 海洋底の年代
② スーパープルームの上昇速度
③ ホットスポットの動き
④ 地殻の厚さ

C　火山に関する次の文章を読み，後の問い(**問5・問6**)に答えよ。

高校生のSさんとYさんは，自分たちが訪れた火山の写真(図2のA，B)を見ながら，授業で学習したことを振り返った。

図2　火山の写真

Sさん：Aは成層火山，Bは溶岩ドーム(溶岩円頂丘)をそれぞれ撮影したものだよ。

Yさん：成層火山は，　エ　ことによって形成され，現在の景観になったものだったね。それに対して，溶岩ドームは，比較的，粘性が　オ　溶岩によって形成されると学んだね。

Sさん：SiO_2含有量が多いマグマほど粘性が　オ　ということも学んだよ。

Yさん：マグマの性質によって(b)火山の噴火様式が異なることになるんだね。

問 5 前ページの会話文中の エ ・ オ に入れる語句の組合せとして最も適当なものを，次の①〜④のうちから一つ選べ。 10

	エ	オ
①	溶岩と火山砕屑物が交互に積み重なる	高 い
②	溶岩と火山砕屑物が交互に積み重なる	低 い
③	溶岩だけが大量に流出する	高 い
④	溶岩だけが大量に流出する	低 い

問 6 前ページの下線部(b)について述べた次の文 a・b について，その正誤の組合せとして最も適当なものを，後の①〜④のうちから一つ選べ。 11

a　マグマが揮発性成分（火山ガス成分）に富む場合，火山の噴火は爆発的になりやすい。

b　マグマがデイサイト〜流紋岩質の火山の方が，玄武岩質の火山より，穏やかに噴火することが多い。

	a	b
①	正	正
②	正	誤
③	誤	正
④	誤	誤

第3問　次の問い（**A～C**）に答えよ。（配点　20）

A　変成岩に関する次の文章を読み，後の問い（**問1・問2**）に答えよ。

　　高校生のSさんは変成岩について調べるため，広域変成帯である変成帯Pと
変成帯Qからそれぞれ岩石を採取した。次の図1の左は変成帯Pの岩石，右は
変成帯Qの岩石の写真である。Sさんは，変成帯Pから採取した片理が発達し
た岩石を　ア　，変成帯Qから採取した鉱物が粗粒で縞（しま）模様が見られる岩石
を　イ　と判断した。

　　　　　　　2 cm　　　　　　　　　　2 cm
　　　変成帯Pの岩石　　　　　　　変成帯Qの岩石
　　　　　　　　　　　　　　　　　山口大学地球科学標本室所蔵

図1　Sさんが採取した岩石の写真

※以下の写真は，編集の都合上，類似の写真に差し替え。
変成帯Pの岩石：倉敷市立自然史博物館提供

問1　上の文章中の　ア　・　イ　に入れる岩石名の組合せとして最も適当
なものを，次の①～④のうちから一つ選べ。　12

	ア	イ
①	ホルンフェルス	片麻岩（へんまがん）
②	ホルンフェルス	結晶質石灰岩
③	結晶片岩	片麻岩
④	結晶片岩	結晶質石灰岩

問 2 次の文章中の ウ ・ エ に入れる記号と語の組合せとして最も適当なものを，後の①～④のうちから一つ選べ。 13

次の図2は，プレートの沈み込み境界の模式図であり，広域変成作用が起こる場所をX・Yで示す。X・Yのうち低温高圧型の広域変成作用が起こる場所は ウ であり，日本列島では， エ などでこのような広域変成作用を受けた岩石が観察される。

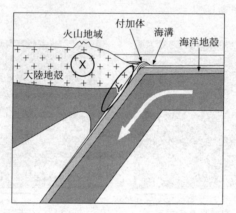

図2　プレートの沈み込み境界の模式図

	ウ	エ
①	X	三波川帯
②	X	領家帯
③	Y	三波川帯
④	Y	領家帯

B　次の文章を読み，後の問い（**問3～5**）に答えよ。

　　大学院生のTさんは北西太平洋での海洋調査に参加し，図3Aに示したような堆積物の柱状試料を採取した。研究室では，その試料から(a)深さの順に有孔虫化石を抽出し，種類を調べた。また，最上部15mについて，有孔虫化石の酸素同位体比(^{18}O／^{16}O）を測定した。それらの結果を総合し，図3Bに示したような(b)酸素同位体比の経年的な変動を明らかにした。

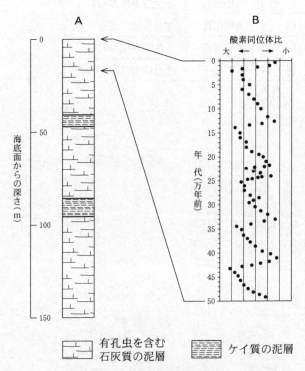

図3　A：北西太平洋の海洋底堆積物の模式的柱状図
　　　B：最上部15mにおける有孔虫化石の酸素同位
　　　　体比の変動

問 3   前ページの下線部(a)に関連して，柱状試料の深さに応じて，有孔虫のある
種がいなくなり，また，新しい種が出現することから，堆積物の年代が判明
した。このように，年代を知るのに使われる化石を何と呼ぶか。また，それ
はその化石となった生物のどのような特徴を利用したか。名称と特徴の組合
せとして最も適当なものを，次の①〜④のうちから一つ選べ。 　14

	名　称	特　徴
①	示相化石	生存期間が短い
②	示相化石	生息環境が限られる
③	示準化石	生存期間が短い
④	示準化石	生息環境が限られる

問4　31ページの下線部(b)に関連して，有孔虫化石の酸素同位体比の変動と気候変動とが連動するしくみを説明した次の文章の　**オ**　・　**カ**　に入れる語の組合せとして最も適当なものを，後の①〜④のうちから一つ選べ。　15

　　海洋から蒸発した水では，酸素同位体比が元の海洋水のそれよりも　**オ**　なる。気候が寒冷化して氷河が拡大すると，海洋から蒸発した水が氷床としてより多く陸上に固定され，長期間にわたって海洋に戻ってこない。その結果，そのときの海洋水では酸素同位体比が　**カ**　なる。その海洋水の酸素同位体比が有孔虫化石に記録される。

	オ	カ
①	大きく	大きく
②	大きく	小さく
③	小さく	大きく
④	小さく	小さく

問5　31ページの図3Bに認められる，数万年〜10万年ほどの周期の酸素同位体比変動に関連した現象として最も適当なものを，次の①〜④のうちから一つ選べ。　16

① エルニーニョ・南方振動

② ミランコビッチサイクル

③ 海溝型巨大地震

④ 超大陸の形成周期（ウィルソンサイクル）

C 日本列島の土台の形成過程に関する次の問い(**問6**)に答えよ。

問6 日本列島の土台は，沈み込み帯が形成する前の大陸縁辺部の岩石に，沈み込み帯形成後の海溝にたまった堆積物や地殻の断片などが付け加わり，花こう岩などの火成岩の貫入を伴いながら，断続的に海洋側に向かって成長したものである。次の図a〜cは，西南日本の一部について，いくつかの地質帯の分布を示したものである。これらの地質帯の分布と形成年代の組合せとして最も適当なものを，後の①〜⑥の中から一つ選べ。 17

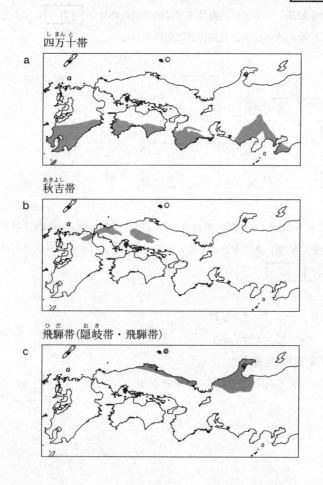

四万十帯
a

秋吉帯
b

飛騨帯(隠岐帯・飛騨帯)
c

	原生代〜古生代	ペルム紀	白亜紀〜古第三紀
①	a	b	c
②	a	c	b
③	b	a	c
④	b	c	a
⑤	c	a	b
⑥	c	b	a

第4問　次の問い（**A・B**）に答えよ。（配点　20）

A　大気に関する次の文章を読み，後の問い（**問1～3**）に答えよ。

　　温度30℃，水蒸気圧22 hPaの空気塊Mが高度0 mにあった。気温と飽和水
蒸気圧の関係を示した次の図1に基づくと，この空気塊の露点は ア ℃で
ある。空気塊Mを断熱的に持ち上げると，高度X(m)で飽和し雲が発生した。
Xを求める近似式X = 125(T − t)に基づくと，Xは イ mである。ここ
で，Tとtはそれぞれ高度0 mにおける空気塊Mの温度(℃)と露点(℃)であ
る。さらに持ち上げると，飽和したまま空気塊Mの温度は ウ 断熱減率に
従って低下し，やがて高度Yで周囲の大気の温度と等しくなった。高度Yから
さらにわずかに持ち上げると，空気塊Mは周囲の大気より温度が エ しよ
うとした。なお，高度Y付近での周囲の大気の気温減率は0.8℃/100 mであ
る。また，乾燥断熱減率を1.0℃/100 m，湿潤断熱減率を0.5℃/100 mとす
る。

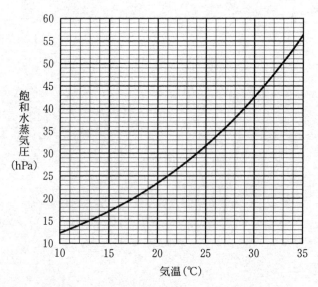

図1　気温(℃)と飽和水蒸気圧(hPa)の関係

問1　前ページの文章中の　ア　・　イ　に入れる数値の組合せとして最も適当なものを，次の①～④のうちから一つ選べ。　18

	ア	イ
①	19	750
②	19	1375
③	24	750
④	24	1375

問2　前ページの文章中の　ウ　・　エ　に入れる語と語句の組合せとして最も適当なものを，次の①～④のうちから一つ選べ。　19

	ウ	エ
①	乾　燥	高いため自ら上昇
②	乾　燥	低いため自ら下降
③	湿　潤	高いため自ら上昇
④	湿　潤	低いため自ら下降

問3　雲の形成に関連して述べた文として最も適当なものを，下線部に注意して，次の①～④のうちから一つ選べ。　20

①　エーロゾルを核とした水蒸気の凝結が，雲粒の形成過程の一つである。

②　雲粒が形成される際には，凝結に伴い熱を吸収する。

③　大きな雲粒より小さな雲粒の落下速度が速いため，衝突して雲粒が成長する。

④　温暖前線に伴う雲は，水滴の雲粒のみを含む。

B 海洋に関する次の文章を読み，後の問い（**問 4 ～ 6**）に答えよ。

　　海水の流れや海面水位の分布は，海水の密度の空間的な変化と深く関係している。黒潮やメキシコ湾流の周辺でよく見られる構造として，海水の密度が小さい上層と大きい下層の境界面が，直径が数百 km のドーム状に盛り上がっている状況を考える。これを横から見ると次の図 2 のように，ドームの頂点 **A** において上層と下層の境界面が，周囲よりも 200 m 高くなっている。上層の海水の密度は 1024 kg/m^3，下層の海水の密度は 1026 kg/m^3 とする。図中の上層全体でアイソスタシーと同様の関係が成立しており，海面気圧の影響は無視できるものとする。

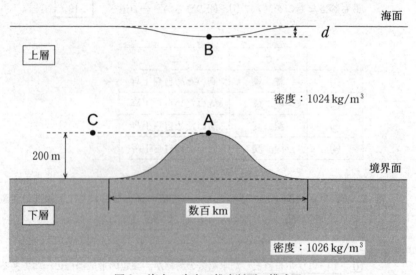

図 2　海水の密度の鉛直断面の模式図

問 4 海水の密度や水温について述べた文として最も適当なものを，次の①〜④のうちから一つ選べ。 21

① 海水の密度は，同じ水圧のもとでは水温のみで決まる。

② 海洋全体の海水の質量が一定のままで海水の密度が減少すると，平均海面水位が下がる。

③ 中緯度の海洋における表層と深層の水温差は，夏季より冬季の方が大きい。

④ 海洋の深層循環は，極域の表層で密度の大きい海水が沈み込むことで生じる。

問 5 前ページの図2では，海面がドームの直上で凹んでいる。点Aの直上の点Bにおいて，低下した海面の水位 d をアイソスタシーの関係に基づいて計算したとき，d の数値として最も適当なものを，次の①〜④のうちから一つ選べ。 22 m

① 0.2 　　② 0.4 　　③ 0.6 　　④ 0.8

問 6 前ページの図2に関して述べた次の文の オ ・ カ に入れる語の組合せとして最も適当なものを，後の①〜④のうちから一つ選べ。 23

点Aの水圧は，ドームの外側にある点Cの水圧よりも オ なっており，この構造が北半球にある場合には，地衡流の関係から，点Aと点Bを結ぶ線を軸として カ 回りに海水が流れている。

	オ	カ
①	高 く	時 計
②	高 く	反時計
③	低 く	時 計
④	低 く	反時計

第5問　次の問い（**A ～ C**）に答えよ。（配点　23）

A　太陽や天体の動きと時刻に関する次の問い（**問1**）に答えよ。

　問1　次の①～④のうちから，**誤っているもの**を一つ選べ。　| 24 |

　　　① 実際の太陽の動きを観測して決められた時刻を，視太陽時とよぶ。

　　　② 東経 135° の平均太陽時を，日本標準時とよぶ。

　　　③ 地球の自転によって生じる天体の見かけの運動を，日周運動とよぶ。

　　　④ 天球上で太陽が移動する道筋を，天の赤道とよぶ。

B　惑星の観測に関する次の文章を読み，後の問い（**問2**・**問3**）に答えよ。

　　天文部に所属するアスカさんは，顧問の先生の指導のもと，金星と火星の見かけの運動を観測した。

問2　アスカさんは，西方最大離角にある金星を観測した。このとき金星は，太陽と地球に対して次の図1の**a～d**のどの位置にあるか。最も適当なものを，後の**①～④**のうちから一つ選べ。　25

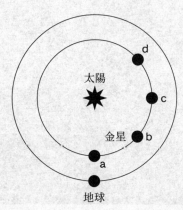

図1　地球の北極側から見た太陽と金星，地球の位置関係の模式図
　　　金星と地球の軌道は太陽を中心とする円で近似的に表してある。

　　① a　　　　　　**②** b　　　　　　**③** c　　　　　　**④** d

問 3　火星は次の図2のように天球上を運動していた。この観測からアスカさん
は太陽と地球，火星の位置関係を推定した。2020 年 4 月，2020 年 10 月，
2021 年 4 月の太陽と地球，火星の位置関係は次ページの**ア～エ**のどれか。
その組合せとして最も適当なものを，後の**①～④**のうちから一つ選べ。ただ
し，**ア～エ**では地球と太陽の位置関係は固定してある。また，地球と火星の
軌道は太陽を中心とする円で近似的に表してあり，矢印は公転方向を表す。

26

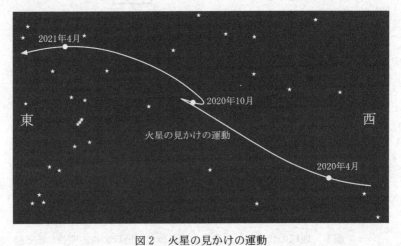

図2　火星の見かけの運動

三つの白丸は，それぞれ 2020 年 4 月，2020 年 10 月，2021 年 4 月の火星の
位置を表す。

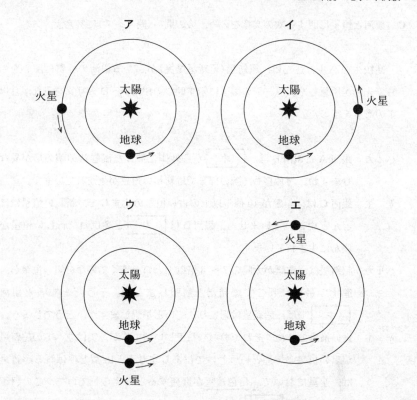

	2020 年 4 月	2020 年 10 月	2021 年 4 月
①	ア	ウ	イ
②	ア	エ	イ
③	イ	ウ	ア
④	イ	エ	ア

C   銀河と恒星に関する次の文章を読み, 後の問い(**問4〜7**)に答えよ。

　高校生のハルカさんは, 超新星(超新星爆発)が起こる銀河の性質に関心をもち, 先生が用意した次ページの図3に示す四つの銀河A〜Dの写真を見ながら以下の考察を行った。

ハルカ：銀河Aと銀河Bは, ┃　オ　┃から外側に伸びた渦巻状の腕の形が異なりますね。どちらも, 腕の部分では新しい恒星が生まれています。

先　生：銀河Cは, 年齢が10億年以上の古い恒星の集まりで, 新しい恒星はほとんど生まれていません。銀河Dは┃　カ　┃と呼ばれ, 新しい恒星が盛んに生まれています。

ハルカ：超新星は, 質量が太陽の7〜8倍以上という重くて寿命の短い恒星が, 進化の最後に起こす爆発だと勉強しました。そうだとすると銀河┃　キ　┃では, 超新星は起こりにくいと予想しますが, どうでしょう。

先　生：良い推論ですね。それでおおむね正しいのですが, 実はすべての超新星が重い恒星の爆発というわけではありません。Ia型と呼ばれる超新星は, 連星において(a)白色矮星が爆発すると考えられていて, この超新星だけは銀河┃　キ　┃でも起こります。

ハルカ：Ia型超新星は絶対等級を推定できるので, 遠方天体までの距離の測定に用いられ, 宇宙の加速膨張の発見にもつながった天体でしたね。

先　生：Ia型は超新星の中でも特に明るいものの一つで, 最大光度が(b)太陽の明るさの100億(10^{10})倍に匹敵します。

銀河 A　　　　　　　　　　　　銀河 B

銀河 C　　　　　　　　　　　　銀河 D

© NASA, ESA, and Z. Levay（STScI）

図3　形状が異なる四つの銀河の写真

※銀河A，B，Dの写真は，編集の都合上，類似の写真に差し替え。

写真提供　A：© R Jay GaBany/Stocktrek Images /amanaimages

B：© ESO/P. Grosbøl

D：© John Chumack/Science Source /amanaimages

問4　前ページの会話文中の　オ　・　カ　に入れる語の組合せとして最も
適当なものを，次の①〜④のうちから一つ選べ。　27

	オ	カ
①	バルジ	楕円銀河
②	バルジ	不規則銀河
③	ハロー	楕円銀河
④	ハロー	不規則銀河

問 5 44 ページの会話文中の キ に入れる記号として最も適当なものを，次の①～④のうちから一つ選べ。 28

① A ② B ③ C ④ D

問 6 44 ページの下線部(a)について述べた文として最も適当なものを，次の①～④のうちから一つ選べ。 29

① 白色矮星は，質量が小さいために主系列星になれなかった星である。

② 恒星の内部で，鉄でできた中心部が重力で押しつぶされて，白色矮星となる。

③ ブラックホールに吸い込まれた物質が集まって，白色矮星となる。

④ 白色矮星は，赤色巨星から惑星状星雲を経て進化したものである。

問 7 44 ページの下線部(b)に関連して，Ia 型超新星の最大光度の絶対等級として最も適当なものを，次の①～④のうちから一つ選べ。太陽の絶対等級は＋4.8 である。約 30 等

① －45 ② －20 ③ ＋30 ④ ＋55

2022

共通テスト追試験

地学基礎：

解答時間　2科目60分

配点　2科目100点

（物理基礎，化学基礎，生物基礎，
　地学基礎から2科目選択）

地学：

解答時間60分　配点100点

地 学 基 礎

（解答番号 　1 　～　 15 　）

第1問 次の問い（**A ~ C**）に答えよ。（配点 20）

A 地球の形と構造に関する次の問い（**問1・問2**）に答えよ。

問1 高校生のSさんは，文化祭で展示するために，直径1.3 mの大きな地球儀を，偏平率まで考慮して作ろうとした。地球を偏平率約 $\frac{1}{300}$ の回転だ円体とすると，赤道半径に比べて，極半径をどのようにすればよいか。最も適当なものを，次の①~④のうちから一つ選べ。　1

① 約2 mm 短くする

② 約2 mm 長くする

③ 約2 cm 短くする

④ 約2 cm 長くする

問2 プレート境界について述べた次の文a・bの正誤の組合せとして最も適当なものを，後の①~④のうちから一つ選べ。　2

a 発散する境界（発散境界）は，海底にも陸上にも存在する。

b 収束する境界（収束境界）は，陸上には存在しない。

	a	b
①	正	正
②	正	誤
③	誤	正
④	誤	誤

B 化石や地層に関する次の問い(**問3・問4**)に答えよ。

問3 Sさんが所属する高校の地学クラブでは，学校付近の地質調査を行ってい
る。この地域では砂岩層と石灰岩層を観察することができる。ある日Sさ
んは，リプルマーク(漣痕)を示す砂岩層からトリゴニアの化石を，石灰岩層
から造礁(性)サンゴおよび三葉虫の化石を発見した。この発見に基づき，
地学クラブの仲間とこの地域の大地の歴史について議論した。調査結果に基
づいた推論に**誤りがあるもの**を，次の①〜④のうちから一つ選べ。 3

① 造礁(性)サンゴの化石が出てきたので，石灰岩層は温暖な浅い海にた
まってできた地層です。

② 発見された化石から考えると，砂岩層のほうが石灰岩層よりも古い地層
です。

③ トリゴニアが生きていた時代を考えると，同じ砂岩層からイノセラムス
の化石も出てくる可能性があります。

④ 砂岩層にリプルマークが見られるので，砂がたまったときの水流の向き
がわかります。

問 4 次の図1のように，ある地域に断層面の傾斜角が30°の断層Bが存在する。この断層Bによるずれの量を調べるため，断層の上盤側（掘削地点X）と下盤側（掘削地点Y）で掘削調査を行った。その結果，掘削地点Xでは深さ50 m，掘削地点Yでは深さ55 mで鍵層の凝灰岩層Aを発見した。断層Bの**断層面に沿ったずれの量**として最も適当なものを，後の①〜④のうちから一つ選べ。ただし，断層Bの上盤と下盤の地層はともに水平であり，かつ地表面も水平とする。 | 4 | m

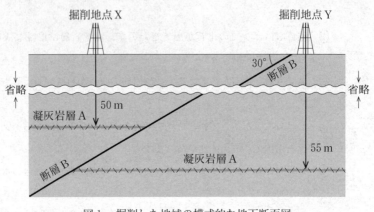

図1 掘削した地域の模式的な地下断面図

① 8　　　② 10　　　③ 12　　　④ 14

C　岩石の分類に関する次の問い（**問5・問6**）に答えよ。

　問5　高校生のSさんは，ある地域で採取した5種類の岩石（A～E）について，次の**手順1・2**で分類した。

　　　手順1　岩石の特徴のうち，色調（黒っぽい，白っぽい）と構成粒子の大きさ（粗粒，細粒）に注目して整理し，色調を横軸に，構成粒子の大きさを縦軸にして図に表した。
　　　手順2　資料や図鑑などを用いて，岩石Aを花こう岩，岩石Bを砂岩，岩石Cを斑れい岩，岩石Dを泥岩，岩石Eを礫岩に分類した。

　　　手順1の結果について，岩石（A～E）の特徴を表した図として最も適当なものを，次の①～④のうちから一つ選べ。　　5

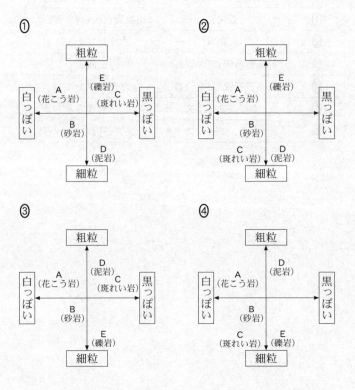

問 6　高校生のSさんは，校内で使われている石材に興味をもち，石材の磨か
れた面を肉眼やルーペで観察した。次の表1は，その結果を示したものであ
る。表1から判断した，校内で使われている石材とその岩石名の組合せとし
て最も適当なものを，後の①〜⑥のうちから一つ選べ。　6

表1　校内で使われている石材の観察結果

石　材	玄関ホールの壁石	体育館入口の敷石
観察結果	白っぽい岩石で，方向性のない粗粒の方解石で構成されている。	黒っぽい岩石で，2 mm大のかんらん石の斑晶と細粒の石基がみられた。

	玄関ホールの壁石	体育館入口の敷石
①	玄武岩	結晶質石灰岩（大理石）
②	玄武岩	ホルンフェルス
③	結晶質石灰岩（大理石）	玄武岩
④	結晶質石灰岩（大理石）	ホルンフェルス
⑤	ホルンフェルス	玄武岩
⑥	ホルンフェルス	結晶質石灰岩（大理石）

第2問　次の問い(**A・B**)に答えよ。(配点　10)

A　太陽から直接地表に届く放射エネルギーの量を計測する実験に関する次の文章
を読み，後の問い(**問1・問2**)に答えよ。

　　太陽定数と比較することを目的に，次の図1に示す簡易日射計を作製した。こ
の日射計の光を受ける面は，光の反射を防ぐため黒くぬる。日射以外の熱の出入
りを可能な限り少なくするため，光を受ける面以外は断熱材でおおい，かつ容器
は　**ア**　の水で満たす。計測するときは，受けるエネルギーが最大になるよう
光を受ける面を　**イ**　に置き，1分ごとに温度を読み取る。

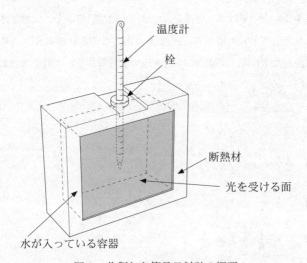

図1　作製した簡易日射計の概要

問 1　前ページの文章中の　ア　・　イ　に入れる語句の組合せとして最も適当なものを，次の①～④のうちから一つ選べ。　7

	ア	イ
①	周囲の気温にかかわらず温度 0 ℃	太陽光線に垂直
②	周囲の気温にかかわらず温度 0 ℃	地表に平行
③	周囲の気温と同じ温度	太陽光線に垂直
④	周囲の気温と同じ温度	地表に平行

問 2　作製した日射計の光を受ける面積は S〔m²〕，1 ℃ 上昇するために必要なエネルギーの量は水と容器を合わせて C〔J/℃〕である。実験で求めた 1 分当たりの温度上昇率は T〔℃/分〕であった。このときの 1 m²，1 秒当たりの太陽放射エネルギーの量〔W/m²〕を求める計算式として最も適当なものを，次の①～④のうちから一つ選べ。　8

① $C \times S \times \dfrac{1}{T} \times 60$

② $C \times S \times \dfrac{1}{T} \times \dfrac{1}{60}$

③ $C \times \dfrac{1}{S} \times T \times 60$

④ $C \times \dfrac{1}{S} \times T \times \dfrac{1}{60}$

B 海水温の分布に関する次の問い（**問3**）に答えよ。

問3 黒潮が流れている海域とカリフォルニア海流が流れている海域の同じ緯度上において，年平均水温の深さ方向の分布を模式的に示した図として最も適当なものを，次の①～④のうちから一つ選べ。なお，図中の実線は黒潮，破線はカリフォルニア海流における水温の鉛直分布とする。 9

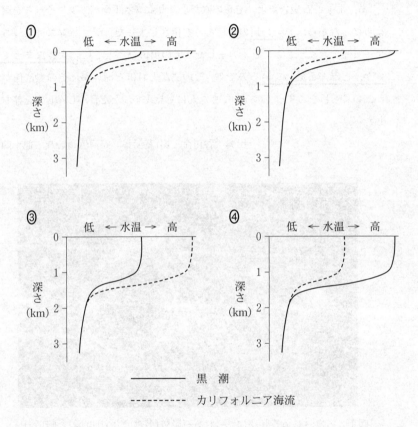

第3問　次の文章は，宮沢賢治による「銀河鉄道の夜」からの抜粋であり，ジョバン
ニとカムパネルラの二人が銀河鉄道に乗って天の川を旅している途中，石炭袋の近
くに差しかかった場面を描写している。石炭袋とは，後の図1に示された，みなみ
じゅうじ座に実在する暗黒星雲である。この文章を読み，後の問い(**問1～3**)に答
えよ。(配点　10)

「あ，あすこ石炭袋だよ。そらの穴だよ。」カムパネルラが，少しそっちを避ける
ようにしながら，(a)天の川のひととこを指さしました。ジョバンニはそっちを見
て，まるでぎくっとしてしまいました。天の川のひととこに(b)大きなまっくらな
穴が，どほんとあいているのです。その底がどれほど深いか，その奥に何がある
か，いくら目をこすってのぞいてもなんにも見えず，ただ目がしんしんと痛むので
した。

(出典：谷川徹三編「童話集　銀河鉄道の夜　他十四篇」)

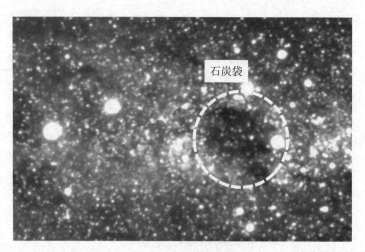

図1　みなみじゅうじ座に見られる石炭袋(破線の丸で囲われた暗い領域)

問 1　石炭袋を代表的な例とする暗黒星雲は，星間雲の一種である。星間雲に関して述べた次の文中の　**ア**　・　**イ**　に入れる語の組合せとして最も適当なものを，後の①～⑥のうちから一つ選べ。　10

　星間雲を構成する星間ガスの主成分は　**ア**　であり，星間雲の特に密度が高い部分が　**イ**　により収縮して原始星ができる。

	ア	イ
①	水　素	重　力
②	水　素	磁　力
③	炭　素	重　力
④	炭　素	磁　力
⑤	酸　素	重　力
⑥	酸　素	磁　力

問 2　前ページの文章中の下線部(a)に関連して，天の川銀河（銀河系）について述べた文として**誤っている**ものを，次の①～④のうちから一つ選べ。　11

① 夜空に見える天の川は，多数の恒星の集まりである。

② 太陽系は，天の川銀河の円盤部内に存在する。

③ 天の川銀河の中心は，太陽系から5万光年以上離れている。

④ 球状星団は，天の川銀河のハロー全体に広がって分布している。

問 3　前ページの文章中の下線部(b)に関連して，暗黒星雲が周囲にくらべて暗く見える原因として最も適当なものを，次の①～④のうちから一つ選べ。　12

① 星間物質が背後の天体からの光をさえぎっているから。

② 周囲に見える天体よりも暗黒星雲が遠方に存在するから。

③ 暗黒星雲の内部では恒星が周囲の領域より少ないから。

④ 暗黒星雲の内部では塵（星間塵）が周囲の領域より少ないから。

第4問　地球の環境と自然災害に関する次の問い(**問1～3**)に答えよ。(配点　10)

問1　次の文章中の　**ア**　・　**イ**　に入れる語の組合せとして最も適当なものを，後の①～④のうちから一つ選べ。　| 13 |

　　日本の大都市の多くは，河口に近い平坦な低い土地(低平地)に立地している。このような場所は，河川から運び込まれた土砂が堆積し，　**ア**　地盤が広がっているため，地震発生時には強い揺れによる被害が起こりやすい。また，水を多く含む地盤では，強い振動を受けると砂粒子が水に浮いたような状態になり，建物が傾いたり，マンホールが浮き上がったりする。地震後には，砂粒子の間の水が抜け，砂粒子がより密に配列するため，地盤が　**イ**　することがある。

	ア	イ
①	かたくしまった	上　昇
②	かたくしまった	低　下
③	軟弱な	上　昇
④	軟弱な	低　下

問2　次の文章中の　ウ　・　エ　に入れる語の組合せとして最も適当なもの
を，後の①〜④のうちから一つ選べ。　14

　　津波による被害は，その高さや内陸への侵入の程度によって異なる。津波の
高さは，海の深さが浅くなるにつれて　ウ　なる。また，津波が押し寄せて
から次に押し寄せるまでの時間(周期)は　エ　で，海水は，その周期の半分
程度の時間にわたって，内陸に向かって流れ続ける。

	ウ	エ
①	低　く	数十秒
②	低　く	数十分
③	高　く	数十秒
④	高　く	数十分

問3　地球外の大体に起因して，地球上での環境の変化や人類の活動への障害が生
じる可能性がある。このことに関連して述べた次の文a・bの正誤の組合せと
して最も適当なものを，後の①〜④のうちから一つ選べ。　15

　　a　巨大な隕石が地球に衝突することを原因とした生物種の大量絶滅が，数万
　　年ごとに生じている。
　　b　太陽表面での巨大なフレアは，地球での通信障害を引き起こす要因とな
　　る。

	a	b
①	正	正
②	正	誤
③	誤	正
④	誤	誤

地　　　　　学

$\left(\text{解答番号}\boxed{1}\sim\boxed{33}\right)$

第1問 地球上における多様な現象は，主として太陽からと地球内部からのエネルギーにより，引き起こされている。これらに関連する次の問い(問1～5)に答えよ。(配点　17)

問1　太陽の放射エネルギーに関して述べた文として最も適当なものを，次の①～④のうちから一つ選べ。　$\boxed{1}$

① 太陽の放射エネルギーは，ヘリウム原子核が分裂することによって供給される。

② 太陽の放射エネルギーは，現在から数億年後に数百倍大きくなる。

③ 地表面が単位面積あたりに受け取る太陽の放射エネルギーは，太陽の高度によらず一定である。

④ 太陽の単位波長あたりの放射エネルギーの強さは，可視光域で最大となる。

問 2　太陽の放射エネルギーを地球が受け取ることで，地球上でさまざまな大気・海洋現象が発生している。大気・海洋現象におけるエネルギーに関して述べた文として最も適当なものを，次の①〜④のうちから一つ選べ。 2

① 　地球大気が加熱される主な要因は，太陽放射により大気が直接暖められることである。

② 　海洋による極向きのエネルギー輸送量は，低緯度にくらべて高緯度で大きい。

③ 　台風は，海面から蒸発した水蒸気が凝結する際に放出される潜熱によって発達する。

④ 　地球全体では，地表面から大気へのエネルギー輸送量は，水の蒸発にともなうものより伝導によるものの方が大きい。

問 3 太陽の放射エネルギーは，地球表層部の水の循環を引き起こす。地表を流れ
る水のはたらき方と地形との関係を説明する次の文章中の　ア　～　ウ
に入れる語の組合せとして最も適当なものを，後の①～④のうちから一つ選
べ。　3

　Ｖ字谷は　ア　侵食作用が優勢な山地に形成される。急こう配の河川が山
地から平野に出るところでは，流水の運搬力が急に　イ　なるため，洪水時
などに運搬されてきた礫や砂が堆積し，谷の出口を頂点に平野側に開いた扇状
地を形成する。平野に出た河川は，　ウ　侵食作用が優勢になるため蛇行
し，流路が平野内を移動しながら広範囲に砂や泥を堆積させる。

	ア	イ	ウ
①	側方への	小さく	下方への
②	側方への	大きく	下方への
③	下方への	小さく	側方への
④	下方への	大きく	側方への

問 4 地球内部の運動を駆動するエネルギーについて述べた次の文章中の エ ・ オ に入れる数値と語の組合せとして最も適当なものを，後の ①～④のうちから一つ選べ。 4

次の図 1 は，太陽から地球に入射するエネルギーと地球内部から地表に流れ出るエネルギーを模式的に示している。太陽から地球に入射する単位時間当たりの全エネルギーは，太陽定数 1370 W/m^2 に地球の**断面積**をかけたものになる。一方，地球内部から流れ出る単位時間当たりの全エネルギーは，平均的な地殻熱流量 0.087 W/m^2 に地球の**表面積**をかけたものとみなせる。したがって単位時間当たりに，地球内部から流れ出る全エネルギーは，太陽から地球に入射する全エネルギーのおよそ エ にすぎない。しかし，プレートが オ にわたって運動することで超大陸が形成されるなど，地球内部のエネルギーは，地球のいとなみにとって極めて重要な役割をはたしている。

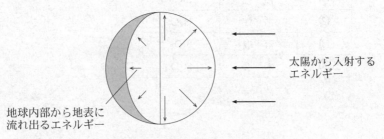

図 1　太陽から地球に入射するエネルギーと
地球内部から流れ出るエネルギー

	エ	オ
①	$\dfrac{1}{16000}$	数億年
②	$\dfrac{1}{16000}$	数万年
③	$\dfrac{1}{4000}$	数億年
④	$\dfrac{1}{4000}$	数万年

問 5 マグマは，地球内部のエネルギーを地表に運ぶ一翼を担っている。火山はそのマグマが噴出する場所である。マグマの発生から噴出に至るまでの過程について述べた次の文章中の カ ・ キ に入れる語と化学式の組合せとして最も適当なものを，後の①〜④のうちから一つ選べ。 5

マントルが部分溶融（部分融解）すると玄武岩質マグマができる。このマグマの カ が，まわりの岩石より小さいうちは上昇し，まわりの岩石とつり合うと上昇が停止しマグマだまりが形成される。マグマだまりで キ や CO_2 などによりマグマが発泡すると，マグマの体積が膨張して火山噴火へとつながる。

	カ	キ
①	粘　性	SiO_2
②	粘　性	H_2O
③	密　度	SiO_2
④	密　度	H_2O

第2問　次の問い（**A・B**）に答えよ。（配点　17）

A　地球の構造と活動に関する次の問い（**問1～4**）に答えよ。

問1　地球の形と重力に関する次の文章中の　ア　・　イ　に入れる語の組合せとして最も適当なものを，後の①～④のうちから一つ選べ。　6

　　　地球の形は，完全な球形ではなく，自転による遠心力のために赤道方向に膨らんだ回転だ円体に近い形をしている。地球の自転速度は徐々に遅くなっており，自転速度が現在より速かった過去の地球の偏平率は，現在よりも　ア　，赤道での重力は，現在よりも　イ　と考えられる。

	ア	イ
①	大きく	大きかった
②	大きく	小さかった
③	小さく	大きかった
④	小さく	小さかった

問2　地球内部に関して述べた文として最も適当なものを，次の①～④のうちから一つ選べ。　7

① マントルは，ウランなどの放射性同位体の崩壊による発熱のため，核より温度が高い。

② マントル中では，S波の速度は深さとともに常に減少する。

③ 外核は，P波が伝わらないことから液体であることがわかった。

④ 地球の核は，密度の大きい鉄やニッケルが地球の中心に集まってできた。

問 3 次の図1は，海嶺とトランスフォーム断層を境界とする2枚の海洋プレートを示している。2枚のプレートは海嶺から一定の速度で移動している。プレート上の4地点 A～D のうちから選んだ2地点間の距離が，時間とともに常に増加するのはどれか。後の①～⑥のうちから三つ選べ。ただし，解答の順序は問わない。 8 ・ 9 ・ 10

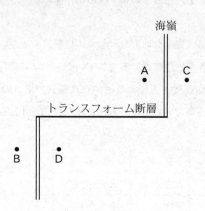

図1　海嶺とトランスフォーム断層を境界とする2枚の海洋プレート

① A—B 間　　　② A—C 間　　　③ A—D 間
④ B—C 間　　　⑤ B—D 間　　　⑥ C—D 間

問 4　プレート運動と地震について述べた次の文a・bの正誤の組合せとして最も適当なものを，後の①～④のうちから一つ選べ。　11

　a　沈みこみ境界での巨大地震は，二つのプレートが固着したアスペリティが急激にすべることによって発生する。

　b　プレートテクトニクスでは，プレートの運動は地球の自転軸を中心とした回転運動で表される。

	a	b
①	正	正
②	正	誤
③	誤	正
④	誤	誤

B 岩石サイクル（岩石の循環）に関する次の問い（**問5**）に答えよ。

問5 次の図2は，堆積岩・変成岩・火成岩の関係（岩石サイクル）を模式的に示している。図中の矢印は，堆積岩と変成岩，火成岩が他の岩石に変化する過程を示している。矢印AとBの過程の中で起こるさまざまな現象の一つについて述べた文として**誤っているもの**を，後の①～④のうちから一つ選べ。 12

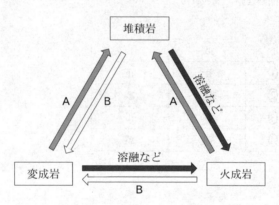

図2 岩石サイクルの模式図

① Aでは，温度変化によって岩石中の鉱物が膨張・収縮を繰り返し，岩石が破壊される。

② Aでは，圧密作用やセメント化作用（膠結作用）によって，鉱物などの粒子どうしが固結する。

③ Bでは，雨水や地下水との反応で，岩石中の鉱物が他の鉱物に変わる。

④ Bでは，温度圧力の上昇により，岩石中の鉱物が固体状態のまま他の鉱物に変わる。

第3問 次の問い（**A・B**）に答えよ。(配点 23)

A 火山灰に関する次の文章を読み，後の問い（**問1・問2**）に答えよ。

次に示すレポートは，高校生のSさんが火山灰についておこなった探究活動の一部である。

《**方法と観察結果**》

ある火山から噴出した火山灰**X**に含まれる構成物を，次の方法で調べた。

採取した火山灰**X**を洗浄し，その構成物を双眼実体顕微鏡などで観察した。次の表1は，観察できた鉱物や火山ガラスの特徴を記録したものである。火山ガラスとは，マグマが急冷してできた非晶質の固体である。

表1 火山灰**X**の構成物とその特徴

構成物	特　徴
斜長石	無色〜白色の板状や柱状で，決まった方向に割れる。
輝　石	ア
角閃石	黒色〜暗褐色の長柱状や針状で，へき開で割れた面どうしはほぼ120°で交わる。
石　英	無色透明の六角柱状やそろばん玉状で，割れ方は不規則である。
火山ガラス	無色〜茶色で，形は不規則であるが薄板状が多い。

《**考察**》

火山灰**X**に含まれる鉱物と，次の図1の火成岩の分類図から，この火山灰**X**のもとになったマグマは イ であると推定した。

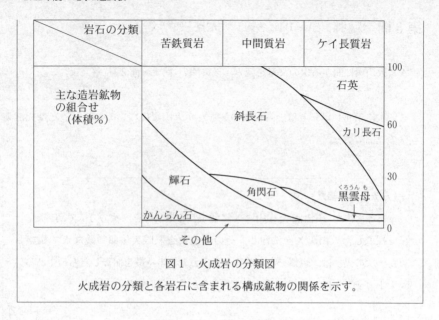

図1 火成岩の分類図

火成岩の分類と各岩石に含まれる構成鉱物の関係を示す。

問1 前ページの ア ・ イ に入れる文と語の組合せとして最も適当な
ものを，次の①～④のうちから一つ選べ。 13

	ア	イ
①	黒色～褐色の六角板状で，薄くはがれやすい。	玄武岩質
②	黒色～褐色の六角板状で，薄くはがれやすい。	安山岩質
③	暗褐色～暗緑色の短柱状で，へき開で割れた面どうしはほぼ直交する。	玄武岩質
④	暗褐色～暗緑色の短柱状で，へき開で割れた面どうしはほぼ直交する。	安山岩質

問 2　火山灰は火山砕屑物(火砕物)の一種である。次のA～Dのうち，火山灰以外の火山砕屑物として適当なものを，後の①～④のうちから二つ選べ。ただし，解答の順序は問わない。　14 ・ 15

A　火山弾

B　軽　石

C　溶　岩

D　火山ガス

①　A　　　　　②　B　　　　　③　C　　　　　④　D

B 次の文章を読み，地質と古生物に関する後の問い（問3〜6）に答えよ。

次の図2はある地域の地質図である。この地域には，おおむね北西から南東へ向かって，砂岩層A，石灰岩層B，泥岩層Cが分布している。太線は断層Dを示している。石灰岩層Bと泥岩層Cは整合の関係にある。砂岩層Aからはビカリアの化石が，石灰岩層Bと泥岩層Cからはコノドントの化石が産出した。なお石灰岩層Bと泥岩層Cの走向・傾斜は断層Dの東西で変化しない。また，この地域では地層の逆転はない。

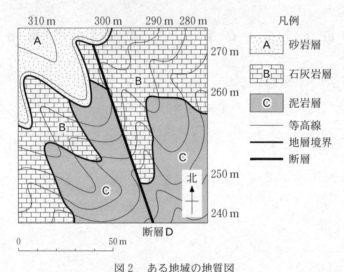

図2 ある地域の地質図

図の上側と右側の数値mは，等高線の高さを示す。

問3 泥岩層Cの走向・傾斜について最も適当なものを，次の①〜④のうちから一つ選べ。 16

① 走向 N 45° W 傾斜 45° NE

② 走向 N 45° W 傾斜 45° SW

③ 走向 N 45° E 傾斜 45° NW

④ 走向 N 45° E 傾斜 45° SE

問 4 砂岩層 A～泥岩層 C および断層 D の形成された順序について最も適当な
ものを，次の①～④のうちから一つ選べ。　17

① B→C→A→D
② B→C→D→A
③ C→B→A→D
④ C→B→D→A

問 5 砂岩層 A の堆積した時代に生息していた生物として最も適当なものを，
次の①～④のうちから一つ選べ。　18

① アノマロカリス
② マンモス
③ ティラノサウルス
④ デスモスチルス

問 6 砂岩層 A と下位の地層は不整合の関係にある。この不整合面の上下の地
層間のおおよその年代の差として最も適当なものを，次の①～④のうちから
一つ選べ。　19

① 300 万年
② 3000 万年
③ 3 億年
④ 30 億年

第4問 次の問い(**A・B**)に答えよ。(配点 23)

A 地球上の水や二酸化炭素に関する次の問い(**問1～3**)に答えよ。

問1 地球上に存在する水や二酸化炭素に関して述べた文として最も適当なものを，下線部に注意して，次の**①～④**のうちから一つ選べ。| 20 |

① 氷期には，大陸上の氷床が拡大したが，海面の水位は氷期の前と<u>変わらなかった</u>。

② 熱帯収束帯では降水量が蒸発量を上回り，海洋表層の塩分がまわりの海域よりも<u>高い</u>。

③ 水蒸気は赤外線を吸収する性質があり，大気中の水蒸気には<u>温室効果がある</u>。

④ 近年，大気中の二酸化炭素濃度が増加し，現在の濃度は地球の歴史の中で<u>最大である</u>。

問 2 地球表層の水は，液体，気体，固体と状態を変えながら循環している。次の図1は，この循環を模式的に示したものである。図1に基づいて，水が大気中にとどまる平均の時間(平均滞留時間)を計算する式として最も適当なものを，後の①～④のうちから一つ選べ。ただし，蒸発量の和と降水量の和は等しいものとする。 21

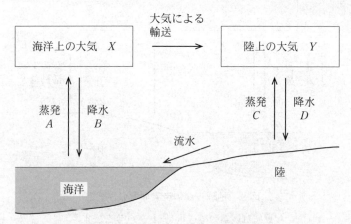

図 1 地球表層の水循環の模式図

矢印は輸送の向きを，A, B, C, D は水の輸送量(億トン/年)を，X, Y は大気中の水の存在量(億トン)を，それぞれ表す。

① $\dfrac{X+Y}{B+D}$ ② $\dfrac{B+D}{X+Y}$

③ $\dfrac{X+Y}{(A+C)-(B+D)}$ ④ $\dfrac{(A+C)-(B+D)}{X+Y}$

問 3 次の図2は，近年の地球表層の炭素循環を模式的に示したものである。図1の水の場合と異なり，大気中の炭素の存在量は年々増加している。大気中の炭素の年間増加量を図2より求め，その値として最も適当なものを，後の①～④のうちから一つ選べ。 | 22 | 億トン/年

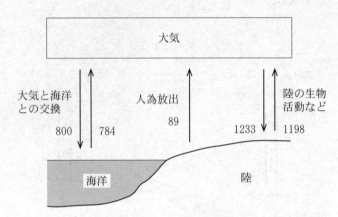

図2　地球表層の炭素循環の模式図

数値は炭素の輸送量(億トン/年)を表す。

① 38　　　　② 51　　　　③ 89　　　　④ 140

B　海面高度と地衡流に関する次の文章を読み，後の問い（**問4～7**）に答えよ。

　　海面高度は，　**ア**　，　**イ**　，海洋の地衡流などと関係している。　**ア**　が低いほど，海面高度は高くなる。　**イ**　により，海面は，ふつう1日2回ずつ周期的に昇降する。人工衛星の観測に基づく，日本近海における地衡流に関係する海面高度の分布を，次の図3に示す。

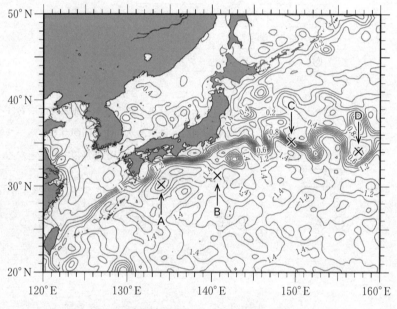

図3　地衡流に関係する海面高度の分布図

等高線の単位はmである。

問 4　前ページの文章中の　 ア ・ イ 　に入れる語の組合せとして最も適
当なものを，次の①~⑥のうちから一つ選べ。　 23

	ア	イ
①	気　圧	ジオイド
②	気　圧	潮　汐
③	ジオイド	潮　汐
④	ジオイド	気　圧
⑤	潮　汐	気　圧
⑥	潮　汐	ジオイド

問 5　前ページの図 3 中に×印で示した点 A~D のうち，海面付近における地衡
流が最も速い点として最も適当なものを，次の①~④のうちから一つ選べ。
ただし，緯度によるコリオリの力(転向力)の変化は無視できるとする。
 24

①　A　　　　　　②　B　　　　　　③　C　　　　　　④　D

問 6 次の文章中の ウ ・ エ に入れる語の組合せとして最も適当なものを，後の①～④のうちから一つ選べ。 25

　　北半球において，地衡流に関係する海面高度が南側で高く北側で低いとき，地衡流は ウ 向きである。また，コリオリの力（転向力）は緯度によって変化する。同じ流速の地衡流に対しては，低緯度ほどコリオリの力は エ 。

	ウ	エ
①	東	大きい
②	東	小さい
③	西	大きい
④	西	小さい

問 7 黒潮に関して述べた文として最も適当なものを，次の①～④のうちから一つ選べ。 26

① 沖縄の東側の海域を北東方向に流れている。

② 北太平洋を時計回りに循環する環流（亜熱帯環流）の一部である。

③ 流路上では大気から海洋へ潜熱が盛んに供給されている。

④ カリフォルニア海流とくらべて最大流速が小さい。

第 5 問 次の問い（**A・B**）に答えよ。 （配点 20）

A 主系列星に関する次の文章を読み，後の問い（**問1 ～ 3**）に答えよ。

二つの主系列星からなる食連星（食変光星）を観測すると，それぞれの主系列星の質量と光度を正確に求められる。質量と光度を用いれば，主系列に滞在するおおよその時間を見積もることができる。次の図1は，太陽の近傍にある恒星について，その時間を質量に対して示したものである。

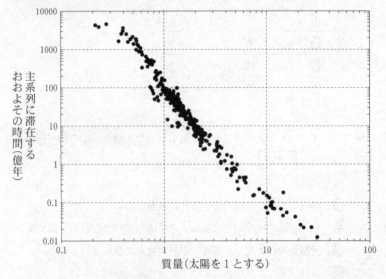

図1　太陽の近傍にある恒星の質量と主系列に滞在するおおよその時間の関係

問 1　最初の生命が誕生してから複雑な生命体に進化するまでには長い時間がかかると考えられる。たとえば，太陽が主系列に達してからおよそ 25 億年後に地球上に真核生物が出現した。次の表 1 に示す恒星Ａ～Ｄのうち，主系列に滞在する時間が 25 億年以上のものの組合せとして最も適当なものを，後の①～④のうちから一つ選べ。　27

表 1　恒星Ａ～Ｄの質量

恒　星	質量（太陽を 1 とする）
A	0.5
B	1
C	3
D	20

①　ＡとＢ　　　②　ＣとＤ　　　③　ＡとＢとＣ　　　④　ＢとＣとＤ

問 2　次の文章中の　ア　～　ウ　に入れる数値と語の組合せとして最も適当なものを，後の①～④のうちから一つ選べ。　28

前ページの図 1 から，太陽の 10 倍の質量をもつ恒星が主系列に滞在する時間は，太陽のおよそ　ア　倍になることがわかる。したがって，主系列に滞在する時間は，恒星の質量の約　イ　乗に　ウ　するといえる。

	ア	イ	ウ
①	0.001	3	比　例
②	0.001	3	反比例
③	0.1	1	比　例
④	0.1	1	反比例

問 3　円軌道をもつ食連星に関する記述として適当なものを，次の①～④のうちから二つ選べ。ただし解答の順序は問わない。 | 29 | ・ | 30 |

① 食連星では，ドップラー効果によりスペクトル線の波長がずれる。

② 食連星全体の見かけの明るさは，主星の前を伴星が通過するときには暗くなるが，伴星の前を主星が通過するときは変わらない。

③ 伴星の視線速度は，食が起こるときに最大となる。

④ 食連星の主星と伴星の距離(公転軌道半径の和)と公転周期がわかれば，ケプラーの第三法則によって食連星の質量の和を求めることができる。

B　天体に関する次の文章を読み，後の問い（**問 4 ～ 6**）に答えよ。

　　1 月上旬の 20 時頃，(a)おうし座が南中し，6 月上旬の 20 時頃には(b)おとめ座が南中する。このような季節による星空の変化は年周運動とよばれ，地球が太陽のまわりを公転するという地動説で説明できる。しかし，年周運動が見られるという事実だけでは，太陽が地球のまわりを運動するという天動説でも説明できるため，地動説の実証にはならない。地動説を実証するためには，(c)天球面上の座標における星の位置を正確に計測し，その位置が公転運動にともなって変化することを確認する必要がある。

問 4　上の文章中の下線部(a)に関連して，おうし座の分子雲には原始星が多く見つかっている。原始星について述べた文として最も適当なものを，次の①～④のうちから一つ選べ。　　31

① 周囲の分子雲の密度が高くなると，原始星は可視光で観測できる。

② 高密度の星間雲に包まれた原始星は重力によって収縮し，中心の温度が上昇する。

③ 太陽と同じ質量の原始星の光度が，現在の太陽より明るくなることはない。

④ 原始星は，球状星団中に数多く見られる。

問 5　上の文章中の下線部(b)に関連して，おとめ座には「おとめ座銀河団」が存在する。銀河団のような宇宙における銀河の分布について述べた文として**誤っているもの**を，次の①～④のうちから一つ選べ。　　32

① 遠方の銀河までの距離は，後退速度とハッブルの法則から計算できる。

② 銀河団の多くは，数個の銀河で構成される。

③ ボイドは，銀河がほとんどない領域である。

④ 宇宙の大規模構造は，シート（壁）状やフィラメント状の銀河の分布として観測される。

問 6 前ページの文章中の下線部(C)に関して，地球の公転運動による天球面上の星の位置の変化を表す二つの語の組合せとして最も適当なものを，次の①～⑥のうちから一つ選べ。 33

① 均時差・分光視差
② 均時差・年周光行差
③ 均時差・年周視差
④ 分光視差・年周光行差
⑤ 分光視差・年周視差
⑥ 年周光行差・年周視差

共通テスト

本試験
（第1日程）

地学基礎：

解答時間　2科目60分

配点　2科目100点

（物理基礎，化学基礎，生物基礎，
地学基礎から2科目選択）

地学：

解答時間60分　配点100点

地 学 基 礎

（解答番号 　1　 ～ 　15　 ）

第1問 　次の問い（**A～C**）に答えよ。（配点 　24）

A 　地球の活動に関する次の問い（**問1・問2**）に答えよ。

問1 　地震について述べた文として最も適当なものを，次の①～④のうちから一
つ選べ。 　1

① 　地震による揺れの強さの尺度をマグニチュードという。

② 　緊急地震速報では，震源の近くの地震計でS波を観測して，P波に伴う
大きな揺れがいつ到着するかを予測する。

③ 　地震による揺れの強さは，震源までの距離が同じであれば地盤によらず
同じである。

④ 　海溝沿いの巨大な地震によって海底の隆起や沈降が起こると，津波が発
生する。

問 2　地球の緯度差 1 度に対する子午線の弧の長さは，極付近と赤道付近で異なる。極付近と赤道付近での弧の長さの大小関係と，そのようになる理由の組合せとして最も適当なものを，次の①〜④のうちから一つ選べ。　2

	弧の長さの大小関係	理　由
①	赤道付近のほうが極付近よりも長い	地球が極方向にふくらんだ回転だ円体であるため
②	赤道付近のほうが極付近よりも長い	地球が赤道方向にふくらんだ回転だ円体であるため
③	極付近のほうが赤道付近よりも長い	地球が極方向にふくらんだ回転だ円体であるため
④	極付近のほうが赤道付近よりも長い	地球が赤道方向にふくらんだ回転だ円体であるため

B 砕屑物の挙動に関する次の図1を参照し，下の問い(**問3・問4**)に答えよ。

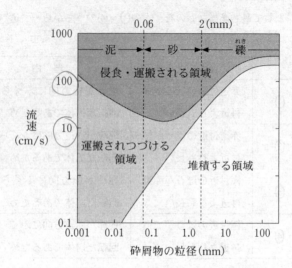

図1　侵食・運搬・堆積作用と砕屑物の粒径および流速との関係

問3 さまざまな流速下における砕屑物の挙動について述べた文として最も適当なものを，次の①〜④のうちから一つ選べ。　3

① 流速 10 cm/s の流水下では，静止状態にある粒径 0.01 mm の泥は動き出し，運搬される。

② 流速 10 cm/s の流水下では，粒径 10 mm の礫は堆積する。

③ 流速 100 cm/s の流水下では，粒径 0.1 mm の砂は堆積する。

④ 流速 100 cm/s の流水下では，静止状態にある粒径 100 mm の礫は動き出し，運搬される。

問 4　前ページの図 1 に示されるように，砕屑物の挙動には，砕屑物の粒径と流速が関係する。次の図 2 は，蛇行河川が，時間の経過に伴い移動する様子を示している。地点 X はある時期 A に蛇行河川の湾曲部の外側付近に位置していた。時間の経過とともに河川が東へ移動した結果，地点 X の堆積環境は，蛇行河川の湾曲部の内側(時期 B)を経て，植物の繁茂する後背湿地(時期 C)へと変化した。河川の移動に伴って地点 X で形成される地層の柱状図として最も適当なものを，下の①～④のうちから一つ選べ。　| 4 |

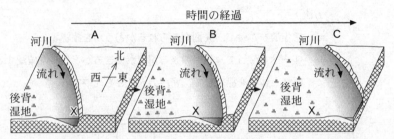

図 2　時間の経過に伴う蛇行河川の移動と地点 X の堆積環境の変化

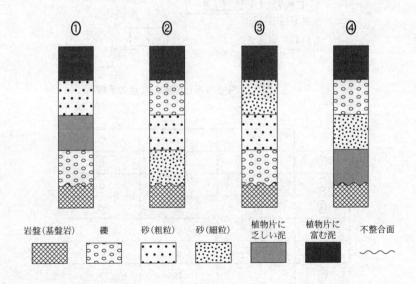

岩盤(基盤岩)　　礫　　砂(粗粒)　　砂(細粒)　　植物片に乏しい泥　　植物片に富む泥　　不整合面

C　岩石に関する次の問い(問5～7)に答えよ。

問5　高校生のSさんは，次の方法a～cを用いて，花こう岩と石灰岩，チャート，斑れい岩の四つの岩石標本を特定する課題に取り組んだ。下の図3は，その手順を模式的に示したものである。図3中の ア ～ ウ に入れる方法a～cの組合せとして最も適当なものを，下の①～⑥のうちから一つ選べ。 5

＜方法＞

a　希塩酸をかけて，発泡がみられるかどうかを確認する。

b　ルーペを使って，粗粒の長石が観察できるかどうかを確認する。

c　質量と体積を測定して，密度の大きさを比較する。

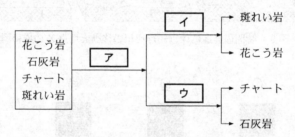

図3　四つの岩石標本の特定の手順

	ア	イ	ウ
①	a	b	c
②	a	c	b
③	b	a	c
④	b	c	a
⑤	c	a	b
⑥	c	b	a

問6　次の文章中の　エ　・　オ　に入れる語の組合せとして最も適当なものを，下の①~④のうちから一つ選べ。　6

枕状溶岩は，マグマが水中に噴出すると形成される。次の図4は，積み重なった枕状溶岩の断面が見える露頭をスケッチしたものである。マグマの表面が水に直接触れたため，右の拡大した図中で，表面に近い部分aは，内部の部分bよりも冷却速度が　エ　と予想できる。冷却速度の違いは，部分aの方が部分bより石基の鉱物が　オ　ことから確かめられる。

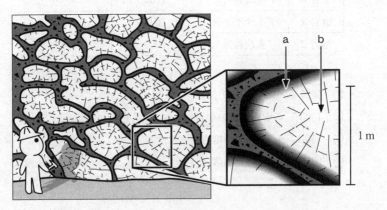

図4　積み重なった枕状溶岩の断面が見える露頭とその一部を拡大したスケッチ

	エ	オ
①	速　い	粗　い
②	速　い	細かい
③	遅　い	粗　い
④	遅　い	細かい

問 7 溶岩 X～Z の性質(岩質，温度，粘度)について調べたところ，次の表 1 の結果が得られた。表 1 中の粘度(Pa・s)の値が大きいほど，溶岩の粘性は高い。この表に基づいて，「SiO₂含有量が多い溶岩ほど，粘性は高い」と予想した。この予想をより確かなものにするには，表 1 の溶岩に加えて，どのような溶岩を調べるとよいか。その溶岩として最も適当なものを，下の①～④のうちから一つ選べ。 7

表1 溶岩 X～Z の性質

	岩 質	温度(℃)	粘度(Pa・s)
溶岩 X	玄武岩質	1100	1×10^2
溶岩 Y	デイサイト質	1000	1×10^8
溶岩 Z	玄武岩質	1000	1×10^5

① 1050 ℃ の玄武岩質の溶岩

② 1000 ℃ の安山岩質の溶岩

③ 950 ℃ の玄武岩質の溶岩

④ 900 ℃ の安山岩質の溶岩

第2問　次の問い（**A・B**）に答えよ。（配点　13）

A　台風と高潮に関する次の文章を読み，下の問い（**問1・問2**）に答えよ。

　　台風はしばしば高潮の被害をもたらす。これは，(a)気圧低下によって海水が吸い上げられる効果と，(b)強風によって海水が吹き寄せられる効果とを通じて海面の高さが上昇するからである。次の図1は台風が日本に上陸したある日の18時と21時の地上天気図である。

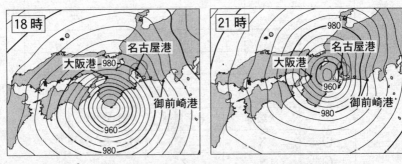

図1　ある日の18時と21時の地上天気図
　　　等圧線の間隔は4 hPa である。

問1　図1の台風において**下線部(a)の効果のみが作用している**とき，名古屋港における18時から21時にかけての海面の高さの上昇量を推定したものとして最も適当なものを，次の**①～④**のうちから一つ選べ。なお，気圧が1 hPa 低下すると海面が1 cm 上昇するものと仮定する。　**8**　cm

①　9　　　　　　**②**　18　　　　　　**③**　36　　　　　　**④**　54

問 2　次の表1は，前ページの図1の台風が上陸した日の18時と21時のそれぞれにおいて，前ページの文章中の**下線部(b)の効果のみ**によって生じた海面の高さの平常時からの変化を示す。X，Y，Zは，大阪港，名古屋港，御前崎港のいずれかである。各地点に対応するX〜Zの組合せとして最も適当なものを，下の①〜⑥のうちから一つ選べ。　9

表1　下線部(b)の効果による海面の高さの平常時からの変化(cm)
　　　＋は上昇，－は低下を表す。

	18 時	21 時
X	−66	＋5
Y	＋63	＋215
Z	＋31	＋32

	大阪港	名古屋港	御前崎港
①	X	Y	Z
②	X	Z	Y
③	Y	X	Z
④	Y	Z	X
⑤	Z	X	Y
⑥	Z	Y	X

B　地球温暖化に関する次の問い(**問3・問4**)に答えよ。

問3　次の文章中の　ア　・　イ　に入れる語の組合せとして最も適当なものを，下の①~④のうちから一つ選べ。　10

　　地球温暖化には，その影響を抑制もしくは促進させるしくみがはたらくことが考えられている。例えば，地球温暖化により雲の量が増加したと仮定する。雲の量が増加し，雲による太陽放射の反射が　ア　すると，地表気温の上昇が抑制されると予想される。一方，雲の量が増加し，雲による地表面方向の赤外放射が　イ　すると，地表気温の上昇が促進されると予想される。

	ア	イ
①	減　少	増　加
②	減　少	減　少
③	増　加	増　加
④	増　加	減　少

問4　地球温暖化に関連した温室効果について述べた文として最も適当なものを，次の①~④のうちから一つ選べ。　11

① 現在の地球全体の平均地表気温は，温室効果の影響がなければ0℃を下まわる。

② 温室効果によってペルー沖の海面水温が上昇する現象をエルニーニョ(現象)と呼ぶ。

③ 温室効果は，太陽系の惑星の中で地球でしかみられない。

④ 二酸化炭素は温室効果ガスであるが，メタンは温室効果ガスではない。

第3問　次の問い(**A・B**)に答えよ。(配点　13)

　A　太陽と宇宙の進化に関する次の問い(**問1・問2**)に答えよ。

　　問1　現在の太陽は，その進化段階のうち，どれに分類されるか。最も適当なものを，次の①~④のうちから一つ選べ。　| 12 |

　　　①　原始星　　　　　②　主系列星　　　③　赤色巨星　　　④　白色矮星

　　問2　宇宙の進化について述べた文として最も適当なものを，次の①~④のうちから一つ選べ。　| 13 |

　　　①　宇宙の誕生から約3秒後までに，水素とヘリウムの原子核がつくられた。
　　　②　宇宙の誕生から約38万年後に，水素の原子核が電子と結合した。
　　　③　宇宙の誕生から約45億年後に，最初の恒星が誕生した。
　　　④　宇宙の誕生から現在までに，約318億年経過した。

B　天体の観測に関する次の文章を読み，下の問い（**問3・問4**）に答えよ。

　　ある年の1月15日に，図1の左図に示す天体を観測した。図1の右図は左図
中の四角形で囲まれた領域における星の明るさと分布を示した図であり，天体像
が大きいほど明るいことを示す。時間をおいて，この天体を観測したところ，
図2(**a**), (**b**)に示すように，急に明るい天体**X**が現れ，徐々に暗くなっていった。

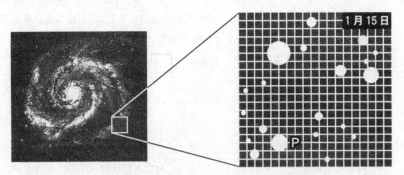

図1　天体全体の画像（左図）と星の分布図（右図）

右図は左図中の四角形で囲まれた領域における星の明るさ分布を示す。

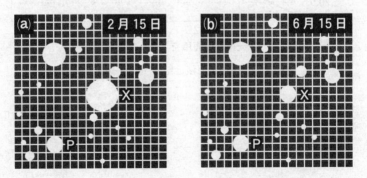

図2　図1の右図の領域における天体像の時間変化

(**a**), (**b**)はそれぞれ同じ年の2月15日，6月15日における星の明るさ分布を示す。

問 3　前ページの図1の左図に示された天体の種類として最も適当なものを，次
の①～④のうちから一つ選べ。　 14

　　①　惑星状星雲　　②　散開星団　　③　球状星団　　④　渦巻銀河

問 4　前ページの図2(**a**)，(**b**)において，天体Pの明るさを表す等級（見かけの等
級）は20.0等で一定であった。図2中の天体像の面積と等級の間には，次の
図3のような関係があった。天体Xの等級は，6月15日には天体Pと等し
かった。2月15日における天体Xの等級を表す数値として最も適当なもの
を，下の①～④のうちから一つ選べ。　 15

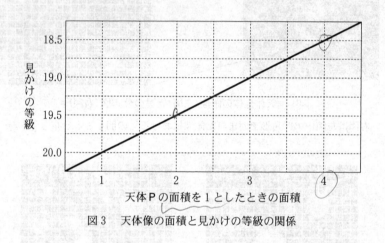

図3　天体像の面積と見かけの等級の関係

　①　18.5　　　　②　19.0　　　　③　19.5　　　　④　20.0

地　　　　　学

$$\left(\text{解答番号}\ \boxed{1}\ \sim\ \boxed{29}\ \right)$$

第１問 高校生のＳさんは，地球に多量の水が存在していることに関心をもち，水が多様な現象に影響を与えていることを整理した。次の図１は，そのときのノートの記述の一部である。この図１に関する下の問い（問１〜５）に答えよ。

（配点　18）

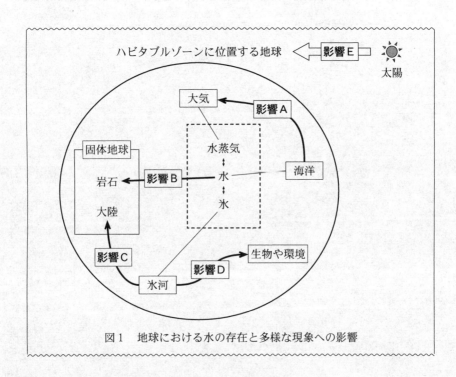

図１　地球における水の存在と多様な現象への影響

問 1　前ページの図１中の**影響 A**は，海洋が大気の現象に影響を及ぼしていることを示している。これに関連して述べた文として最も適当なものを，次の①〜④のうちから一つ選べ。　| 　1　|

① 亜熱帯高圧帯の海上では，年間の蒸発量は降水量よりも少ない。

② メキシコ湾流と北大西洋海流は，ヨーロッパに冷涼な気候をもたらす。

③ 海陸風は，日中の地上では，陸から海に向かって吹く。

④ 冬の日本海では，季節風が海上を吹くことに伴って，筋状の雲が生じる。

問 2 15 ページの図1中の**影響B**の一つとして，地下の岩石の部分融解(部分溶融)によるマグマの発生には，温度や圧力の変化という要因だけでなく，水の存在も影響することがあげられる。次の図2は，マントル上部を構成するかんらん岩について，マントルが水を含まない場合の融解曲線と水に飽和している場合の融解曲線を示している。図2中の点P，Qにおけるかんらん岩の状態について述べた次ページの文中の ┃ **ア** ┃・┃ **イ** ┃ に入れる語句の組合せとして最も適当なものを，次ページの①～⑥のうちから一つ選べ。 ┃ **2** ┃

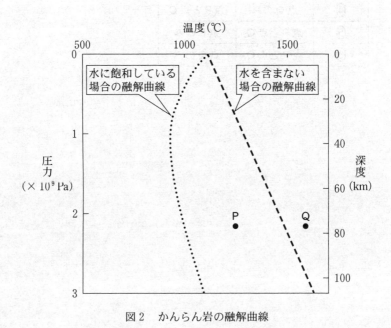

図2　かんらん岩の融解曲線

かんらん岩が部分融解しているのは，マントルが水を含まない場合は
ア で，水に飽和している場合は イ である。

	ア	イ
①	点Pのみ	点Qのみ
②	点Pのみ	点Pと点Q
③	点Qのみ	点Pのみ
④	点Qのみ	点Pと点Q
⑤	点Pと点Q	点Pのみ
⑥	点Pと点Q	点Qのみ

問 3 15 ページの図 1 中の**影響 C** の一つとして，氷河の消滅による地殻の隆起が
あげられる。次の図 3 は，氷期と現在における，ある地域での鉛直断面の模式
図である。氷期には厚さ 3.0 km の氷河が地殻を覆っていた。地殻を覆ってい
た氷河がとけ，十分時間が経過した現在までの地殻の隆起量 H は何 km とな
るか。最も適当な数値を，下の **①~④** のうちから一つ選べ。ただし，氷期と現
在いずれの期間でもアイソスタシーが成立しているとする。　　**3**　　km

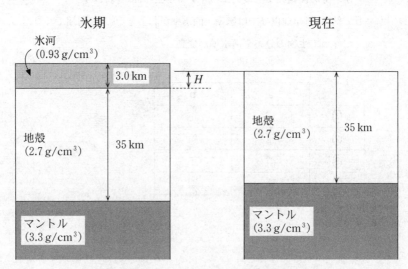

図 3　ある地域での氷期と現在の鉛直断面の模式図
地殻の厚さを 35 km とする。かっこ内の数値は密度である。

①　0.76　　　　　**②**　0.85　　　　　**③**　1.0　　　　　**④**　2.8

問 4 15ページの図1中の**影響D**の一つとして，ある時代に多くの水が凍って地球表層を覆うことにより，地球環境や生物が多大な影響を受けたことがあげられる。環境と生物に関して述べた次の文a・bの正誤の組合せとして最も適当なものを，下の①〜④のうちから一つ選べ。 4

a 約23億〜22億年前の全球凍結の間は，生物にとって過酷な環境であったが，その凍結終了直後にエディアカラ生物群が現れた。

b 約70万年前以降では氷期・間氷期がおよそ10万年周期でくり返し，それに伴って生物の分布や海水準が変動した。

	a	b
①	正	正
②	正	誤
③	誤	正
④	誤	誤

問 5　15 ページの図 1 中の**影響 E**に関連して，太陽に限らず恒星の周囲で液体の水をもつ惑星が存在できる領域をハビタブルゾーンという。それは，惑星が恒星から受けとる単位面積あたりの放射量が，太陽定数と同程度となる領域である。したがって，ハビタブルゾーンの位置は，中心にある恒星の光度によって変わる。A 型星と M 型星，太陽からそれぞれのハビタブルゾーンまでの距離を，短い順に並べたものとして最も適当な組合せを，次の①～⑥のうちから一つ選べ。ただし，ここでの A 型星と M 型星は主系列星である。　　5

距離

短い　────────→　長い

①	太　陽	A 型星	M 型星
②	太　陽	M 型星	A 型星
③	A 型星	太　陽	M 型星
④	A 型星	M 型星	太　陽
⑤	M 型星	太　陽	A 型星
⑥	M 型星	A 型星	太　陽

第2問 次の問い（**A～C**）に答えよ。（配点　18）

A 地磁気に関する次の文章を読み，下の問い（**問1・問2**）に答えよ。

　地磁気は一定ではなく，時間とともに変化している。次の図1は磁北極（伏角が90°の地点）の移動曲線である。近年の地磁気観測によると，(a)磁北極の移動する速さが急変しており，今後の変動が注視されている。

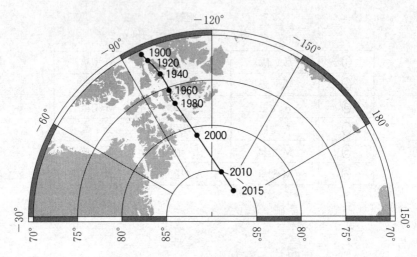

図1　1900～2015年の磁北極の移動曲線

灰色の部分は陸地を表す。

問 1 1960～1965 年と 2010～2015 年の各 5 年間に磁北極が移動した距離は，角距離でそれぞれ 0.31° と 2.4° である。各 5 年間に磁北極が移動した平均的な速さの組合せとして最も適当なものを，次の①～④のうちから一つ選べ。ただし，地球を球と仮定し，角距離は地球の中心で測るものとする。

<pre>   6</pre>

	1960～1965 年	2010～2015 年
①	7 km/年	53 km/年
②	7 km/年	270 km/年
③	34 km/年	53 km/年
④	34 km/年	270 km/年

問 2 前ページの文章中の下線部(a)に関して，数十～数千年の時間スケールで磁北極が移動する原因として最も適当なものを，次の①～④のうちから一つ選べ。 7

① プレートの運動
② マントルの対流
③ 外核の対流
④ 磁気嵐の発生

B 地震に関する次の問い(**問3**)に答えよ。

問3 次の図2は，ある地域において深さ30 kmで発生した地震について，P波の走時曲線を示したものである。この地域におけるP波の速度として最も適当な数値を，下の①～④のうちから一つ選べ。ただし，この地域におけるP波の速度は一定とする。また，すべての地震観測点は水平な地表面上にあるものとする。 $\boxed{8}$ km/s

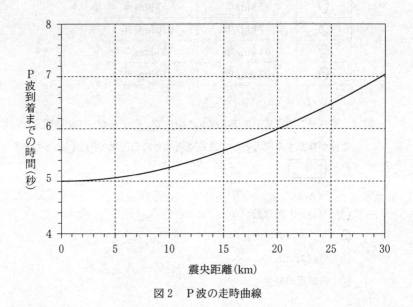

図2 P波の走時曲線

① 3.3   ② 5.0   ③ 6.0   ④ 8.3

C 隕石や鉱物，地球に関する次の問い(**問4・問5**)に答えよ。

問 4 隕石について述べた次の文章中の ア ・ イ に入れる語の組合せとして最も適当なものを，下の①～④のうちから一つ選べ。 9

　　隕石は，構成成分の割合によって3種類(鉄隕石，石鉄隕石，石質隕石)に大別されている。次の図3は，ある石鉄隕石Aの構成成分の割合を表している。石鉄隕石Aは， ア とケイ酸塩鉱物でほぼ構成されており，ケイ酸塩鉱物としてかんらん石が観察される。かんらん石は，化学組成が連続的に変化する イ の性質をもつ鉱物である。

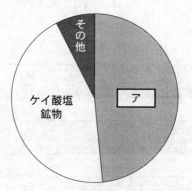

図3　ある石鉄隕石Aの構成成分の割合

	ア	イ
①	酸化鉄	多　形
②	酸化鉄	固溶体
③	金属鉄	多　形
④	金属鉄	固溶体

問 5　固体地球は，地殻とマントル，核からなる。次の図4は，地球全体と地殻の主要な元素の存在割合(重量比)を示している。マントルの主要な元素の存在割合を表したものとして最も適当なものを，下の①〜④のうちから一つ選べ。 10

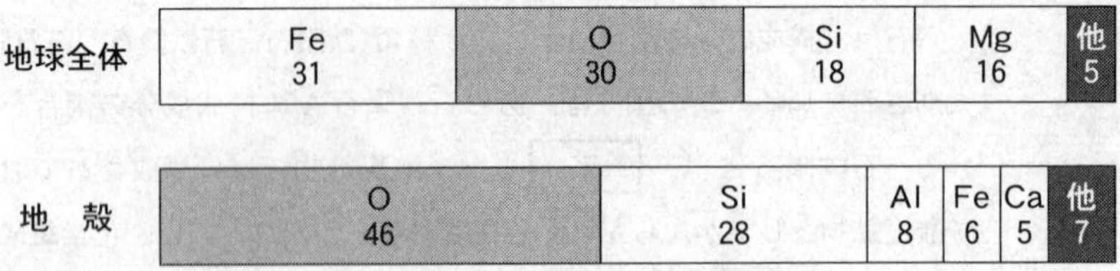

地球全体

| Fe 31 | O 30 | Si 18 | Mg 16 | 他 5 |

地　殻

| O 46 | Si 28 | Al 8 | Fe 6 | Ca 5 | 他 7 |

図4　地球全体と地殻の主要な元素の存在割合

数値は，重量比(%)を表す。

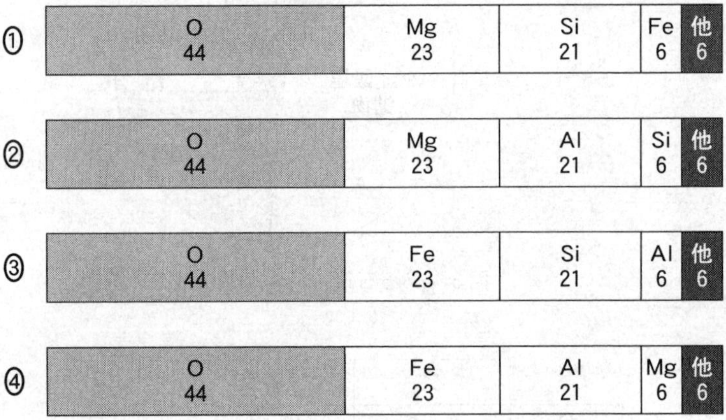

①

| O 44 | Mg 23 | Si 21 | Fe 6 | 他 6 |

②

| O 44 | Mg 23 | Al 21 | Si 6 | 他 6 |

③

| O 44 | Fe 23 | Si 21 | Al 6 | 他 6 |

④

| O 44 | Fe 23 | Al 21 | Mg 6 | 他 6 |

第3問　次の問い（**A・B**）に答えよ。（配点　21）

A　変成岩と造山帯に関する次の文章を読み，下の問い（**問1・問2**）に答えよ。

高校生のＳさんは，地学実験室で南極の昭和基地周辺の岩石標本を見つけ，この岩石についての探究活動を行った。そのレポートの一部を次に示す。

【観察結果】　次の図1に岩石標本の表面写真を示す。表面のしま模様をルーペで観察すると，黒色じまには，細粒から粗粒の角閃石や輝石が多く含まれ，白色じまには，粗粒の石英と長石が多く含まれていることがわかった。

図1　岩石標本の表面写真

【文献調査結果】　昭和基地周辺は，約5.5億年前の大陸と大陸の衝突帯（造山帯）に位置する。ここには(a)高温低圧型の広域変成岩が広く分布し，この変成岩は圧力が約 7×10^8 Pa（深さ約 25 km に相当）で，温度が約 850 ℃ に達する広域変成作用を受けた。

【考察】　この標本は大陸と大陸の衝突による変成作用で形成された　**ア**　という岩石である。しま模様が見られるこの岩石のでき方は　**イ**　と考える。

問1 前ページのレポート中の ア に入れる岩石名aまたはbと， イ に入れるこの岩石のでき方について述べた文cまたはdの組合せとして最も適当なものを，下の①〜④のうちから一つ選べ。 11

<岩石名>

 a 片麻岩

 b 結晶片岩

<岩石のでき方>

 c 高温のマグマの貫入によって局所的に岩石が熱せられることで形成された

 d 高温下で強く変形しながら鉱物が再結晶することで形成された

	ア	イ
①	a	c
②	a	d
③	b	c
④	b	d

問2 前ページのレポート中の下線部(a)に関して，この広域変成作用によって起こる現象について述べた文として最も適当なものを，次の①〜④のうちから一つ選べ。 12

① 石墨がダイヤモンドに変化する。

② 石灰岩が結晶質石灰岩(大理石)に変化する。

③ 紅柱石が珪線石に変化する。

④ 泥岩がホルンフェルスに変化する。

B 地質調査と古生物に関する次の文章を読み，下の問い(**問3～6**)に答えよ。

　　次の図2は，ある地域の地形と露頭の位置を示したものである。この地域で地質調査を行ったところ，地点A～Eのいずれの露頭でも砂岩中に1枚の凝灰岩層が見られた。また，地点Aの砂岩からは(b)ある示準化石が見つかったことから，この地域の地層の年代は(c)中生代であることがわかった。この地域の地層の走向は南北方向で，傾斜は東に45°である。断層や褶曲，地層の逆転，不整合はない。

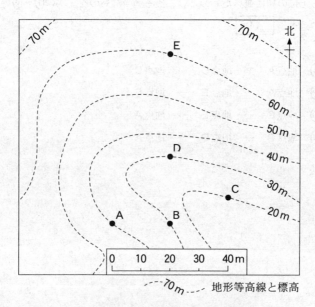

図2　ある地域の地形と露頭の位置

問 3 凝灰岩層を詳しく調べてみると，地点Bで見つかった凝灰岩層は，別の地点で見つかった凝灰岩層と同じものであることがわかった。地点Bに見られた凝灰岩層は，ほかのどの地点にあらわれるか。最も適当な地点を，次の①～④のうちから一つ選べ。 13

① 地点A   ② 地点C   ③ 地点D   ④ 地点E

問 4 前ページの図2の地域に分布する凝灰岩層の上下の関係について，下位から上位の順に並べたものとして最も適当なものを，次の①～④のうちから一つ選べ。 14

① 地点A → 地点D → 地点C
② 地点A → 地点E → 地点C
③ 地点C → 地点E → 地点A
④ 地点C → 地点D → 地点A

問 5　29 ページの文章中の下線部(b)に関連して，地点 A から見つかった化石の写真として最も適当なものを，次の①～④のうちから一つ選べ。なお，4枚の写真は，三葉虫，デスモスチルスの臼歯，トリゴニア，ビカリアのいずれかの化石を示している。　15

①

②

1 cm

1 cm

③

④

1 cm

1 cm

問 6   29 ページの文章中の下線部(C)に関連して，中生代に生じた地殻変動について述べた文として最も適当なものを，次の①～④のうちから一つ選べ。

16

① 超大陸ロディニアの分裂が進み，後の太平洋が形成され始めた。

② インド大陸がアジア大陸に衝突し，ヒマラヤ山脈が形成され始めた。

③ 超大陸パンゲアが分裂し，大西洋が形成され始めた。

④ 複数の大陸が集まり，超大陸ロディニアが形成された。

第 4 問　次の問い（**A**・**B**）に答えよ。（配点　23）

A　日本周辺の天候に関する次の問い（**問 1 ～ 3**）に答えよ。

問 1　梅雨期の天候に関連して述べた次の文 a・b の正誤の組合せとして最も適当なものを，下の①～④のうちから一つ選べ。　17

　　a　オホーツク海高気圧が発達すると，北日本の太平洋側に暖かく湿った北東風（やませ）が吹きやすくなる。

　　b　日本上空のジェット気流の南下に伴い，梅雨が明ける。

	a	b
①	正	正
②	正	誤
③	誤	正
④	誤	誤

問 2 温帯低気圧について述べた次の文章中の ア ～ ウ に入れる語の組合せとして最も適当なものを，下の①～④のうちから一つ選べ。 18

　　日本周辺で発達中の温帯低気圧では，地上の低気圧の中心に対して，対流圏上部の気圧の谷は ア 側に位置する。また，低気圧に伴う気温の高い領域で イ 側からの風が，気温の低い領域で ウ 側からの風が吹く。

	ア	イ	ウ
①	東	南	北
②	東	北	南
③	西	南	北
④	西	北	南

問 3 地上天気図と高層天気図との関係について述べた次の文章中の　エ ・
オ に入れる語の組合せとして最も適当なものを，下の①~④のうちか
ら一つ選べ。 19

　　図1は　エ のある日の地上天気図，図2 オ は同じ日の 500 hPa
等圧面の高層天気図である。この日は，地上天気図と高層天気図の両方に表
れる背の高い高気圧が南から日本を覆っている。

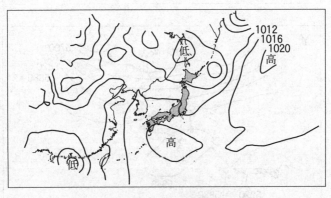

図1　地上天気図

太線は等圧線(hPa)を示す。前線を省略している。

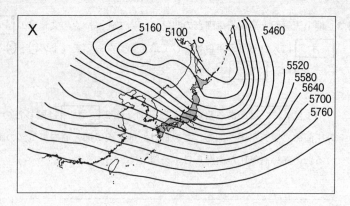

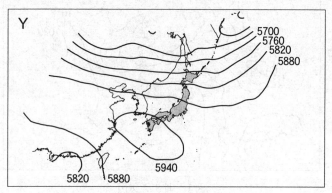

図2　500 hPa 等圧面の高層天気図

太線は等高線(m)を示す。

	エ	オ
①	夏	X
②	冬	X
③	夏	Y
④	冬	Y

B　海上を吹く風と海洋表層の流動に関連する次の文章を読み，下の問い(**問4〜7**)に答えよ。

　　海上に一定の風が吹き続けると，海面付近では，海水が最終的に風向からずれた方向に流される。また，そのずれ方は深さとともに変化する。このような流れはエクマン吹送流(すいそう)と呼ばれる。エクマン吹送流を深さ方向に足し合わせることで得られる(a)全体としての海水の輸送(エクマン輸送)の向きは，　カ　半球ならば風下に向かって直角右向きである。

　　(b)南半球のペルーの沖合は，同じ緯度の他の海域に比べて，一般に海面水温が低い。これはこの海域に吹いている　キ　風によるエクマン輸送がもたらす湧昇(ゆうしょう)が一つの要因である。

問4　上の文章中の　カ　・　キ　に入れる語の組合せとして最も適当なものを，次の①〜④のうちから一つ選べ。　20

	カ	キ
①	北	北東
②	北	南東
③	南	北東
④	南	南東

問 5　前ページの文章中の下線部(a)に関連して，次の図 3 は，エクマン輸送量（m²/s）が風速（m/s）と緯度（°）によってどのように変化するかを示したものである。この図から読みとれることについて述べた次の文 a・b の正誤の組合せとして最も適当なものを，下の①～④のうちから一つ選べ。　21

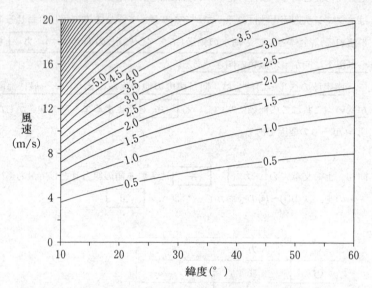

図 3　エクマン輸送量（m²/s）の風速と緯度に対する依存性
等値線はエクマン輸送量を示す。

a　同じ風速に対するエクマン輸送量は，低緯度ほど大きい。

b　同じ緯度では，風速が 2 倍になるとエクマン輸送量も 2 倍になる。

	a	b
①	正	正
②	正	誤
③	誤	正
④	誤	誤

問 6　北半球の太平洋中緯度で，海面の最も高い海域が，北太平洋中央部の西寄りに存在する理由として**関係のないもの**を，次の①〜④のうちから一つ選べ。　22

① 地球が自転していること

② 地球の形がほぼ球形であること

③ 地球が公転していること

④ 太平洋の西側に陸があること

問 7　37 ページの文章中の下線部(b)に関連して，エルニーニョ(現象)が発生すると，太平洋東部赤道域やペルー沖の海域の海面水温は平年に比べて高くなる。エルニーニョ(現象)の発生に関連して，太平洋低緯度域で見られる変化として最も適当なものを，次の①〜④のうちから一つ選べ。　23

① インドネシアでの降水量の増加

② 貿易風の強化

③ 赤道域での湧昇の強化

④ 太平洋西部赤道域での海面気圧の上昇

第5問　次の問い(**A・B**)に答えよ。(配点　20)

A　銀河系と銀河に関する次の問い(**問1 ～ 4**)に答えよ。

問 1　ダークマターについて述べた次の文 a・b の正誤の組合せとして最も適当なものを，下の①～④のうちから一つ選べ。 24

a　銀河系のダークマターを直接的に観測することは，可視光では不可能だが，電波では可能である。

b　銀河系の回転曲線を調べることによって，銀河系のダークマターの存在を知ることができる。

	a	b
①	正	正
②	正	誤
③	誤	正
④	誤	誤

問 2　次の図 1 は，ケフェウス座 δ 型変光星（セファイド型変光星）である天体
A の見かけの等級の時間変化を示している。この図 1 から，天体 A の 1 周
期あたりの平均の見かけの等級はおよそ 14.5 等級と読み取れる。ケフェウ
ス座 δ 型変光星の周期光度関係が下の図 2 で示される場合，この天体 A ま
での距離はおよそ何パーセクか。最も適当な数値を，下の ① 〜 ④ のうちから
一つ選べ。　| 25 |　パーセク

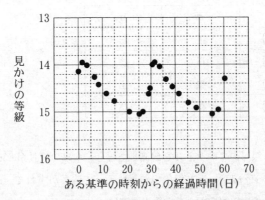

図 1　ケフェウス座 δ 型変光星である天体 A の見かけの等級の時間変化

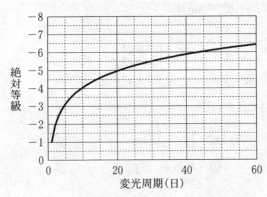

図 2　ケフェウス座 δ 型変光星の絶対等級と変光周期との関係

① 　1×10^3　　② 　1×10^4　　③ 　1×10^5　　④ 　1×10^6

問 3 活動的な銀河に関する次の文 a・b の正誤の組合せとして最も適当なもの
を，下の①～④のうちから一つ選べ。 26

a 通常の銀河に比べて非常に強い電波を放射している電波銀河には，中心
部から細くのびたジェットが観測されているものがある。

b 1000 億光年より遠方の距離にあるクェーサーも観測されている。

	a	b
①	正	正
②	正	誤
③	誤	正
④	誤	誤

問 4 ある銀河のスペクトルを観測したとき，本来の波長が 656 nm である水素
原子の Hα 線が，赤方偏移の効果によって波長がずれて，678 nm に観測さ
れた。この銀河のおよその後退速度は，

$$1 \times 10^{\boxed{ア}} \text{ km/s}$$

と推定することができる。 ア に入れる数値として最も適当なものを，
次の①～⑨のうちから一つ選べ。ただし，光速を 3×10^5 km/s とする。
27

① 1 ② 2 ③ 3 ④ 4 ⑤ 5
⑥ 6 ⑦ 7 ⑧ 8 ⑨ 9

B　恒星と星団に関する次の会話文を読み，下の問い（**問5・問6**）に答えよ。

ムサシ：HR 図について学んだけれど，星団によって形状が違うのかな？

サクラ：いい視点だね。二つの星団の HR 図（図3）を比較してみようか。

ムサシ：星団 X は主系列に並んだ星ばかりだけど，星団 Y の HR 図は散らばり
　　　　が大きいね。どうしてだろう。

サクラ：恒星がどのように進化するか思い出して。恒星の温度や光度は，進化と
　　　　ともに変わっていくよね。その恒星の進化や寿命は，主に，何によって決
　　　　まるのかな？

ムサシ：えっと，恒星の　**イ**　だよ。

サクラ：じゃあ，星団 Y の HR 図から何が読み取れる？

ムサシ：(a)星団 Y には高温の主系列星がほとんどないね。星団 Y は　**ウ**　星
　　　　団かな。

サクラ：そのとおり。

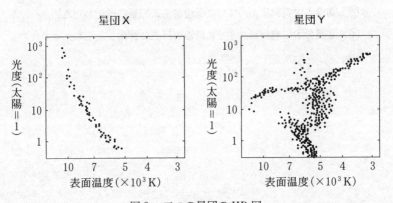

図3　二つの星団の HR 図

問 5 前ページの会話文中の ┃ イ ┃・┃ ウ ┃に入れる語の組合せとして最も適当なものを，次の①～④のうちから一つ選べ。 ┃ 28 ┃

	イ	ウ
①	質 量	球 状
②	質 量	散 開
③	種 族	球 状
④	種 族	散 開

問 6 前ページの会話文中の下線部(a)の理由として最も適当なものを，次の①～④のうちから一つ選べ。 ┃ 29 ┃

① 低温の巨星が，まだ高温の主系列星に進化していないため。

② 低温の主系列星が，まだ高温の主系列星に進化していないため。

③ 高温の主系列星が，すでに低温の主系列星に進化したため。

④ 高温の主系列星が，すでに低温の巨星に進化したため。

共通テスト

2021

本試験
（第2日程）

地学基礎：

解答時間　2科目60分

配点　2科目100点

（物理基礎，化学基礎，生物基礎，
地学基礎から2科目選択）

地学：

解答時間60分　配点100点

地 学 基 礎

（解答番号 ┃ 1 ┃ ～ ┃ 15 ┃）

第1問 次の問い(**A〜C**)に答えよ。(配点 27)

A 地球の変遷(へんせん)と活動に関する次の問い(問1〜3)に答えよ。

問1 地球形成初期の地球の大気と海洋について述べた次の文 a・b の正誤の組合せとして最も適当なものを、下の①〜④のうちから一つ選べ。┃ 1 ┃

a 原始地球の地表の温度が下がると、原始大気中の水蒸気が凝結して雨として地表に降り、原始海洋ができた。

b 原始大気に含まれていた大量の二酸化炭素は、原始海洋に溶け込んで減少した。

	a	b
①	正	正
②	正	誤
③	誤	正
④	誤	誤

問 2　プレート境界で起こる現象について述べた文として最も適当なものを，次の①～④のうちから一つ選べ。　2

①　中央海嶺では，噴出した流紋岩質溶岩が冷えて固まり，新しい海洋地殻がつくられる。

②　沈み込み帯では，海溝から火山前線(火山フロント)までの間に多数の火山が分布する。

③　震源の深さが 100 km より深い地震のほとんどは，トランスフォーム断層で起こる。

④　海溝沿いで規模の大きな地震がくり返し発生するのは，海洋プレートの沈み込みが原因である。

問3 一つの地震で放出されるエネルギーは，地震の規模(マグニチュード)とともに大きくなる。一方，マグニチュードが大きい地震ほど数が少ない。次の図1は，マグニチュードと地震の数の関係を示している。マグニチュード5.3の全地震で放出されたエネルギーの総和は，マグニチュード4.3の全地震で放出されたエネルギーの総和の約何倍か。最も適当な数値を，下の①〜④のうちから一つ選べ。約 | 3 | 倍

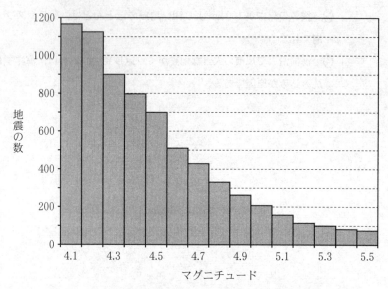

図1　マグニチュードと地震の数の関係

2000年から2016年までに日本周辺で発生した震源の深さが30 kmより浅い地震。

① 0.1　　　　② 3.6　　　　③ 32　　　　④ 288

B 地質と地質時代の生物に関する次の文章を読み，下の問い(**問4〜6**)に答え
よ。

次の図2は，ある地域の模式的な地質断面図である。地層Xからはイノセラ
ムス，地層Yからはフズリナ，地層Zからは三葉虫の化石がそれぞれ産出し
た。また，不整合面と断層I，断層IIが見られた。断層はその傾斜方向にのみず
れており，地層の逆転はない。

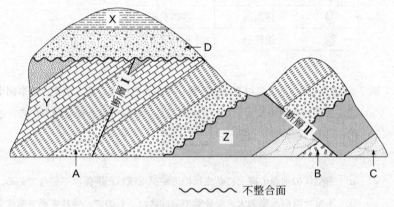

〰〰〰〰　不整合面

図2　ある地域の模式的な地質断面図

同じ模様は同一の地層を表している。

問4 図2の地層A〜Dのうち最も古い地層を，次の**①**〜**④**のうちから一つ選
べ。　4

① 地層A　　　**②** 地層B　　　**③** 地層C　　　**④** 地層D

問 5 前ページの図2の断層Ⅰの種類と活動の時期の組合せとして最も適当なものを，次の①～⑥のうちから一つ選べ。 5

	断層の種類	活動の時期
①	正断層	三畳紀
②	正断層	古第三紀
③	正断層	オルドビス紀
④	逆断層	三畳紀
⑤	逆断層	古第三紀
⑥	逆断層	オルドビス紀

問 6 前ページの図2には複数の不整合面が示されている。不整合の事例や成因を説明した次の文a・bの正誤の組合せとして最も適当なものを，下の①～④のうちから一つ選べ。 6

a　古生代の地層の直上に新生代の地層が堆積した関係は不整合である。

b　不整合は海水準の大きな変動で形成されるもので，地殻変動で形成されることはない。

	a	b
①	正	正
②	正	誤
③	誤	正
④	誤	誤

C 岩石と鉱物に関する次の問い（**問7・問8**）に答えよ。

問7 歴史好きのSさんは，城の石垣に使われている岩石を観察し，地域ごとに特色があることに興味をもった。次の表1は，Sさんが訪れたA城〜C城の石垣の岩石の観察結果と，それに基づいてSさんが判断した岩石名を記している。しかし，岩石名には**誤っているものもある**。A城〜C城の石垣の岩石名の正誤の組合せとして最も適当なものを，下の**①**〜**⑥**のうちから一つ選べ。 7

表1 各城の石垣の岩石の観察結果と，判断した岩石名

	石垣の岩石の観察結果	岩石名
A城	全体的に緑っぽく，鉱物が一定方向に配列し，片理が発達した組織がみられる	ホルンフェルス
B城	全体的に白っぽく，石英・斜長石・カリ長石・黒雲母などからなり，等粒状組織がみられる	花こう岩
C城	全体的に灰色っぽく，火山礫や火山灰などの火山砕屑物が固結してできている	石灰岩

	A城の石垣の岩石名	B城の石垣の岩石名	C城の石垣の岩石名
①	正	正	誤
②	正	誤	正
③	正	誤	誤
④	誤	正	正
⑤	誤	正	誤
⑥	誤	誤	正

問 8 次の文章中の ア ・ イ に入れる語の組合せとして最も適当なものを，下の①〜④のうちから一つ選べ。 8

　　鉱物の結晶が特定方向の面に沿って割れやすい性質を ア という。この性質は，結晶構造の骨組みをつくる SiO_4 四面体のつながり方に強く影響を受けており，造岩鉱物を区別するのに利用される。例えば， イ は，SiO_4 四面体がシート状(平面的な網目状)につながった結晶構造であるため，薄くはがれやすい。

	ア	イ
①	へき開	黒雲母
②	へき開	石　英
③	自　形	黒雲母
④	自　形	石　英

第2問 次の問い(**A・B**)に答えよ。(配点 13)

A 地球のエネルギー収支と熱の輸送に関する次の文章を読み，下の問い(**問1・問2**)に答えよ。

太陽から放射される電磁波のエネルギーは ┃ **ア** ┃ の波長域で最も強い。一方，地球は主に ┃ **イ** ┃ の波長域の電磁波を宇宙に向けて放射している。地球が太陽から受け取るエネルギー量と，地球が宇宙に放出するエネルギー量は，地球全体ではつり合っているが，緯度ごとには必ずしもつり合っていない。これは，(a)大気と海洋の循環により熱が南北方向に輸送されていることと関係している。

問1 上の文章中の ┃ **ア** ┃・┃ **イ** ┃ に入れる語の組合せとして最も適当なものを，次の①～⑥のうちから一つ選べ。 ┃ 9 ┃

	ア	イ
①	紫外線	可視光線
②	紫外線	赤外線
③	可視光線	紫外線
④	可視光線	赤外線
⑤	赤外線	紫外線
⑥	赤外線	可視光線

問 2 前ページの下線部(a)に関して，次の図1は大気と海洋による南北方向の熱輸送量の緯度分布を，北向きを正として示したものである。海洋による熱輸送量は実線と破線の差で示される。大気と海洋による熱輸送に関して述べた文として最も適当なものを，下の①〜④のうちから一つ選べ。 10

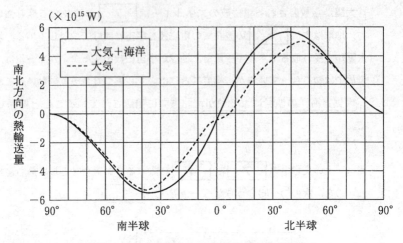

図1 大気と海洋による熱輸送量の和(実線)と
大気による熱輸送量(破線)の緯度分布

① 大気と海洋による熱輸送量の和は，北半球では南向き，南半球では北向きである。

② 北緯10°では，海洋による熱輸送量の方が大気による熱輸送量よりも大きい。

③ 海洋による熱輸送量は，北緯45°付近で最大となる。

④ 大気による熱輸送量は，北緯70°よりも北緯30°の方が小さい。

B 地球における大気と海洋の温度に関する次の問い（**問3・問4**）に答えよ。

問3 気圧と気温の鉛直分布に関して述べた次の文章中の ウ ・ エ に入れる数値と語の組合せとして最も適当なものを，下の①～④のうちから一つ選べ。 11

　　平均的な気圧は，中間圏までは，およそ16 km 上昇するごとに10分の1になる。海面の気圧が1000 hPa の場合，気圧が1 hPa である高度はおよそ ウ km となる。この高度は成層圏と中間圏の境界に相当する。この高度の気温は，気圧が100 hPa である高度の気温に比べて エ 。

	ウ	エ
①	32	低 い
②	32	高 い
③	48	低 い
④	48	高 い

問4 中緯度の海洋における水温の鉛直分布に関して述べた次の文a・bの正誤の組合せとして最も適当なものを，下の①～④のうちから一つ選べ。

12

a 表層混合層の水温は深層の水温よりも低い。

b 表層混合層と深層との間には，水温が深さとともに大きく変化する水温躍層（主水温躍層）が存在する。

	a	b
①	正	正
②	正	誤
③	誤	正
④	誤	誤

第3問　次の会話文を読み，下の問い(問1～3)に答えよ。(配点　10)

生徒：太陽系には，どんな元素がどれくらいありますか？

先生：太陽系の元素の中で個数比の多いものから順に並べると次の表1のようになります。

生徒：元素xとヘリウムは，他よりずいぶんと多いですね。3番目の元素yは何ですか？

先生：元素yは地球の大気で2番目に多い元素です。元素zは，ダイヤモンドにもなりますし，天王星や海王星が青く見えることにも関係します。

生徒：なるほど。地球の核に含まれる元素で最も多い　ア　は，太陽系の中で個数比が多い上位4番目までの元素には入らないのですね。この元素組成の違いの原因は何でしょうか？

先生：地球の形成過程を反映しているのかもしれません。

生徒：地球は　イ　誕生したのですよね。ところで，　ア　は，そもそも，どこでつくられるのですか？

先生：太陽より質量のかなり大きい恒星でつくられることもありますし，恒星の進化の最後に起こる爆発現象でつくられることもあります。

生徒：私も将来，星の誕生や進化と元素の関係を調べてみたいと思います。

表1　太陽系の中で個数比が多い上位4番目までの元素

元素名	個数比
x	1.2×10^1
ヘリウム	1
y	5.7×10^{-3}
z	3.2×10^{-3}

個数比はヘリウムを1としたときの値を示す。

問 1　前ページの会話文中の ア ・ イ に入れる語句の組合せとして最も適当なものを，次の①～⑥のうちから一つ選べ。 13

	ア	イ
①	鉄	原始太陽に微惑星が衝突して
②	鉄	原始太陽のまわりのガスが自分の重力で収縮して
③	鉄	原始太陽のまわりの微惑星が衝突・合体して
④	ニッケル	原始太陽に微惑星が衝突して
⑤	ニッケル	原始太陽のまわりのガスが自分の重力で収縮して
⑥	ニッケル	原始太陽のまわりの微惑星が衝突・合体して

問 2　前ページの表1の x と y，z の元素名の組合せとして最も適当なものを，次の①～⑥のうちから一つ選べ。 14

	x	y	z
①	水 素	酸 素	炭 素
②	水 素	炭 素	酸 素
③	酸 素	水 素	炭 素
④	酸 素	炭 素	水 素
⑤	炭 素	水 素	酸 素
⑥	炭 素	酸 素	水 素

問 3　太陽系の起源や天体の化学組成などを調べるために，日本の探査機「はやぶ
さ2」のように，太陽系の小天体に探査機を送り，岩石試料を地球に持ち帰り
直接分析することが試みられている。太陽系の小天体の一種である小惑星の画
像の例として最も適当なものを，次の①〜④のうちから一つ選べ。　　15

＊①〜④の写真は，編集の都合上，類似の写真に差し替え。
写真提供　①：NASA/JPL　②：JAXA　③：国立天文台
④：NASA

地　　　　学

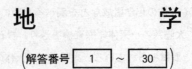

（解答番号 $\boxed{1}$ ～ $\boxed{30}$）

第1問　地学では長大な時間スケールや広大な空間スケールの現象を理解・把握する感覚を身につけることが大切である。次の問い(**A・B**)に答えよ。(配点　17)

A　長大な時間スケールをもつ地学的な事物・現象に関する次の文章を読み，下の問い(**問1・問2**)に答えよ。

　生物は時代とともに生息空間を拡大し，海から陸，さらには空へと進出していった。次の図1は，その生息空間の拡大過程の模式図である。

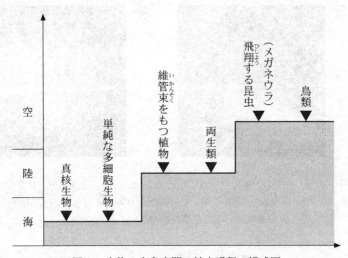

図1　生物の生息空間の拡大過程の模式図

　縦軸は生息空間を海，陸，空の3段階で表し，横軸は地質時代を示すが，長さは時間に比例しない。各生物の出現・進出時期を記号(▼)で示す。

問1　前ページの図1に地質時代の区分を加えたものとして最も適当なものを，次の①～④のうちから一つ選べ。　1

①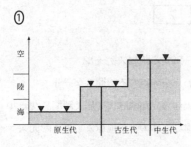

②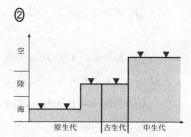

③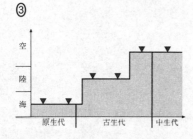

④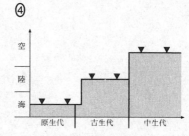

問 2 宇宙ではさまざまな時間スケールの現象が起きている。60ページの図1の鳥類の出現に関連して，鳥類出現から現在までのおおよその時間を，宇宙で起きている現象の時間スケールと比較したとき，最も近いものを，次の①～④のうちから一つ選べ。 $\boxed{\text{2}}$

① 海王星が太陽のまわりを一周する時間スケール

② 太陽が銀河系の中心のまわりを一周する時間スケール

③ 銀河系の中心付近にある天体の光が地球まで届く時間スケール

④ 現在観測されている最も遠い天体の光が地球まで届く時間スケール

B 広大な空間スケールをもつ地学的な事物・現象に関する次の問い（**問3〜5**）に答えよ。

問3 地球の自転によってはたらく転向力（コリオリの力）に関する次の文章中の ｜ **ア** ｜・｜ **イ** ｜に入れる語の組合せとして最も適当なものを，下の①〜④のうちから一つ選べ。｜ **3** ｜

北半球のある場所にいる観測者に向けて北極から飛行機が離陸した。次の図2のように飛行機は高度を変えずに経線に沿って一定の速さで飛び続け，やがて観測者の真上を通過した。このとき，転向力によって ｜ **ア** ｜側に飛行機がずれていかないように，飛行方向を常に調整する必要がある。また，飛行機にはたらく転向力は，同じ飛行速度であれば緯度が ｜ **イ** ｜ほど大きい。

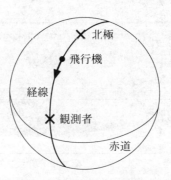

図2 飛行経路の模式図

	ア	イ
①	西	高 い
②	西	低 い
③	東	高 い
④	東	低 い

問 4 次の図3は，メキシコのエルチチョン火山が1982年に噴火したときに成
層圏へ放出された火山ガス中の二酸化硫黄の広がりを表している。これによ
り，この時期の赤道上空の成層圏では，地球を一周する東風が吹いていたこ
とがわかる。図3に基づいて，この東風の風速を求めると，何 km/h になる
か。最も近い数値を，下の①～④のうちから一つ選べ。　　4 　 km/h

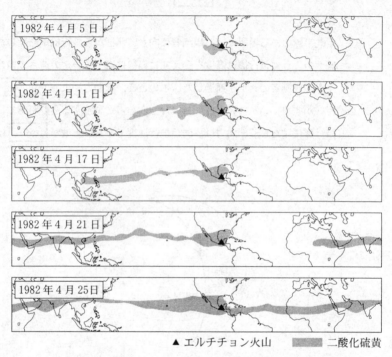

▲ エルチチョン火山　　▨▨▨ 二酸化硫黄

図3　エルチチョン火山の噴火により成層圏へ放出された
　　　二酸化硫黄の広がり

① 5　　　　　　　② 20　　　　　　③ 80　　　　　④ 320

問 5　約77万年前に起きた直近の地磁気逆転の起こり方について，地球中心においた棒磁石を用いる次の**仮説M**を考える。**仮説M**を表した模式図として最も適当なものを，下の①～④のうちから一つ選べ。　5

仮説M　棒磁石の強さが徐々に減少して，棒磁石の極の位置が急激に変化することで逆転が起こった。逆転後に棒磁石の強さは徐々に回復した。過程全体の時間スケールは数千年程度であった。ただし，棒磁石の極は棒磁石の軸が地表と交わる点とする。

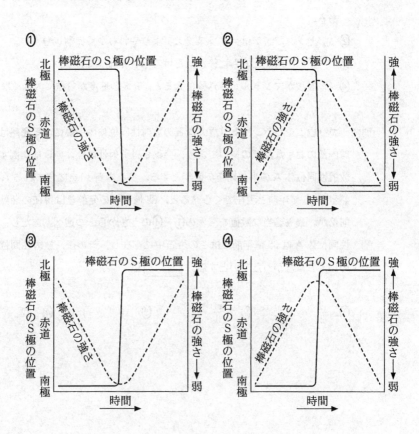

第2問 次の問い(**A・B**)に答えよ。(配点 17)

A 地球内部の構成と運動，地震活動に関する次の問い(問1〜4)に答えよ。

問1 地球の内部について述べた文として最も適当なものを，次の①〜④のうち
から一つ選べ。 6

① 南太平洋の下のマントルの最下部には，大規模な地震波の高速度領域が
ある。

② アセノスフェアは，リソスフェアよりやわらかく流動しやすい。

③ 内核は，時間とともに徐々にとけて小さくなっている。

④ 地震波がマントルから外核に入ると，P波の速度が急激に大きくなる。

問2 カリウムやウラン，トリウムなどの放射性同位体の崩壊による発熱は，地
球内部のおもな熱源の一つであり，発熱量は放射性同位体の量に比例する。
放射性同位体 A の半減期を7億年とする。ある岩石1 kg に含まれる A の発
熱量を35億年前と現在でくらべると，35億年前の発熱量は現在の発熱量の
何倍か。最も適当な数値を，次の①〜④のうちから一つ選べ。ただし，放射
性同位体 A は35億年前にはこの岩石中に存在し，その後，放射性同位体 A
の出入りはなかったものとする。 7 倍

① $\frac{1}{32}$ ② $\frac{1}{10}$ ③ 10   ④ 32

問 3 次の図1は，ある海洋プレート上の火山列と，その火山活動の年代を示している。活動中の火山がホットスポット上にあり，その北東側に，かつて同じホットスポットで活動していた火山が連なっている。ホットスポットの位置は変化しなかったとすると，**地点 X** の火山が活動していた時期を境にプレートの移動がどのように変化したと考えられるか。最も適当なものを，下の①～④のうちから一つ選べ。 　8

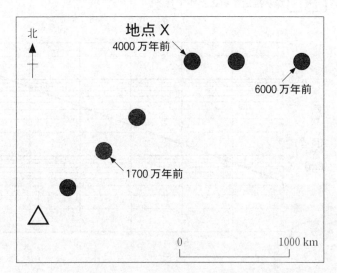

図1　ある海洋プレート上の火山列とその火山活動の年代

　△印は活動中の火山の位置を，●印はかつて活動していた火山の位置を表す。

① 南西向きから西向きに変化

② 西向きから南西向きに変化

③ 北東向きから東向きに変化

④ 東向きから北東向きに変化

問 4 次の文章中の ア ・ イ に入れる数値と語句の組合せとして最も適当なものを，下の①～④のうちから一つ選べ。 9

　地震のマグニチュードと断層の長さとの間には次の図2に示した関係がある。この関係から，マグニチュードが2.0大きくなると断層の長さは約 ア 倍になることがわかる。また，本震を起こした断層の範囲は，イ から推定することができる。

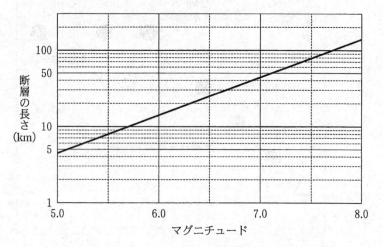

図2　マグニチュードと断層の長さとの関係

	ア	イ
①	10	余震の震源分布
②	10	本震のPS時間（初期微動継続時間）
③	100	余震の震源分布
④	100	本震のPS時間（初期微動継続時間）

B 鉱物と鉱床に関する次の問い(**問5**)に答えよ。

問5 日本には世界的にも有名な黒鉱鉱床が存在する。黒鉱鉱床の成因と黒鉱に含まれるおもな鉱物の組合せとして最も適当なものを，下の①〜④のうちから一つ選べ。 10

<黒鉱鉱床の成因>

　a　高温多雨の環境で，岩石の化学的風化によってできた鉱床である。

　b　海底での火成活動に伴った熱水の噴出によってできた鉱床である。

<黒鉱に含まれるおもな鉱物>

　c　アルミニウムを主成分とする鉱物

　d　鉛・亜鉛を主成分とする鉱物

	黒鉱鉱床の成因	黒鉱に含まれるおもな鉱物
①	a	c
②	a	d
③	b	c
④	b	d

第3問　次の問い(A・B)に答えよ。(配点　23)

A　火成岩と偏光顕微鏡に関する次の問い(問1〜3)に答えよ。

問1　ある火山で採取した溶岩Vから薄片(プレパラート)を作成し，偏光顕微鏡を用いて鉱物や組織を観察した。その結果，斑晶として斜長石，輝石，角閃石，石英が認められた。**開放ニコル(平行ニコル)** で観察したとき，これらの鉱物が示す特徴を述べた文として最も適当なものを，次の①〜④のうちから一つ選べ。　11

① 斜長石には鮮やかな干渉色が見られた。

② 輝石には鮮やかな干渉色が見られた。

③ 角閃石には強い多色性が見られた。

④ 石英には強い多色性が見られた。

問 2 溶岩 V の薄片の一部を**直交ニコル**で観察したときの組織の模式図を次の図 1 に示す。ステージ（載物台）を 90° 回転したときに観察できる像の模式図として最も適当なものを，下の①〜④のうちから一つ選べ。なお，図 1 および選択肢の模式図において，鉱物や石基（火山ガラス）の黒色部は暗黒を表し，白色の破線は鉱物の外形を示す。　12

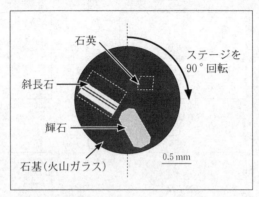

図 1　溶岩 V から作成した薄片を直交ニコルで観察したときの組織の模式図

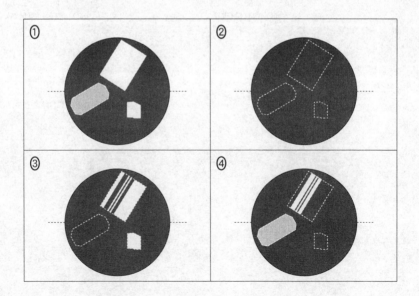

問 3 さらに詳しく調べた結果，溶岩 V は，玄武岩質マグマ X から結晶分化作
用によって形成されたマグマが噴出し，地表で固結した安山岩であることが
わかった。溶岩 V および玄武岩質マグマ X の化学組成を表す図として最も
適当なものを，次の①〜④のうちから一つ選べ。 13

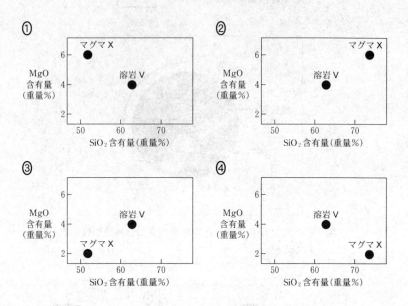

B 次の文章を読み，地質と古生物に関する下の問い(問4〜7)に答えよ。

　　ジオさんは次の図2のような，未完成のルートマップを見つけた。この地域は平坦で，斜交葉理(クロスラミナ)のみられる砂岩層と石灰岩層が分布する。A〜Eの5地点の地表面の地層がすべてN45°Wの走向を示すことがわかっているが，傾斜の角度と向きはわかっていない。この地域には不整合，断層および地層の逆転はない。

　　ジオさんはこの地域の地質構造が，褶曲構造か同斜構造(一連の地層が同じ向きに等しい角度で傾いてできた構造)のいずれかであろうと推定し，この地域の地質を自分で調査した。

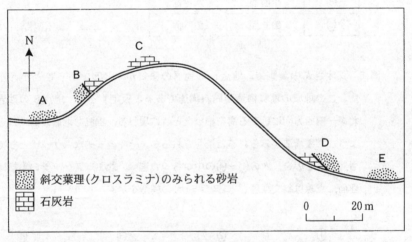

図2　ある地域のルートマップ

問 4 地層の走向・傾斜について述べた次の文中の ア ・ イ に入れる語の組合せとして最も適当なものを，下の①〜④のうちから一つ選べ。 14

　　走向とは，層理面と ア との交線の方向であり，傾斜の角度は，層理面と イ とのなす角である。

	ア	イ
①	水平面	水平面
②	水平面	鉛直面
③	鉛直面	水平面
④	鉛直面	鉛直面

問 5 ジオさんの調査で，地点Dの地層の傾斜が30°NEであることがわかった。この地域の地質構造が同斜構造であると仮定すると，地点Bの砂岩に北東—南西方向に延びる溝を掘ったときに現れる，垂直な地層断面にはどのような堆積構造がみられると予想されるか。その模式的なスケッチとして最も適当なものを，次の①〜④の中から一つ選べ。なお，スケッチの実線は層理面，点線は斜交葉理(クロスラミナ)の構造を示す。 15

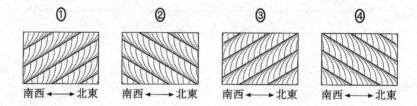

①　　　　　　　②　　　　　　　③　　　　　　　④

南西←→北東　　南西←→北東　　南西←→北東　　南西←→北東

問 6　ジオさんはさらに調査を進め，地点 A の砂岩から新第三紀の浮遊性有孔
虫化石，地点 C の石灰岩からカヘイ石，地点 E の砂岩からデスモスチルス
の化石を発見した。**このことから同斜構造の仮定は否定された。**これらの化
石とルートマップから推定されるこの地域の地質構造として最も適当なもの
を，次の①～④のうちから一つ選べ。　16

①　北東—南西方向の褶曲軸をもつ単一の向斜構造

②　北東—南西方向の褶曲軸をもつ単一の背斜構造

③　北西—南東方向の褶曲軸をもつ単一の向斜構造

④　北西—南東方向の褶曲軸をもつ単一の背斜構造

問 7　地点 A の砂岩が堆積した新第三紀のできごととして最も適当なものを，
次の①～④のうちから一つ選べ。　17

①　日本海が急速に拡大し，日本列島が弧状列島となった。

②　美濃—丹波帯の付加体が形成された。

③　筑豊炭田，夕張炭田など石炭を含む地層が形成された。

④　秋吉帯や超丹波帯の付加体が形成された。

第4問 次の問い（A〜C）に答えよ。（配点 20）

A 大気に関する次の問い（問1〜3）に答えよ。

問1 次の図1は，日本の標高5m以下の複数の地点について，各地点で観測された年平均気温の平年値と，ある基準点から各地点まで北向きに測った距離（緯度差を距離に換算したもの）との関係を表したものである。この図の直線の傾きから，北向きの移動に対する気温低下の割合を読み取ることができる。標高が高くなることに対する気温低下の割合を6.5℃/kmと仮定すると，標高0mの地点から標高2000mの地点に行くことによる気温低下と同程度の気温低下を得るためには，北へ何km移動すればよいか。その移動距離として最も適当な数値を，下の①〜④のうちから一つ選べ。 18 km

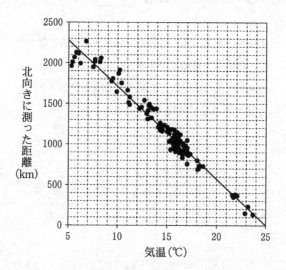

図1 日本の標高5m以下の各地点で観測された年平均気温の平年値とある基準点から各地点まで北向きに測った距離との関係

黒丸は各地点の値を表し，実線はその分布の近似直線を表す。

① 75 ② 150 ③ 750 ④ 1500

問2 次の図2のように，温度21℃，相対湿度100％の海上の空気が標高
1400mの山を越えて標高0mの平野部に吹き下りるときに起こるフェーン
現象について考える。山の斜面を上るときは雲が生じて雨が降り，下りると
き雲は消えているものとする。下の図3に湿潤断熱減率に従う高度に対する
温度の変化を示す。また，乾燥断熱減率を10℃/kmとする。平野部に吹き
下りた空気の温度として最も適当な数値を，下の①～④のうちから一つ選
べ。 19 ℃

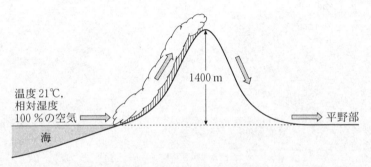

図2 フェーン現象の模式図

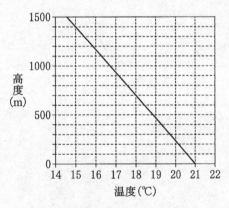

図3 湿潤断熱減率に従う高度に対する
温度の変化

① 21 ② 29 ③ 35 ④ 41

問 3 冬季の成層圏の極渦について述べた文として誤っているものを，次の①～④のうちから一つ選べ。 20

① 極渦は，極を中心とした巨大な高気圧である。

② 極渦を取り囲むように強い風が吹いている。

③ 極渦の内側で，極成層圏雲が発生する。

④ 極渦が一時的に崩壊し，極域の成層圏の気温が急激に上昇することがある。

B 潮汐に関する次の文章を読み，下の問い（**問4・問5**）に答えよ。

　地球全体が海水で覆われていると仮定したときに，起潮力（潮汐力）によって，月に面した側とその反対側に海面の高いところ（満潮）ができる。次の図4は，その様子を模式的に示したものである。地球は，紙面に垂直な自転軸のまわりを約1日で1回自転し，月は，赤道面上を公転しているとする。この図に基づいて潮汐を考えると，地球の自転に伴い，約1日に　**ア**　回の干潮・満潮が起こる。干潮・満潮の潮位差は，　**イ**　で最大となる。

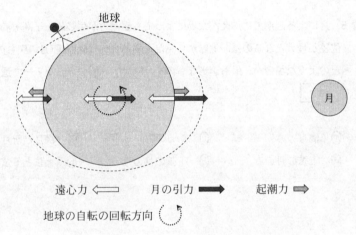

図4　起潮力によってできる海面の高低の模式図

　地球のまわりの破線は，地球の全体を海水で覆ったと仮定したときの，起潮力につり合った海面の形を表す。

問 4 前ページの文章中の ア ・ イ に入る数値と語の組合せとして最も適当なものを，次の①〜④のうちから一つ選べ。 21

	ア	イ
①	1	赤　道
②	1	両　極
③	2	赤　道
④	2	両　極

問 5 月による起潮力に加え，太陽によっても起潮力が生じる。干潮・満潮の潮位差が最大となるのは，地球から見た太陽と月の位置関係(月の満ち欠け)がどのような場合か。最も適当なものを，次の①〜⑥のうちから一つ選べ。 22

① 満月のみ　　　　② 新月のみ　　　　③ 満月と新月

④ 上弦の月のみ　　⑤ 下弦の月のみ　　⑥ 上弦と下弦の月

C　海面の波に関する次の問い(**問6**)に答えよ。

問 6　次の図5は、波浪や津波といった、海面に生じた波が伝わる速さ(m/s)と波長・水深との関係を表したものである。図から読み取った波の伝わる速さについて述べた下の文a・bの正誤の組合せとして最も適当なものを、下の①～④のうちから一つ選べ。　23

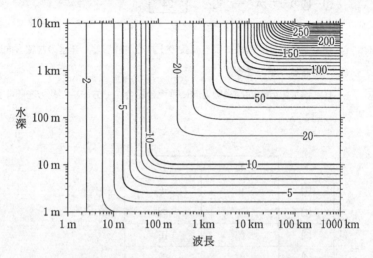

図5　理論式から計算した波の伝わる速さと波長・水深との関係

等値線の数値は、波の伝わる速さ(m/s)を示す。

a　水深1 kmの海域で、波長10 km以上の津波の伝わる速さは、波長にかかわらず約10 m/sである。

b　水深100 m以上の海域で、波長10 mの波浪の伝わる速さは、水深にかかわらず約4 m/sである。

	a	b
①	正	正
②	正	誤
③	誤	正
④	誤	誤

第5問 次の問い(**A ~ C**)に答えよ。(配点 23)

A 恒星に関連した次の問い(**問1 ~ 4**)に答えよ。

問1 連星に関する次の文 a・b の正誤の組合せとして最も適当なものを，下の ①~④ のうちから一つ選べ。 | 24 |

　　a　ドップラー効果による波長のずれを用いると，連星の視線方向の運動を知ることができる。

　　b　連星の公転面が視線方向に垂直の場合，一方の星が他方を隠す食現象が起こる。

	a	b
①	正	正
②	正	誤
③	誤	正
④	誤	誤

問 2 次の図1は，表面温度の異なる三つの恒星のスペクトルである。このうち一つの恒星は，太陽と同じG型星である。これらを表面温度の高い順に左から右へ並べたものとして最も適当なものを，下の①～⑥のうちから一つ選べ。 25

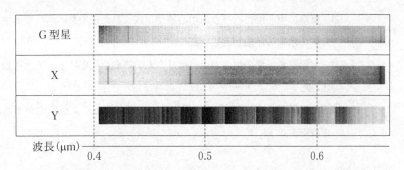

図1 表面温度の異なる三つの恒星のスペクトル

白黒は明るさを表し，白い部分が明るい。

	表面温度が高い	←——→	表面温度が低い
①	G型星	X	Y
②	G型星	Y	X
③	X	G型星	Y
④	X	Y	G型星
⑤	Y	G型星	X
⑥	Y	X	G型星

問 3 恒星の進化と恒星内部の核融合反応について述べた文として**誤っているも**のを，次の①～④のうちから一つ選べ。 26

① 原始星が収縮し中心部がある温度以上になると，水素の核融合反応が始まり主系列星となる。

② 恒星の中心部にヘリウム中心核が形成された後でも，ヘリウム中心核の外側で水素の核融合反応が続く。

③ 太陽質量程度の恒星では，ヘリウムの核融合反応によってケイ素が合成される。

④ 太陽質量の 10 倍以上の恒星では，核融合反応によってやがて鉄が合成される。

問 4　シュテファン・ボルツマンの法則と，恒星の半径と表面積の関係を用いると，恒星の光度 L と表面温度 T，恒星の半径 R の間に次の関係が得られる。

$$L = 4\pi\sigma R^2 T^4$$

ここで，σ はシュテファン・ボルツマン定数である。表面温度と光度の関係を表す次の図2 (HR 図) 上の恒星 A の半径として最も適当なものを，下の①～④のうちから一つ選べ。　27

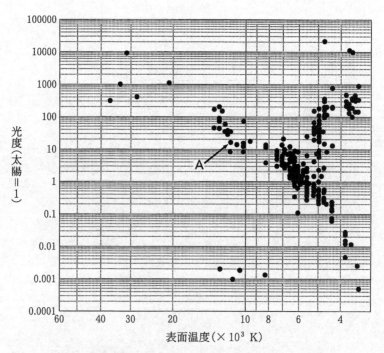

図2　恒星の表面温度と光度の関係を表す図(HR 図)

① 太陽半径の 100 倍程度

② 太陽半径の 10 倍程度

③ 太陽半径程度

④ 太陽半径の 10 分の 1 程度

B　天体の距離に関する次の問い（**問5・問6**）に答えよ。

問5　次の文章中の　**ア**　・　**イ**　に入れる語の組合せとして最も適当なものを，下の①～④のうちから一つ選べ。　28

地球の　**ア**　運動によって，天体が天球上で描くみかけの動きの大きさを示す角度の半分のことを年周視差という。その値の　**イ**　が天体の距離に比例する。

	ア	イ
①	公　転	逆　数
②	公　転	対　数
③	歳　差	逆　数
④	歳　差	対　数

問 6 ハッブルの法則を表すグラフとして最も適当なものを，次の①～④のうちから一つ選べ。 29

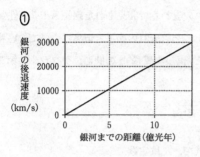

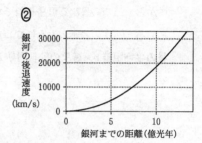

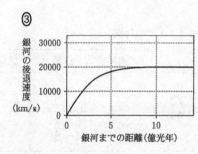

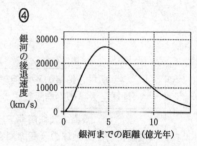

C　惑星に関する次の文章を読み，下の問い（**問7**）に答えよ。

　　太陽系の外にも，恒星のまわりを公転する惑星が数多く見つかっている。その中から，三つの異なる恒星それぞれのまわりで発見された惑星A～Cの性質をまとめると，次の表1のようになった。それぞれの惑星と恒星について，惑星と恒星の平均距離 a，惑星の公転周期 P，恒星の質量 M の間に，ケプラーの第3法則

$$\frac{a^3}{P^2 M} = K$$

が近似的に成り立っていた。上の式で，K は定数である。

表1　惑星A～Cの性質

	惑星A	惑星B	惑星C
惑星と恒星の平均距離 a （地球と太陽の平均距離を1とする）	0.5	4	x
惑星の公転周期 P （太陽に対する地球の公転周期を1とする）	0.5	8	2
恒星の質量 M （太陽の質量を1とする）	0.5	1	2

問7　表1中の x の値として最も適当なものを，次の①～④のうちから一つ選べ。　30

　　① 1　　　　　② 2　　　　　③ 4　　　　　④ 8

共通テスト
第2回 試行調査

地学基礎：

解答時間　2科目60分

配点　2科目100点

（物理基礎，化学基礎，生物基礎，
地学基礎から2科目選択）

地学：

解答時間60分　配点100点

地 学 基 礎

（解答番号　1　～　14　）

第 1 問　地球に関する次の問い（**A・B**）に答えよ。（配点　12）

A　地球上で過去に起こった自然現象の順序は，地層を調べることによって推定できる。次の問い（**問 1**）に答えよ。

問 1　地層から得られる情報に関して述べた文として最も適当なものを，次の①～④のうちから一つ選べ。　1

① 地層の変形や逆転がないとすると，下位の地層は上位の地層より新しいと推定できる。

② 地層に含まれる示相化石の種類によって，地層が堆積した地質時代を推定できる。

③ 地層中に断層面が観察されると，地層が堆積した後に断層が生じたと推定できる。

④ 地層中に不整合面が観察されると，連続的に地層が堆積したと推定できる。

B　次の図1は，地球の歴史を学んでいる昭男さんが，海洋で形成された4種類の
　岩石ア～エの形成年代と，種類，特徴をまとめたものである。下の問い（問2・
　問3）に答えよ。

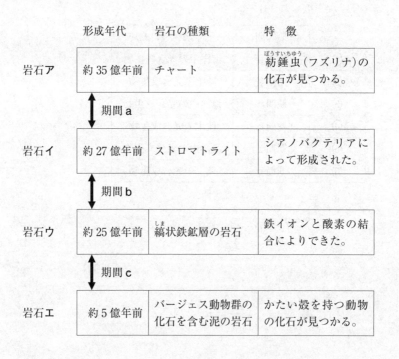

図1　昭男さんがまとめた岩石ア～エの形成年代と，種類，特徴

問2　図1の岩石ア～エに関するまとめには誤りがある。**誤った特徴が示されて
　いる岩石**を，次の①～④のうちから一つ選べ。　　2

①　岩石ア

②　岩石イ

③　岩石ウ

④　岩石エ

問 3 前ページの図1で示された期間 a～c のうち，地球大気中の酸素濃度が急激に増加した時期を含む期間と，酸素濃度の増加に大きく関係した生物の組合せとして最も適当なものを，次の①～⑥のうちから一つ選べ。 3

	期　間	生　物
①	期間 a	海洋中の光合成生物
②	期間 a	陸上の光合成生物
③	期間 b	海洋中の光合成生物
④	期間 b	陸上の光合成生物
⑤	期間 c	海洋中の光合成生物
⑥	期間 c	陸上の光合成生物

第2問　わが国で見られる自然災害に関する次の問い(A〜C)に答えよ。(配点　19)

A　地震や火砕流に関する次の問い(**問1**)に答えよ。

問1　地震について述べた文**a**・**b**と，火砕流について述べた文**c**・**d**のうち，正しく説明している文の組合せとして最も適当なものを，下の①〜④のうちから一つ選べ。　4

a　地震で放出されるエネルギーを比べると，M 7.0 は M 5.0 の 1000 倍である。

b　地震で放出されるエネルギーを比べると，震度4は震度3の 32 倍である。

c　火砕流は，高温のガスと軽石や火山灰などが，高速で斜面を流れ下る現象である。

d　火砕流は，上昇した軽石や火山灰などが，上空の風に流された後，地表に降下する現象である。

① aとc　　　② aとd　　　③ bとc　　　④ bとd

B 土砂災害に関する次の問い（**問2・問3**）に答えよ。

問 2 探究活動に取り組むとき，観察事実と，考察で得られる事柄とを区別することは大切である。和子さんが土石流によって形成された未固結堆積物（固結していない堆積物）を調査したときのレポートの一部を次に示す。レポート中の ア ・ イ に入れる語句として最も適当なものを，それぞれ次ページの①〜④のうちから一つずつ選べ。ア 5 ・イ 6

和子さんのレポートの一部

◆観察結果：未固結堆積物の大部分で ア が観察できた。
その様子をスケッチしたものが図Ⅰである。

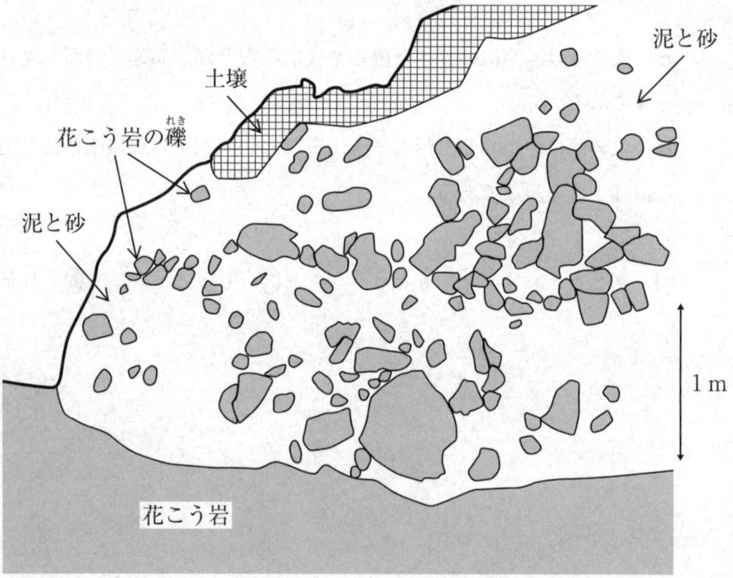

図Ⅰ 花こう岩を覆う未固結堆積物の断面のスケッチ

◆考察：観察結果に基づくと， イ が推論できる。

① 泥，砂，礫がほぼ同時に堆積したこと

② 泥と砂の中に礫が分散して分布していること

③ 礫，砂，泥の順に堆積したこと

④ 泥，砂，礫が層状に分布していること

問 3　前ページの図 I 中に見られる砂や礫は，もとはより大きな岩石であったと考えられる。岩石を砂や礫などに変えるはたらきとして最も適当なものを，次の①～④のうちから一つ選べ。　　7

① 火成作用　　② 続成作用　　③ 風化作用　　④ 変成作用

C　台風に関する次の文章を読み，下の問い（**問 4 ・問 5**）に答えよ。

　　北太平洋西部に発生した熱帯低気圧のうち，最大風速が約 17 m/s 以上になっ
たものを台風と呼ぶ。日本では古来より台風に伴う災害に見舞われてきた。

問 4　多くの台風は，次の図 1 に示すように西に向かって進んだ後，東寄りに進
　　路を変えて日本列島に沿うように北東に進む。このように進む台風の経路
　　は，大気の大規模な循環の影響を受けていることが多い。図 1 の　ウ　・
　　エ　に入れる語の組合せとして最も適当なものを，次ページの①〜④の
　　うちから一つ選べ。　8

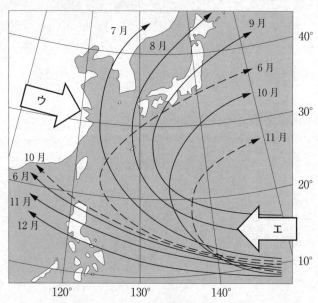

図 1　台風の月別の主な経路

実線は主な経路，破線はそれに準ずる経路，

⇨は大気の大規模な循環を示す。

	ウ	エ
①	季節風(モンスーン)	ジェット気流
②	季節風(モンスーン)	貿易風
③	偏西風	ジェット気流
④	偏西風	貿易風

問 5　次の文章は，1828年9月にいわゆる「シーボルト台風」が九州を通過した際の久留米における記録の現代語訳である。この記録をもとに，この台風の推定された経路を示す矢印，および9月18日午前4時における台風の中心位置(●)として最も適当なものを，下の①〜④のうちから一つ選べ。ただし，図中の□は久留米の位置を示す。また，風向は地形の影響を受けないものとする。　9

> 　9月17日の午後8時頃から風が強まり，最初は北東風だったのが，南東風に変わり，激しい風が吹いた。18日の午前4時頃に南西風になり，午前6時頃風が弱くなった。
>
> 　　　　　　　　　　　　久留米藩の記録『米府年表』による

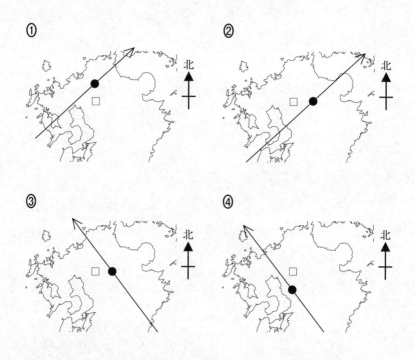

第 3 問　月と宇宙に関する次の問い（**A・B**）に答えよ。（配点　19）

A　月に関する次の文章を読み，下の問い（**問 1・問 2**）に答えよ。

　2009 年，日本の月探査機「かぐや」により，月面の縦孔^{たてあな}（図 1）が，初めて発見された。この縦孔は，溶岩チューブと呼ばれる水平方向に延びた地下空洞の天井が，開いたものだと考えられている。

　地表を流れる溶岩は，外側から冷えて固まっていく。溶岩の粘性が低い場合，内部の固まっていない溶岩が流れ去って空洞ができることがある。この空洞を溶岩チューブと呼ぶ。

　この縦孔と地下空洞を基地とすることで，人類の活動の幅が広がることが期待されている。

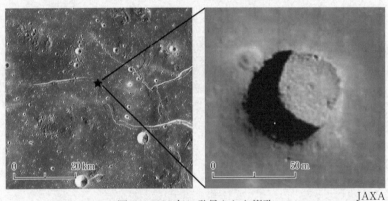

JAXA

図 1　2009 年に発見された縦孔

★印は縦孔の位置を示す。

左の写真と右の写真で太陽光の入射方向は異なる。

問 1 溶岩チューブは地球にも存在する。地球で溶岩チューブをつくる溶岩は，どのようなマグマが噴出したものだと考えられるか。その名称と溶岩の二酸化ケイ素(SiO_2)の含有量（質量 %）の組合せとして最も適当なものを，次の①～④のうちから一つ選べ。 <u>　10　</u>

	名　称	二酸化ケイ素(SiO_2)の含有量
①	流紋岩質マグマ	70 % 以上
②	流紋岩質マグマ	45 % 以上 52 % 未満
③	玄武岩質マグマ	70 % 以上
④	玄武岩質マグマ	45 % 以上 52 % 未満

問 2　11 ページの図 1 の縦孔の真南の赤道上において太陽が真上に来ると，その縦孔と地下空洞には，次の図 2 のように太陽光は真上から 14.2° 傾いて入射する。月の全周の長さを 10000km とすると，縦孔と赤道の距離 X は何km となるか。下の図 3 に示されたエラトステネスの方法を参考にして，最も適当な数値を，下の①～④のうちから一つ選べ。　| 11 |　km

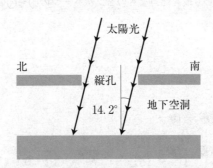

図 2　縦孔と地下空洞に入射する太陽光の模式図

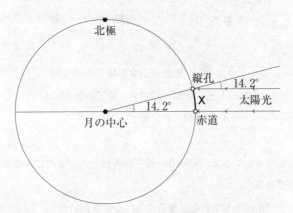

図 3　エラトステネスが地球の大きさを求めた方法に
あてはめた月の赤道と縦孔の位置の関係

①　200　　　　②　400　　　　③　600　　　　④　800

B 宇宙に関する次の問い（問3〜5）に答えよ。

問3 次の図4は，宇宙が膨張する様子を模式的に表したものである。左図に示すように等間隔に並んだ銀河の間隔aが，宇宙の膨張によって右図に示すように2倍に広がったとする。この図から分かることを述べた文ア・イの正誤の組合せとして最も適当なものを，次ページの①〜④のうちから一つ選べ。 12

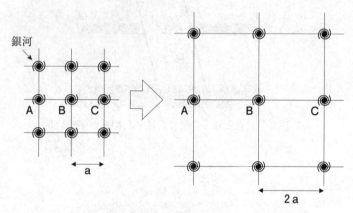

図4 宇宙が膨張する様子の模式図
それぞれの図で示される領域の外側にも
同様に銀河が分布するものとする。

ア 銀河Aに対して，銀河Bの遠ざかる速さと，銀河Cの遠ざかる速さは同じである。

イ どの銀河を基準にした場合でも，その銀河に対して周りのすべての銀河は遠ざかる。

	ア	イ
①	正	正
②	正	誤
③	誤	正
④	誤	誤

問 4　宇宙の階層構造に関して述べた文として**誤っているもの**を，次の①～④のうちから一つ選べ。　　13

① 銀河系は，数千兆個の恒星の集団である。

② 銀河群は，数個から数十個の銀河の集団である。

③ 銀河団は，数百個から数千個の銀河の集団である。

④ 宇宙の大規模構造は，銀河の集団が連なった泡状（網目状）の構造である。

問 5　宇宙誕生後に起こった次の出来事**ウ～オ**を，古いものから新しいものの順に並べたものとして最も適当なものを，下の①～⑥のうちから一つ選べ。　　14

ウ　最初の恒星の誕生

エ　最初の水素原子核の誕生

オ　宇宙の晴れ上がり

① ウ→エ→オ　　② ウ→オ→エ　　③ エ→ウ→オ

④ エ→オ→ウ　　⑤ オ→ウ→エ　　⑥ オ→エ→ウ

地　　学
（全 問 必 答）

第1問　地球の多様な事物・現象や内部構造に関する次の問い（**A・B**）に答えよ。
〔解答番号　1　～　7　〕（配点　21）

A　次の図1は，ある**岩石X**に関連した学習内容をキーワードで示し，それらを線
でつないで表現したものの一部である。下の問い（**問1～5**）に答えよ。

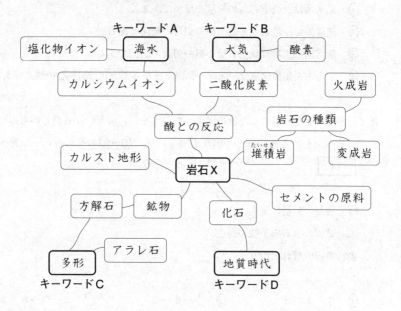

図1　**岩石X**に関連した学習内容のつながり

問 1　次の a 〜 d のうち，**岩石 X** について正しく説明している文の組合せとして最も適当なものを，下の ①〜⑥ のうちから一つ選べ。 1

- a　火山灰が固結してできる。
- b　地下水に溶けやすく特異な地形をつくる。
- c　広域変成作用を受けると，片麻岩になる。
- d　フズリナ(紡錘虫)の化石が含まれることがある。

①　a と b	②　a と c	③　a と d
④　b と c	⑤　b と d	⑥　c と d

問 2　前ページの図 1 中の**キーワード A** に関連して，次の文章中の ア に入れる語として最も適当なものを，下の ①〜④ のうちから一つ選べ。 2

　　現在の海水には種々の塩類がイオンとして溶けており，それらの組成比は世界の海のどこでもほぼ一定である。溶けているイオンを，海水に含まれる重量の大きい順にあげると，塩化物イオン・ナトリウムイオン・硫酸イオン・ ア イオン・カルシウムイオンなどがある。

① カリウム

② 臭化物

③ マグネシウム

④ 炭酸水素

問 3　16ページの図1中の**キーワードB**に関連して，地球の大気組成の変化について述べた文として**誤っているもの**を，次の①～④のうちから一つ選べ。
　　　　3

①　原始海洋が形成されると，大気中の二酸化炭素は海水に溶け込んで減少した。

②　原生代前期に光合成を行う生物が陸上に進出したため，大気中の酸素は急激に増加した。

③　大気中の酸素が増加したため，オゾン層が安定して存在するようになった。

④　石炭紀には植物の遺骸（いがい）が大量に堆積（たいせき）し，大気中の二酸化炭素は地中に固定されて減少した。

問 4　2ページの図1中の**キーワードC**である「多形」の説明として最も適当なものを，次の①～④のうちから一つ選べ。　　4

①　結晶構造は同じであるが，化学組成が異なる。

②　化学組成は同じであるが，結晶構造が異なる。

③　化学組成が連続的に変化する。

④　結晶構造と化学組成は同じであるが，結晶の外形が異なる。

問 5 16 ページの図 1 中の**キーワード D**に関連して，地質時代や地層の対比について述べた文として最も適当なものを，次の①～④のうちから一つ選べ。
5

① 地質時代は，示相化石に基づいて，古生代，中生代，新生代に区分されている。

② 生存期間が長い生物の化石は，生存期間が短い生物の化石より地層の対比に有効である。

③ 海洋の広い地域に分布していた浮遊性の有孔虫や放散虫の化石は，地層の対比によく使われる。

④ 半減期が約 5700 年の放射性炭素(^{14}C)は，古生代の岩石の年代を測定するのに適している。

B　地球の内部構造に関する次の問い(**問 6・問 7**)に答えよ。

問 6　次の文章中の｜**イ**｜・｜**ウ**｜に入れる語の組合せとして最も適当なものを，下の**①**〜**④**のうちから一つ選べ。｜**6**｜

　　地球の核は，液体と固体の二層構造になっており，外側の液体部分は外核，内側の固体部分は内核と呼ばれている。内核は，デンマークの地震学者インゲ・レーマン(1888〜1993)によって，1936 年に発見された。核を通過した P 波が直接届かない領域は「かげの領域(シャドーゾーン)」と呼ばれるが，実際にはそこでも弱い P 波が観測されていた。この現象を説明するため，彼女は，核の中には P 波の速度が｜**イ**｜領域(内核)が存在し，その表層で P 波が｜**ウ**｜向きに屈折すると考えた。

	イ	ウ
①	速 い	上
②	速 い	下
③	遅 い	上
④	遅 い	下

問 7 アイソスタシーに関する次の文章中の　エ　・　オ　に入れる語の組合せとして最も適当なものを，下の①～④のうちから一つ選べ。　7

　マントルよりも密度の小さい地殻は，水に浮かぶ木片のようにマントルの上に浮かんでいる。地殻とマントルの境界である　エ　の深さは，標高が高い山脈の下では　オ　なっており，このつり合いをアイソスタシーという。

	エ	オ
①	モホロビチッチ不連続面（モホ不連続面）	浅　く
②	モホロビチッチ不連続面（モホ不連続面）	深　く
③	和達－ベニオフ帯	浅　く
④	和達－ベニオフ帯	深　く

第2問 大陸移動説，海洋底拡大説およびプレートテクトニクスに関する次の問い（問1〜6）に答えよ。

〔解答番号 | 1 | 〜 | 6 | 〕（配点　20）

問1 大陸が分裂と移動をして現在の分布になったという大陸移動説は，20世紀初めにウェゲナーにより提案された。ウェゲナーが大陸移動説を提案する際に証拠としたことがらとして**誤っているもの**を，次の①〜④のうちから一つ選べ。

| 1 |

① 大洋をはさんだ両側で大陸の海岸線の形がよく似ていること。

② 現在離れている大陸間で類似した動植物の化石が見られること。

③ 海洋底に見られる磁気異常の縞模様が海嶺をはさんで対称的であること。

④ 大陸を配置しなおすと，氷河の痕跡を示す地域が一つにまとまること。

問 2　海洋底拡大説を支持する証拠集めの一つとして，1960 年代に調査船による海洋底の掘削調査が行われた。次の図 1 に黒丸で示す掘削点において，海洋底の年代が得られた。これらの地点の経度と得られた年代との関係を表すグラフとして最も適当なものを，下の①～④のうちから一つ選べ。ただし，図 1 において，太い実線は航路を表し，灰色の領域は海底の水深が 4000 m より深いことを表している。　| 2 |

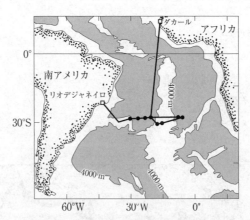

図 1　調査船の航路(太い実線)と掘削点(黒丸)の位置

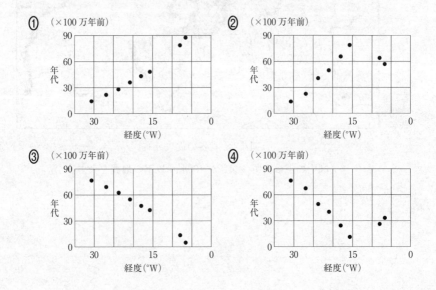

問 3　ある仮説は，それが成り立たないことを示す例(以下，反例)をあげることが
　　　できれば否定できる。次に示すプレートの境界に関連する**仮説X**について，反
　　　例となる地域として最も適当なものを，下の①～④のうちから一つ選べ。な
　　　お，下の図2に示す世界の震央分布の図を参考にしてもよい。　| 3 |

　仮説X　プレートの沈み込み帯は大陸プレートと海洋プレートの境界だけにある。

反例となる地域

　① 南アメリカ大陸西岸沖

　② 伊豆・小笠原諸島付近

　③ ハワイ諸島付近

　④ オーストラリア大陸内部

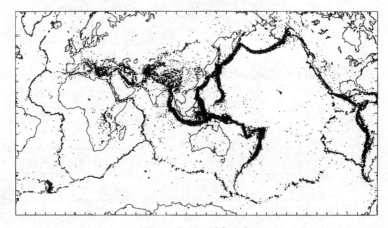

図2　世界の震央分布

図中の点は震源の深さが100 km 以下の地震を表す。

問 4 次の図 3 の模式図に示された，海嶺軸での **A** 地点とトランスフォーム断層における **B** 地点で起きる地震の断層運動の型の組合せとして最も適当なものを，下の①〜④のうちから一つ選べ。 <u>4</u>

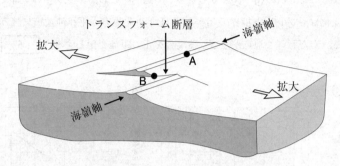

図 3 海嶺軸付近の地形の模式図

	A 地点	B 地点
①	正断層	右横ずれ断層
②	正断層	左横ずれ断層
③	逆断層	右横ずれ断層
④	逆断層	左横ずれ断層

問 5　近年行われているプレート運動の実測方法の一つに，遠方の天体からの電波を使って地表の 2 地点間の距離を測定する方法(VLBI)がある。この方法で測定した茨城県つくば市とハワイの間の距離変化を示したグラフとして最も適当なものを，次の①～④のうちから一つ選べ。なお，グラフ中の矢印で示された変化は，プレート境界で起きた 2011 年東北地方太平洋沖地震に伴う変化である。ただし，2 地点が遠ざかる場合を正の距離変化とする。　5

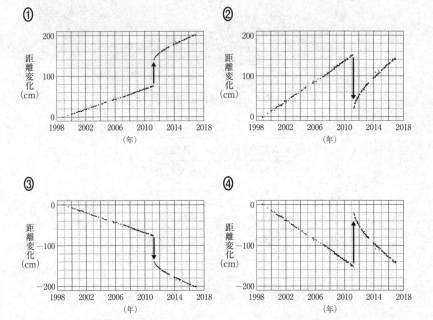

問 6　プレートの沈み込みの角度 D（図 4）は場所によって異なる。海洋プレートが時間とともに冷えて重くなることから，プレートの年齢 A の増加に伴って D も変わると予想できる。また，プレートの沈み込みの速さ V も D に影響する。世界各地で沈み込む地点でのプレートの年齢 A および速さ V と角度 D の関係を調べたところ，おおよそ下の図 5 に示すような関係が見られた。この図に基づいて，D を A と V で表した式として最も適当なものを，下の①〜④のうちから一つ選べ。ただし，式中の A と V は正の値をとり，p, q, C は正の定数とする。　 6

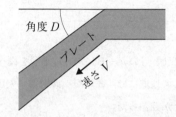

図 4　プレートの沈み込みの模式図

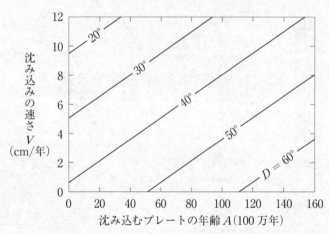

図 5　沈み込むプレートの年齢 A と沈み込みの速さ V，角度 D の関係

①　$D = pA + qV + C$　　　　　②　$D = pA - qV + C$

③　$D = -pA + qV + C$　　　　④　$D = -pA - qV + C$

第3問　高校生のSさんは，夏休みの課題研究として，ある地域の地質の成り立ちについて探究した。そのときの研究記録の一部（7月25日〜8月5日）に関する次の問い（**問1〜5**）に答えよ。

〔解答番号　| 1 |〜| 6 |〕（配点　19）

問1　次の研究記録の下線部(a)に関連し，この地域の地層の走向・傾斜を読み取ったときのクリノメーターの図として最も適当なものを，次ページの**①〜④**のうちから一つ選べ。| 1 |

7月25日（水）：ルートマップの作成

　ルートマップ（図1）の**A−B**に沿って地層を調べ，(a)地層の走向・傾斜を測定した。この地域には，礫岩層，砂岩層，火山灰層が整合の関係で分布していることが分かった。

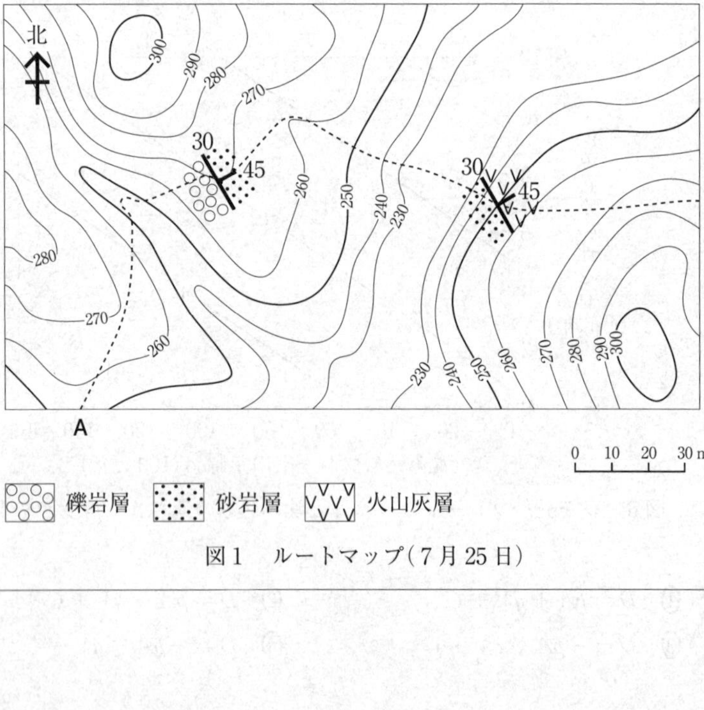

図1　ルートマップ（7月25日）

①

②

③

④

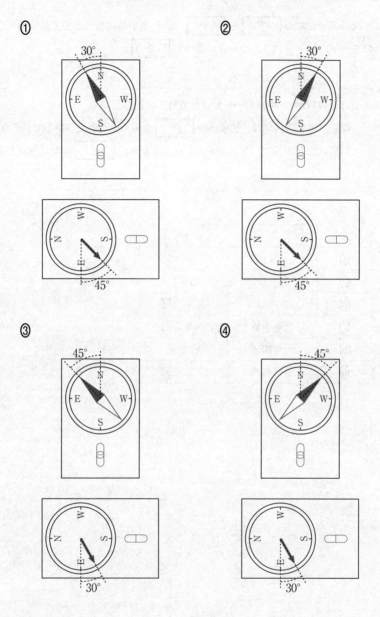

問2 次の研究記録の ア ・ イ に入れる語の組合せとして最も適当なものを，下の①~⑥のうちから一つ選べ。 2

7月25日(水)：堆積岩の分類と地質時代の推定

礫岩と砂岩の区別は，構成物の ア を調べることで判断した。また，砂岩層は，ビカリアの化石が産出したことから， イ に形成されたものと推定した。

	ア	イ
①	粒　径	ペルム紀
②	粒　径	白亜紀
③	粒　径	新第三紀
④	化学組成	ペルム紀
⑤	化学組成	白亜紀
⑥	化学組成	新第三紀

問 3　次の研究記録の　ウ　に入れる語として最も適当なものを，下の①～④の
うちから一つ選べ。　3

---

7 月 28 日(土)：火山灰層の分析

　火山灰の起源となった火山の特徴を推定しようと思い，火山灰に含まれ
る鉱物を調べたところ，無色鉱物(石英や長石)が多く含まれていた。しか
し，これだけの情報では不十分だと考え，大学の先生に火山灰の SiO_2 の量
を調べてもらうことにした。

8 月 2 日(木)：火山の特徴の推定

　大学の先生から，火山灰の SiO_2 の量(質量 %)は，70 % であったと回
答があった。このことから，この火山では　ウ　が形成された可能性が
ある。

---

① 盾状火山

② 枕状溶岩

③ 溶岩ドーム(溶岩円頂丘)

④ 溶岩台地

問 4 次の研究記録の下線部(b)に関連して，露頭 **X**，**Y** で観察できると予想される
地層の様子を表した図の組合せとして最も適当なものを，次ページの**①**～**④**の
うちから一つ選べ。ただし，露頭 **X**，**Y** はいずれも直立し，それぞれ図2中の
矢印の向きに見たものである。 4

8月3日(金)：観察できる地層の予想

　ルートマップ(図2)の**C**－**D**に沿って地層を調べることにした。これま
でに分かったことに基づいて，(b)露頭 **X**，**Y** で観察できる地層の様子を
予想してから，野外調査をすることにした。

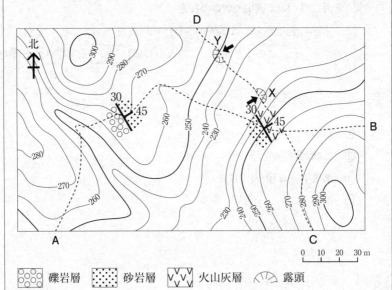

図2　ルートマップ(8月3日)

露頭 X   露頭 Y

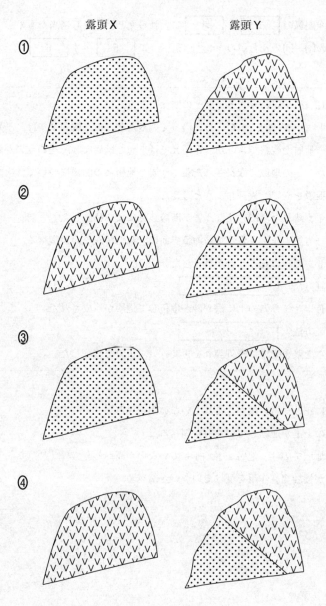

問 5 次の研究記録の　エ　・　オ　に入れる文として最も適当なものを，それぞれ下の①〜④のうちから一つずつ選べ。エ　5　・オ　6

8月5日（日）：花こう岩と地層との関係の推定

　ルートマップ（図2）のC−Dに沿って調べたところ，露頭Yでは，予想どおりの地層が観察できたが，露頭Xでは予想とは異なり，花こう岩が観察された。この地域で観察された花こう岩と地層との関係について，次の三つの仮説を立て，検証しようと考えた。

　仮説Ⅰ：離れた場所の花こう岩が断層運動により移動した。

　　検証方法：花こう岩と地層の境界面にずれた跡がないか調べる。

　仮説Ⅱ：地層に花こう岩が貫入した。

　　検証方法：　エ

　仮説Ⅲ：花こう岩の上に礫や砂が堆積して地層が形成された。

　　検証方法：　オ

　これらを踏まえて，野外調査を再度行い，仮説を検証したい。

---

① 地層に花こう岩の礫が含まれていないか調べる。

② 地層の上下が逆転していないか調べる。

③ 調査地域を広げ，地層が褶曲（しゅうきょく）していないか調べる。

④ 地層が接触変成作用を受けていないか調べる。

第 4 問　大気と海洋に関する次の問い（**A・B**）に答えよ。

〔解答番号　1 ～ 6 〕（配点　20）

A　地球のエネルギー収支に関する次の文章を読み，下の問い（**問1～3**）に答えよ。

　　地球が受け取る太陽放射と地球から出ていく地球放射は地球全体ではつり合っているが，次の図1に示すように緯度ごとではつり合っていない。地球の大気と海洋は低緯度から高緯度に向けた極向き熱輸送を担い，太陽放射の緯度変化の大きさに比べて，地球放射の緯度変化の大きさを小さくしている。

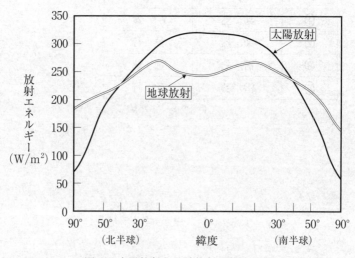

図1　太陽放射と地球放射の緯度分布

問 1　次の文章では，大気の特徴と極向き熱輸送との関係が述べられている。文
　　章中の　ア　・　イ　に入れる語の組合せとして最も適当なものを，下
　　の①〜④のうちから一つ選べ。　1

　　　大気中の水蒸気量は窒素や酸素の量に比べてかなり少ないが，水蒸気は大
　　きな　ア　をもつため，極向きの水蒸気輸送は極向きの熱輸送を担ってい
　　る。また，中緯度における南北方向の風は主に低気圧と高気圧の間で強くな
　　る傾向があり，中緯度の偏西風の　イ　は極向き熱輸送を担っている。

	ア	イ
①	顕 熱	加 速
②	顕 熱	蛇 行
③	潜 熱	加 速
④	潜 熱	蛇 行

問 2　次の文章では，海洋の特徴と極向き熱輸送との関係が述べられている。文章中の　ウ　〜　オ　に入れる語の組合せとして最も適当なものを，下の①〜④のうちから一つ選べ。　**2**

　　上空から見たとき，北半球の亜熱帯循環系（亜熱帯環流）の流れは　ウ　，南半球の亜熱帯循環系の流れは　エ　で，循環系の流れは逆であるが，どちらも極向き熱輸送を担っている。

　　北太平洋，北大西洋の西側には，それぞれ，黒潮，メキシコ湾流と呼ばれる高緯度へ向かう幅の狭い強い海流がある。南半球の亜熱帯循環系において高緯度へ向かう幅の狭い強い海流は，南太平洋，インド洋，南大西洋の　オ　に見られる。

	ウ	エ	オ
①	時計回り	反時計回り	東　側
②	時計回り	反時計回り	西　側
③	反時計回り	時計回り	東　側
④	反時計回り	時計回り	西　側

問 3　次の図 2 のように，横軸を北緯 10° における極向き熱輸送量，縦軸を赤道
と極の温度差とすると，現在の状態は図中の点 P として表される。

　　地球に大気と海洋が存在しないと仮想的に考えた場合，大気と海洋による
極向き熱輸送もない。極向き熱輸送がなければ，太陽放射と地球放射がそれ
ぞれの緯度でつり合うことで，地球全体の放射がつり合わなければならな
い。この状態を表す図中の位置として最も適当なものを，次の図 2 中の①〜
⑧のうちから一つ選べ。　| 3 |

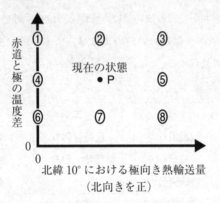

図 2　「極向き熱輸送量」と「赤道と極の温度差」との関係

B 大気と海洋を合わせた極向き熱輸送量の見積もりに関する次の文章を読み，下の問い（**問4・問5**）に答えよ。

赤道を横切る熱輸送は無視して，次の図3のように北半球だけを考える。まず，緯度帯Aに着目して，この緯度帯全体での太陽放射と地球放射との差を R_A とする。この R_A が緯度帯Aの大気と海洋に入るエネルギーとなる。緯度帯Aから流出する北向き熱輸送量を $\boxed{\text{カ}}$ とすれば，緯度帯Aでエネルギー収支がつり合う。

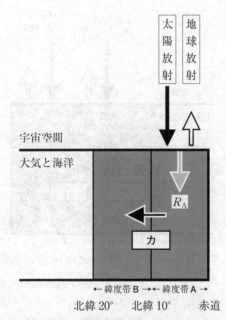

図3　放射収支と極向き熱輸送量の模式図（その1）

　さらに，次の図 4 のように緯度帯 B での太陽放射と地球放射との差を R_B とする。緯度帯 B でのエネルギー収支がつり合うためには，緯度帯 B から北向きに流出する熱輸送量は，| キ |と見積もられる。

　このように，35 ページの図 1 のような放射エネルギーの緯度分布が与えられれば，エネルギー収支のつり合いから，それぞれの緯度帯の極向き熱輸送量が算出できる。

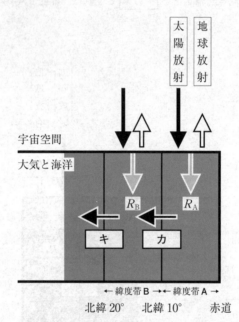

図 4　放射収支と極向き熱輸送量の模式図（その 2 ）

問 4　前ページおよび上の文章中の| カ |・| キ |に入れる式として最も適当なものを，それぞれ次の①〜⑤のうちから一つずつ選べ。
　　カ| 4 |・キ| 5 |

　① 0　　　　　　　② R_A　　　　　　　③ R_B
　④ $R_A + R_B$　　　⑤ $R_A - R_B$

問 5　前ページの文章中の下線部に関連して，大気と海洋による極向き熱輸送量の緯度分布を表した図として最も適当なものを，次の①〜⑥のうちから一つ選べ。ただし，北向きを正とする。　6

①

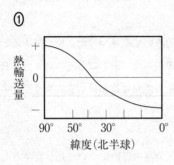

②

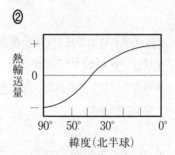

③

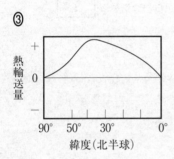

④

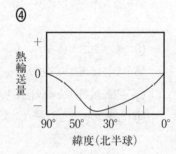

⑤

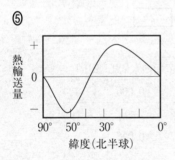

⑥

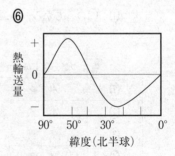

第5問 金星に関する次の問い（A・B）に答えよ。

〔解答番号　1　～　5　〕（配点　20）

A　金星の見え方に関する次の文章を読み，下の問い（問1～3）に答えよ。

　　愛美さんは冬の日の夕方，西の空に明るい星を見つけた。調べてみると，その星は(a)金星だということが分かった。愛美さんは，しばらくの間，毎日日没時に西の空を観察してみたが，(b)太陽と金星の離角は次第に大きくなり，その後小さくなっていった。

問1　上の文章中の下線部(a)に関して，金星の特徴について述べた文として最も適当なものを，次の①～④のうちから一つ選べ。　1

　①　衛星を二つ持っている。

　②　半径は地球の半径の半分程度である。

　③　自転周期は公転周期より短い。

　④　公転の向きと自転の向きが逆である。

問2　金星の大気の主成分と地表面の大気圧の組合せとして最も適当なものを，次の①～⑥のうちから一つ選べ。　2

	大気の主成分	地表面の大気圧〔気圧〕
①	水　素	0.006
②	水　素	90
③	窒　素	0.006
④	窒　素	90
⑤	二酸化炭素	0.006
⑥	二酸化炭素	90

問 3 次の図1は地球の北極側から見た太陽，金星，地球の位置関係を示した模式図である。前ページの文章中の下線部(b)において最も離角が大きくなったのは，金星が地球と太陽に対して，図1の**X・Y**のどちらの位置にあったときか。また，このような惑星現象の名称は何か。位置と名称の組合せとして最も適当なものを，下の**①〜④**のうちから一つ選べ。 　3

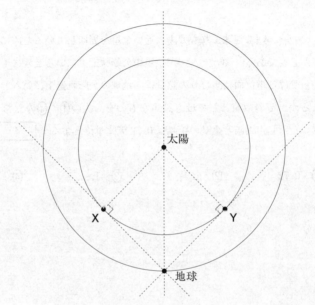

図1　地球の北極側から見た太陽，金星，地球の位置関係

	位　置	名　称
①	X	東方最大離角
②	X	西方最大離角
③	Y	東方最大離角
④	Y	西方最大離角

B　金星探査に関する次の文章を読み，下の問い（**問4・問5**）に答えよ。

　　2010年に打ち上げられた金星探査機「あかつき」には赤外線カメラが搭載されており，(c)これまでに様々な高度の金星大気のデータが取得された。これによりスーパーローテーションと呼ばれる上空に吹く高速の風の原因を解明することが目指されている。

問 4　「あかつき」は地球よりも太陽に近い金星を周回しているために，熱への対策が必要である。「あかつき」が金星の公転軌道上にいるときに1秒間に太陽から受ける単位面積当たりの熱量は，地球の公転軌道上にいるときの何倍になるか。その数値として最も適当なものを，次の①～④のうちから一つ選べ。ただし，太陽と金星の距離は0.72天文単位とする。　　4　　倍

　①　0.72　　　　②　1.4　　　　③　1.9　　　　④　2.7

問 5　前ページの文章中の下線部(c)に関して，次の図 2 に金星の二つの雲領域（雲頂と中・下層雲領域）の東西方向の風速を示す。この図から分かることについて述べた文 a・b の正誤の組合せとして最も適当なものを，下の①〜④のうちから一つ選べ。　5

雲頂（高度約 70 km）　　　　　　　　中・下層雲領域（高度約 45〜60 km）

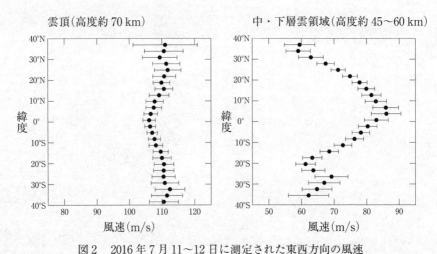

図 2　2016 年 7 月 11〜12 日に測定された東西方向の風速

黒丸（●）は各緯度で東西約 3000 km の範囲の平均値をとったもの。

横棒（├──┤）は誤差範囲を示す。

a　図に示された緯度の範囲では，中・下層雲領域よりも雲頂の方が風速が大きい。

b　雲頂では，緯度 10° よりも緯度 30° の大気の方が，短い時間で金星を東西方向に一周する。

	a	b
①	正	正
②	正	誤
③	誤	正
④	誤	誤

共通テスト

第1回 試行調査

地学

解答時間 60 分
配点 100 点

地　学
（全　問　必　答）

第1問　熱いみそ汁を観察すると，みそが底の方からわき上がってくるのが見える。これは熱対流という現象で，熱エネルギーによる物質の循環である。熱対流は，スケールを大きくし，地球の層構造（核，マントル，地殻，海洋，大気）の層内でみることができる。また物質は層間をまたいで循環する。地球や太陽で起きている物質の対流や循環に関する次の問い（**問1～6**）に答えよ。

　〔解答番号　　1　～　6　〕

　問1　固体地球内部にみられる物質の対流や循環に関連して述べた次の文章中の　　ア　・　イ　に入れる語の組合せとして最も適当なものを，次ページの①～④のうちから一つ選べ。　1

　　　マントル内では大規模な対流が起きている。低温のプレートが下降し，高温のプルームがマントルの底から上昇する。この熱対流が，プレート運動の原動力となると考えられている。次ページの図1は，東北日本の東西断面の模式図である。地震の震源，火山の分布および沈み込む海洋プレートの位置を表している。太平洋の　ア　で生成された海洋プレートは，図の矢印Aで示される　イ　で大陸プレートの下に沈み込む。東北日本の地震や火山の活動は，海洋プレートの沈み込みと密接に関連している。

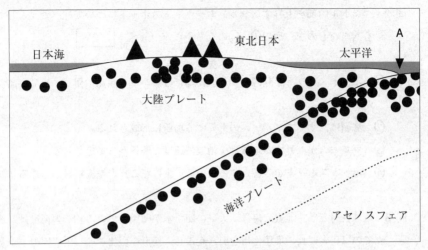

図1　東北日本の断面の模式図

▲は火山を，●は地震の震源を示す。

	ア	イ
①	中央海嶺	トランスフォーム断層
②	中央海嶺	海溝
③	火山フロント	トランスフォーム断層
④	火山フロント	海溝

問 2　マントル内部を上昇するプルームやホットスポットについて述べた文として
最も適当なものを，次の①〜④のうちから一つ選べ。　　2

① ホットスポットを起源とする火山島には，ハワイ諸島や伊豆・小笠原諸島
がある。
② 海嶺は，すべてプルームの上昇する場所に形成される。
③ プルームが上昇する地域は，地震波速度の解析から推定される。
④ ホットスポットを起源とする火山は，主に花こう岩や流紋岩からなる。

問 3　地球表層では，地表，海洋，大気の間で水が循環している。その循環は，地
表での風化・侵食・堆積作用を引き起こし，地形を変化させる主要因の一つと
なっている。地形の形成や変化について述べた文として最も適当なものを，次
の①〜④のうちから一つ選べ。　　3

① 氷河に覆われた地域では，侵食が起きないため，地形は変化しない。
② 扇状地は，川が山地から平野や海岸に出る所で，川の侵食作用により形成
される扇形のくぼ地である。
③ 一旦形成されたカルスト地形は，雨水や地下水の影響では変化しない。
④ 海岸段丘の平坦面は，侵食作用で形成された海食台が基盤の隆起や海面の
低下により海面上に出たものである。

問 4　海洋の循環に関する次の文章中の　ウ　に入れる数値として最も適当なものを，下の①〜④のうちから一つ選べ。　**4**

　海洋では，次の図 2 に示すように，暖かい表層海水が高緯度域に達すると冷却されて沈み込むことにより，深層循環が成立している。これは，各大洋をつなぐベルトコンベアーにたとえられ，沈み込んだ海水が再び表層近くへ上昇するまでに　ウ　年を要すると考えられている。この年数と深層循環の経路の長さ数万 km を用いると，深層の流れの平均的な速さを 1 mm/s 程度と見積もることができる。

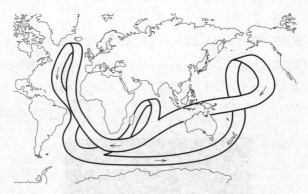

図 2　ベルトコンベアーにたとえられる深層循環の模式図
図中の矢印は流れの向きを示す。

① 　5〜10
② 　50〜100
③ 　1000〜2000
④ 　10000〜20000

問 5　大気や海水が循環すると，熱輸送が起きる。そのため，低緯度域と高緯度域の温度差は，この熱輸送と太陽放射の緯度分布によって決まる。大気の循環と気象について述べた文として最も適当なものを，次の①〜④のうちから一つ選べ。　5

①　海陸風は，海面と陸地の温度の季節変化によって生じる風である。

②　ハドレー循環は，赤道付近で上昇し緯度30°付近で下降する大気の循環で，亜熱帯高圧帯に多量の降水をもたらす。

③　偏西風の波動は，中緯度から高緯度への熱輸送に大きく寄与している。

④　貿易風は，中緯度から低緯度の地域で西から吹く恒常的な風である。

問 6　地球外の天体，例えば次の図 3 に示すように，太陽の表面でも物質の循環が観察されている。これは，内部から上昇してきたガスが光球に熱を与え，冷えて沈んでいく対流に伴うものである。この表面の特徴を表す語として最も適当なものを，下の①〜④のうちから一つ選べ。　6

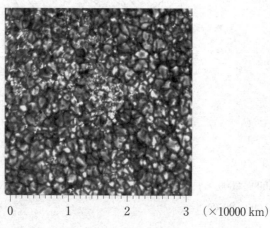

0　　　　1　　　　2　　　　3　（×10000 km）

図 3　太陽の表面に見られる特徴

①　プロミネンス　　　　　　②　フレア

③　黒　点　　　　　　　　　④　粒状斑

第2問 次に示したものは，ある高校生が探究活動の成果を発表するために作成し
たポスターの一部である。この探究活動に関する下の問い（**問1～6**）に答えよ。

〔解答番号 ⎡1⎤ ～ ⎡6⎤ 〕

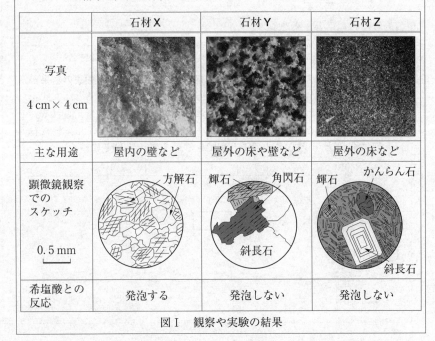

石材として利用されている岩石について

【はじめに】
　公園やビルなどで見かけた石材に関心を持ったので，石材店を訪問して情報
を収集した。そこで入手した石材（**X，Y，Z**）のサンプルを学校に持ち帰って
調べた。

【目的】
　石材として利用されている岩石の種類や性質を調べ，用途との関係を明らか
にする。

【方法・結果】
(1) 石材のプレパラート（岩石薄片）を作製し，顕微鏡で観察した。
(2) 石材の小片を希塩酸に浸し，反応して発泡するかどうかを調べた。
　　これらの結果を，図Iと表Iに示す。

	石材 X	石材 Y	石材 Z
写真 4 cm×4 cm			
主な用途	屋内の壁など	屋外の床や壁など	屋外の床など
顕微鏡観察 での スケッチ 0.5 mm	方解石	輝石　角閃石 斜長石	輝石　かんらん石 斜長石
希塩酸との 反応	発泡する	発泡しない	発泡しない

図I　観察や実験の結果

表 I　顕微鏡観察の結果

	構成鉱物	顕微鏡による観察項目			
		色	多色性	へき開	干渉色
石材 X	方解石	無色	なし	あり	鮮やかな色
石材 Y	角閃石	緑色	あり	あり	鮮やかな色
	輝　石	淡緑色	あり	あり	鮮やかな色
	斜長石	無色	なし	あり	灰色
石材 Z	かんらん石	淡黄色	なし	なし	鮮やかな色
	輝　石	淡緑色	あり	あり	鮮やかな色
	斜長石	無色	なし	あり	灰色

(3)　石材 Y については，研磨面に方眼の入った透明シートをのせて固定し，格子点上の鉱物を数えることで，色指数を求めた。その結果，石材 Y の色指数は，　ア　であった。

【考察】

石材 X	石材 Y	石材 Z
粗粒の方解石（成分は $CaCO_3$）だけで構成されていることから，結晶質石灰岩であり，酸に弱いと考えられる。	顕微鏡観察の結果から判断すると，　イ　であり，これは，求めた色指数からも裏付けることができる。	顕微鏡観察の結果から判断すると，玄武岩であると考えられる。 　石材 Z では，斜長石が（問 5 に続く）。

【結論】
　観察・実験の結果や考察から，　ウ　ことがわかった。

【今後の課題】

＜以下省略＞

問 1 前ページの表 I の観察項目の**へき開**について，顕微鏡観察のほかに，方解石に**へき開**があることを確かめる方法を述べた文として最も適当なものを，次の①〜④のうちから一つ選べ。　| 1 |

① 鉄クギで方解石をこすって，傷が付くかどうかを確かめる。

② 字を書いた紙の上に透明な方解石を置いて，字が二重に見えるかどうかを確かめる。

③ ガスバーナーで方解石を熱して，橙 色の炎を発するかどうかを確かめる。

④ ハンマーで方解石をたたいて，一定面に沿って割れるかどうかを確かめる。

問 2　この探究活動では，生物の観察に使用する顕微鏡を用いて岩石薄片の顕微鏡観察を行った。次の図1は，そのときに用意した岩石薄片と偏光板を示している。8 ページの表Ⅰの観察項目の**干渉色**を観察するには，岩石薄片と偏光板をどのように組み合わせるとよいか。最も適当なものを，下の**①**～**④**のうちから一つ選べ。　2

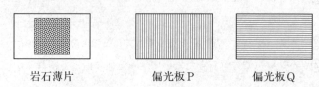

岩石薄片　　　　　　偏光板P　　　　　　偏光板Q

図1　顕微鏡観察のために用意した岩石薄片と偏光板

偏光板の図の中の ‖‖‖‖‖‖ は，偏光板を通過できる光の振動方向を表す。

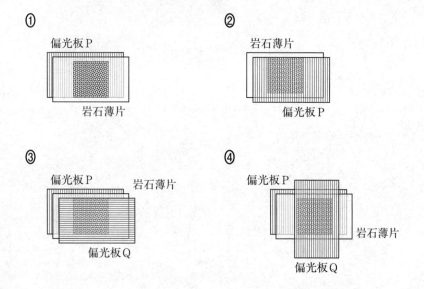

問 3 次の図 2 は，この探究活動で石材 Y の色指数を測定するために，研磨面に 2 mm 方眼の透明シートをのせたものを表している。図 2 では，無色鉱物は白色で，有色鉱物は黒色で表している。すべての格子点上の鉱物を数えて色指数を求めたとするとき，8 ページのポスター中の $\boxed{\text{ア}}$ に入れる色指数として最も適当なものを，下の①～⑥のうちから一つ選べ。$\boxed{3}$

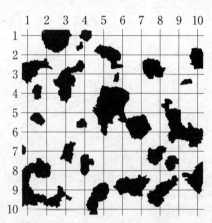

図 2 石材 Y の研磨面に方眼シートをのせたもの

① 15　　　　② 30　　　　③ 45

④ 55　　　　⑤ 70　　　　⑥ 85

問 4　次の図３は，火成岩の分類と鉱物組成を表したものである。この図３をもと
　　にして判断するとき，8 ページのポスター中の　イ　に入れる岩石名とし
　　て最も適当なものを，下の①〜④のうちから一つ選べ。　4

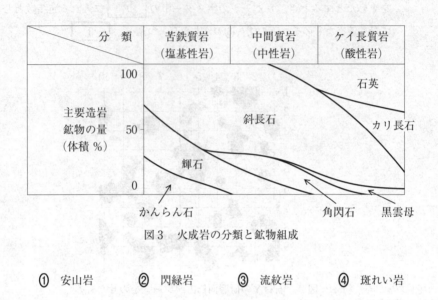

図３　火成岩の分類と鉱物組成

①　安山岩　　　②　閃緑岩　　　③　流紋岩　　　④　斑れい岩

問 5　次に示したものは，8 ページのポスター中の石材 Z についての考察の続き
である。

　　石材 Z では，斜長石が斑晶にも石基の細粒な結晶にも観察され，斑晶に
は模様が見られた。図 II の石材 Z の斑晶斜長石の内部の点 A および B，石
基の斜長石 C の化学組成を比較した場合，「　エ　」と考えると，Ca に
富む方から順に A → B → C と予想できる。

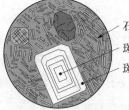

石基の斜長石 C
斑晶斜長石の内部の点 A
斑晶斜長石の内部の点 B

図 II　石材 Z で観察された斜長石

　　上の文章中の　エ　に，次の a ～ f の文を組み合わせて入れるとき，その
組合せとして最も適当なものを，下の①～⑧のうちから一つ選べ。　5

a　結晶分化作用が起きるとき，初期に晶出する斜長石は Na に富み，結晶分
　化が進むにつれて Ca に富むように変化する。

b　結晶分化作用が起きるとき，初期に晶出する斜長石は Ca に富み，結晶分
　化が進むにつれて Na に富むように変化する。

c　マグマが冷却されるとき，石基が先に形成され，斑晶は後で形成される。

d　マグマが冷却されるとき，斑晶が先に形成され，石基は後で形成される。

e　斑晶斜長石が晶出するとき，結晶は中心部から周辺部に向かって成長する。

f　斑晶斜長石が晶出するとき，結晶は周辺部から中心部に向かって成長する。

①　a，c，e　　　　　②　a，c，f　　　　　③　a，d，e

④　a，d，f　　　　　⑤　b，c，e　　　　　⑥　b，c，f

⑦　b，d，e　　　　　⑧　b，d，f

問 6 探究活動の報告書(ポスターを含む。)を作成するとき，探究活動の結論はその目的に沿って述べる必要がある。8 ページのポスター中の ウ に入れる文として最も適当なものを，次の①～④のうちから一つ選べ。 6

① 岩石を分類・同定するためには，肉眼観察や顕微鏡観察を通して，組織や構成鉱物を調べることが大切である

② 石材として使用されている岩石を調べる方法は，野外で採集した岩石を調べる方法とほぼ同じである

③ 石材 X が白っぽい色をしているのに対して，石材 Y・Z が黒っぽい色をしているのは，それぞれに含まれる有色鉱物と無色鉱物の割合の違いによる

④ 石材 X が主に屋内の壁に使われているのに対して，石材 Y・Z が屋外の床などに使われているのは，構成鉱物の違いによる

第3問　大気と海洋に関する次の文章を読み，下の問い(**問1~5**)に答えよ。

〔解答番号　1 ~ 5 〕

　　大気と海洋について部屋の中で勉強していた豪さんが暑いと感じて，室内の気温を測ると30℃だった。また，室内の湿度は40％だった。そこで，冷房をかけてしばらくしてから，室内の気温を測ると26℃になったが，湿度は40％のままだった。除湿の効果がなければ　ア　％となるはずなので，除湿の効果で40％になったのだろうと豪さんは考えた。

　　豪さんは(a)海面での蒸発量が何によって決まるのかを調べたところ，その結果は，洗濯物がよく乾く日の状況を考えると理解できた。また，お風呂上がりに扇風機にあたると(b)蒸発によって熱が体から奪われることから，蒸発は熱の移動にも関係することに豪さんは気が付いた。豪さんが日本近海における海面での蒸発に伴う海洋から大気への熱(潜熱)の輸送量の分布を調べた結果，(c)日本近海では，冬季に蒸発が活発に起き，海洋から大気に大量の熱が輸送されていることがわかった。

　　ところで，豪さんは，海洋と大気の間での熱の移動は海面の高さに大きな影響を与えることを勉強した。そこで，人工衛星によって観測された海面の高さの分布(図1)を調べたら，黒潮の流れている場所では，海面の等高線が非常に密になっていることがわかった。これは(d)黒潮が地衡流だからだと豪さんは考えた。

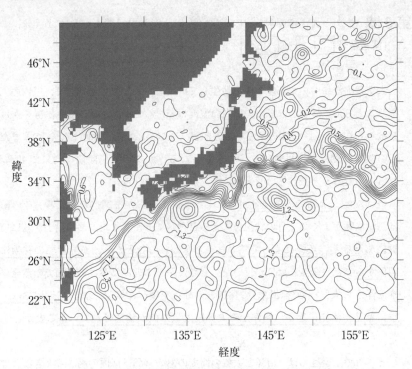

図1　日本近海の海面高度分布(2015年2月15日)

等高線の間隔は0.1m

問 1 次の図２は飽和水蒸気圧と温度との関係を示した図である。この図を用いて，15 ページの文章中の ｜ **ア** ｜ に入れる数値として最も適当なものを，下の ①～④のうちから一つ選べ。ただし，気温も湿度も室内では一様であると仮定する。｜ **1** ｜

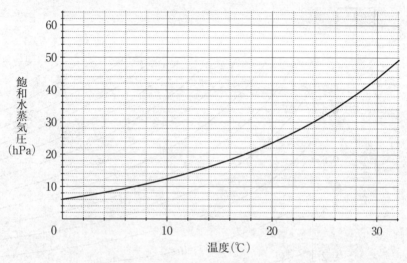

図２ 飽和水蒸気圧の温度依存性

① 42 　　② 52 　　③ 62 　　④ 72

問 2　15 ページの文章中の下線部(a)に関連して，海面での蒸発量 X〔mm/h〕が，海面と海上 10 m における空気 1 kg あたりの水蒸気量の差 Y〔g/kg〕と海上 10 m での風速 W〔m/s〕によってどのように変化するのかを次の図 3 に示した。この図を参考にして，蒸発量 X〔mm/h〕を表す式として最も適当なものを，下の ①〜④ のうちから一つ選べ。ただし，X は正の値，A は正の定数である。

2

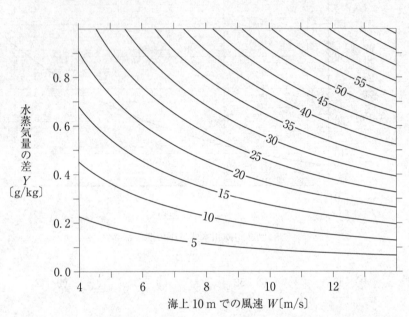

図 3　海面と海上 10 m における空気 1 kg あたりの水蒸気量の差 Y〔g/kg〕と海上 10 m での風速 W〔m/s〕に対する海面での蒸発量 X〔mm/h〕の依存性

①　$X = \dfrac{AY}{W}$　　　　　　②　$X = \dfrac{AW}{Y}$

③　$X = A(Y + W)$　　　　　④　$X = AYW$

問 3　15 ページの文章中の下線部(b)に関連する現象として台風がある。台風に関
する記述として適当なものを，次の①～④のうちから**すべて選べ**。 　3

①　台風の発生場所は 23.4°N と赤道との間に限られる。

②　台風は海面からの水の蒸発による潜熱を主要なエネルギー源としている。

③　台風は熱や水を低緯度から中緯度に運んでいる。

④　台風の中心の非常に狭い範囲は「目」と呼ばれ，上昇気流が発達している。

問 4　15 ページの文章中の下線部(c)に関連して，日本近海で潜熱が最も大量に海
洋から大気へ運ばれているときの日本付近の天気図として最も適当なものを，
次の①～④のうちから一つ選べ。 　4

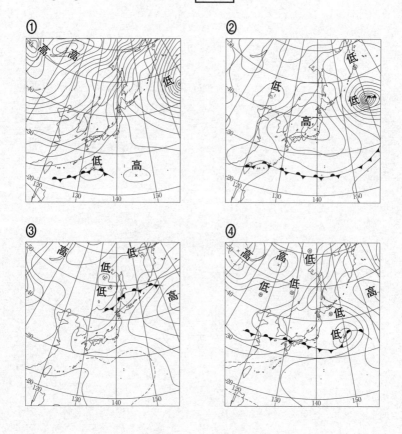

問 5　15ページの文章中の下線部(d)に関連して，地衡流の速度には，地球の自転速度，海面の傾き，その地衡流の位置が関係している。今，次の①〜④の変化のうち一つだけが生じたと仮定する。このとき，力のつりあいを保つために，流速が大きくなる必要がある変化として最も適当なものを，次の①〜④のうちから一つ選べ。　　5

①　黒潮の位置が東に 10° 移動した。

②　海面の傾きが小さくなった。

③　地球の自転速度が大きくなった。

④　黒潮の位置が 10° 南下した。

第 4 問　高校生のハナコさんは，日本近海の太平洋上で見られた皆既日食の観察ツアーに参加した。この観察ツアーに関連する次の問い（**A・B**）に答えよ。

〔解答番号　1 　〜　5 　〕

A　皆既日食の観察は，そのために用意された客船に乗って洋上で行った。次の文章は，その日のハナコさんの日記の一部である。下の問い（**問 1 〜 3**）に答えよ。

＜ハナコさんの日記＞

　7 月 22 日(晴)。日食が始まると，それまでまぶしいくらいに明るかった船の周りが急に暗くなった。いよいよ皆既日食の時刻が近づいたのだ。月にすっかり隠された太陽から(a)放射状に広がる白い光が見えると，他のツアー客から大きな歓声が上がった。

　食が最大になったのは，午前 11 時 28 分頃だった。太陽のすぐ近くに，星が二つ見えた。それとは別に，太陽からかなり離れた方向にも，明るい赤い星と白い星が輝いていた。昼間でも星が見えることに驚いた。近くで日食を撮影していた大学の先生が，「太陽の近くの二つの星は(b)水星と金星だよ。明るい赤い星と白い星は，(c)ベテルギウスとシリウスだよ。」と教えてくれた。

問1　次の図1は，ハナコさんが大学の先生からもらった皆既日食中の太陽の写真である。写真には，前ページの文章中の下線部(a)の放射状に広がる白い光が写っていた。この部分の名称と特徴の組合せとして最も適当なものを，下の①〜⑥のうちから一つ選べ。　　1

図1　皆既日食中の太陽の写真

撮影：福島英雄，宮地晃平，片山真人

＜名称＞

a　コロナ　　　　b　彩層　　　　c　放射層

＜特徴＞

d　100万度〜200万度の高温の希薄なガスが広がっている領域。

e　水素の原子核がヘリウムの原子核に変換される核融合反応が起きている領域。

	①	②	③	④	⑤	⑥
名　称	a	a	b	b	c	c
特　徴	d	e	d	e	d	e

問 2　21 ページの文章中の下線部(b)の二つの惑星の共通点と相違点を説明した
　　次の文中の　ア　～　ウ　に入れる語の組合せとして最も適当なもの
　　を，下の①～⑧のうちから一つ選べ。　2

＜二つの惑星の説明文＞
　　どちらも　ア　であるが，　イ　には　ウ　を主成分とした厚い大
気があり，もう一方の惑星にはほとんど大気がない。

	ア	イ	ウ
①	地球型惑星	水　星	二酸化炭素
②	地球型惑星	水　星	メタン
③	地球型惑星	金　星	二酸化炭素
④	地球型惑星	金　星	メタン
⑤	木星型惑星	水　星	二酸化炭素
⑥	木星型惑星	水　星	メタン
⑦	木星型惑星	金　星	二酸化炭素
⑧	木星型惑星	金　星	メタン

問 3 21ページの文章中の下線部(c)のベテルギウスとシリウスは，HR図上では次の図2に示した位置にある。これらはどのような恒星に分類されるか。その組合せとして最も適当なものを，下の①～⑥のうちから一つ選べ。　3

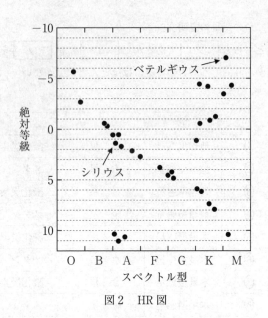

図2　HR図

	ベテルギウス	シリウス
①	主系列星	原始星
②	主系列星	中性子星
③	主系列星	主系列星
④	赤色巨星	原始星
⑤	赤色巨星	中性子星
⑥	赤色巨星	主系列星

B 自宅に戻ったハナコさんは，観察ツアーで知り合った大学の先生を訪れた。ハ
ナコさんと大学の先生の次の会話文を読んで，下の問い（**問4・問5**）に答えよ。

大学の先生：ツアーで配られた資料（図3）を見てください。皆既日食が見られた
　　　　　　場所は，西から東へ移動して行きましたよね。その場所が地球の表面を移動
　　　　　　する平均速度 V は，どのくらいだったと思いますか。

ハナコさん：図3の地点 **X** で食が最大になったのは，午前 10 時 56 分頃でした。
　　　　　　皆既日食のとき，私たちが乗った船は地点 **Y** にいました。**X**–**Y** の距離をこ
　　　　　　の図から大雑把に見積もって，食が最大になった時刻の差を考えれば，V は
　　　　　　| エ | km/s と計算できます。ずいぶん速いのですね。

大学の先生：そうですね，とても速いですね。

皆既日食が見られるところ

北緯　24.8 度
東経 141.3 度
食の最大 11 時 28 分

X 北緯　29.5 度
東経 129.6 度
食の最大 10 時 56 分

図3　ツアーで配られた資料

問4 上の文章中の | エ | に入れる数値として最も適当なものを，次の**①**～**④**
のうちから一つ選べ。| 4 |

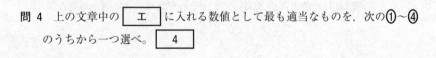

① 0.007　　　　**②** 0.7　　　　**③** 70　　　　**④** 7000

ハナコさん：この V の値は，どのような仕組みで決まるのでしょうか。

大学の先生：地球と月の位置関係を，イラストで表してみるとわかりやすいですよ。

ハナコさん：これでどうでしょうか（図4）。V は，地球に投影された月の影の速度と，地球の自転による観察地点の移動速度に関係していると思います。日食が起きたのは正午の少し前だったので，月の影の速度は月の公転速度 V_M にほぼ等しいはずです。つまり，図4のように，地球の自転による観察地点の移動速度を V_E とすると，$V =$ オ と近似できますね。

大学の先生：そのとおりです。

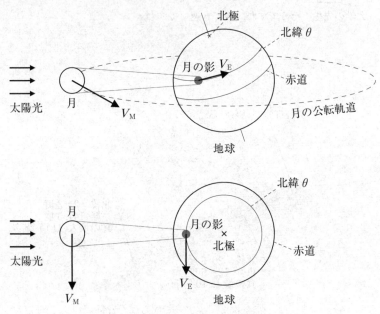

図4　ハナコさんが描いたイラスト

地球と月の軌道の模式図（上）と，それを地球の北極側から見た図（下）

大学の先生：月の軌道半径 R_M と公転周期 T_M を使って V_M を表すと，$\dfrac{2\pi R_M}{T_M}$ と

なりますね。では，地球の北緯 θ での V_E は，どのように表せるでしょうか。

ハナコさん：地球の自転周期を T_E，半径を R_E とすると，地球の北緯 θ では，

$V_E = \boxed{\quad \textbf{カ} \quad}$ と表せます。

大学の先生：正しいです。家に帰ってから，月の軌道半径 R_M や公転周期 T_M を

調べて，実際に V を計算して，先ほどの数値とだいたい一致しているか，

確かめてみてくださいね。

問 5 上の文章中の $\boxed{\quad \textbf{オ} \quad}$ ・ $\boxed{\quad \textbf{カ} \quad}$ に入れる式の組合せとして最も適当なも

のを，次の①~④のうちから一つ選べ。 $\boxed{\quad 5 \quad}$

	オ	カ
①	$V_M - V_E$	$\dfrac{2\pi R_E \cos\theta}{T_E}$
②	$V_M - V_E$	$\dfrac{2\pi R_E \sin\theta}{T_E}$
③	$V_M + V_E$	$\dfrac{2\pi R_E \cos\theta}{T_E}$
④	$V_M + V_E$	$\dfrac{2\pi R_E \sin\theta}{T_E}$

第 5 問　地球に関する次の文章を読み，下の問い（**問 1 ～ 6**）に答えよ。
　　　〔解答番号　1　～　6　〕

　　地球深部探査船「ちきゅう」は日本が世界に誇る深海掘削船である（図1）。「ちきゅ
う」は，直径約 50 cm のライザーパイプを海面から海底まで伸ばし，先端に取り付
けたドリルで海底を掘削して，2000 m を超える深さまでの岩石や堆積物のサンプ
ルを採取する能力を持っている。

　　このような深海掘削船が世界各地の海底の直接的調査を進めている。それに加え
て，(a)地震波の観測や(b)高温高圧実験などの手法を用いて，地球内部の構造や組
成についてのデータが集められてきた。

図1　地球深部探査船「ちきゅう」

©JAMSTEC / IODP

問 1 四国沖約 150 km の南海トラフ深部掘削地点（図 2 の×印）での海底下掘削深度と堆積物の年代の関係を次の図 3 に示す。掘削地点の堆積物は，泥岩を主とする地層（**P** から **Q**）と，乱泥流（混濁流）によって形成された層（タービダイト）を主とする地層（**Q** から **R**）に分けられる。図 3 の堆積物について述べた文 **a 〜 d** のうち，正しい文の組合せとして最も適当なものを，下の **①〜⑥** のうちから一つ選べ。 1

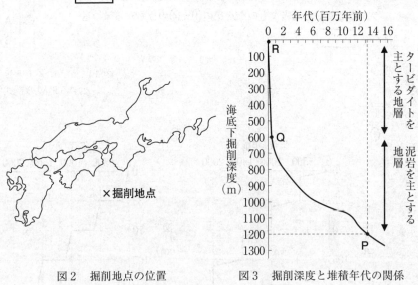

図 2 掘削地点の位置 図 3 掘削深度と堆積年代の関係

a 100 万年前の堆積物は海底から 1000 m の深さにある。

b 泥岩を主とする地層よりタービダイトを主とする地層の方が，堆積速度が大きい。

c 泥岩を主とする地層よりタービダイトを主とする地層の方が，堆積物の平均粒径が小さい。

d 泥岩を主とする地層の見かけの平均堆積速度は 1000 年あたり 5 cm 以下である。

① a・b ② a・c ③ a・d

④ b・c ⑤ b・d ⑥ c・d

問2　前ページの図3のタービダイトを主とする地層は，泥質の
堆積物からなる**A**層と乱泥流によって形成された**B**層が右の
図4のように繰り返し積み重なってできている。調査の結果，
平均して厚さ5cmの**A**層が堆積するのに500年かかったの
に対し，厚さ30cmの**B**層が堆積するのに数日しかかからな
かったことがわかった。地層の深度と年代の関係を描いたグ
ラフとして最も適当なものを，次の**①**〜**④**のうちから一つ選
べ。　2

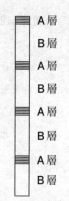

図4　タービダイトを主
とする地層の模式図

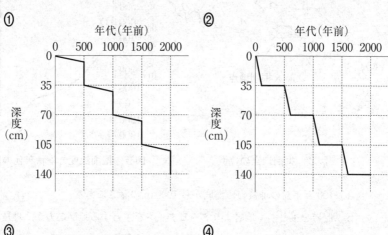

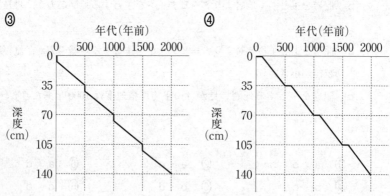

問 3　次の図5の四国南部のYからZにかけての地域で地質調査を行ったところ，次の図6のような放散虫の化石が産出し，この地域の地層は海洋底で堆積したことがわかった。

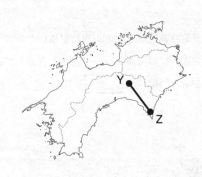

図5　地質調査を行った地域

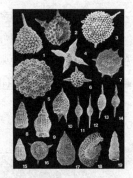

図6　産出した放散虫化石
撮影：岡村眞

　放散虫は，示準化石として地層が堆積した時代の特定に使うことができる。示準化石として役に立つ生物は，個体数が多いことのほかに，どのような特性が必要とされるか。次の a ～ d のうち該当する特性の組合せとして最も適当なものを，下の①～④のうちから一つ選べ。 3

a　広い地域にわたって生息している。

b　大きな体を持っている。

c　種としての生存期間が短い。

d　限られた環境にのみ生存する。

① a・c　　　② a・d　　　③ b・c　　　④ b・d

問4 前ページの図5のY－Zの地域を含む四国南部には，付加体と呼ばれる地質構造が見られる。付加体は沈み込む海洋プレート上の堆積物や岩石が，ある一定の大きさを持った塊として大陸側の堆積物の下に次々と押し込まれることにより形成されるものと考えられる。次の図7にY－Zを含む四国から南海トラフにかけての模式断面図を示す。

下の図8は，図7の四角で囲んだ範囲の地層をモデル化して描いたもので，A～Cは堆積物や岩石の塊を示す。A～Cの関係について述べた文として最も適当なものを，下の①～④のうちから一つ選べ。 4

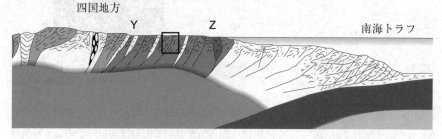

図7 Y－Zを含む四国から南海トラフにかけての模式断面図

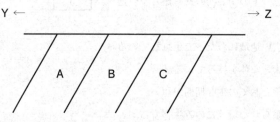

図8 図7の四角で囲んだ範囲の地層をモデル化して描いたもの

① 堆積した時代が最も古いのはAで，AB間，BC間の境界は不整合面である。

② 堆積した時代が最も古いのはAで，AB間，BC間の境界は断層である。

③ 堆積した時代が最も古いのはCで，AB間，BC間の境界は不整合面である。

④ 堆積した時代が最も古いのはCで，AB間，BC間の境界は断層である。

問 5　28 ページの文章中の下線部(a)に関連して，地殻とその下のマントルを伝播<ruby>伝播<rt>でんぱ</rt></ruby>するP波を考える。下の図 9 には，地表近くの震源からT点へ伝播するP波の直接波と屈折波の経路を示す。また，下の図 10 には直接波および屈折波の走時曲線を示す。このとき，走時曲線と地殻・マントルの地震波速度について述べた次の文中の　**ア**　・　**イ**　に入れる語の組合せとして最も適当なものを，下の①～④のうちから一つ選べ。　 5

走時曲線OA，BCのうち，屈折波の走時曲線は　**ア**　，また地殻とマントルのうち地震波速度が大きいのは　**イ**　である。

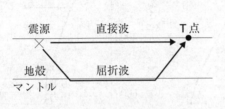

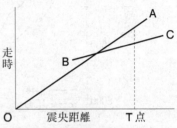

図 9　地震波の伝播経路　　　　　図 10　直接波と屈折波の走時曲線

	ア	イ
①	OA	地　殻
②	OA	マントル
③	BC	地　殻
④	BC	マントル

問 6 28ページの文章中の下線部(b)に関連して，地球内部の温度・圧力は，岩石を高温高圧の状態にした実験の結果や地球内部を伝わる地震波速度などから推定されている。このようにして推定された地球内部の温度・圧力と深さとの関係を示す模式図として最も適当なものを，次の①〜④のうちから一つ選べ。

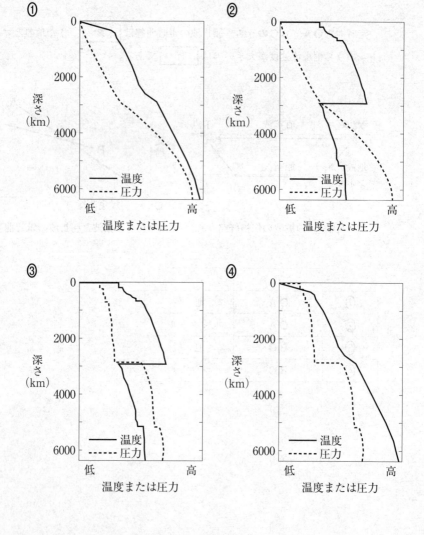

センター試験

本試験

地学基礎

解答時間　2科目60分
配点　2科目100点
（物理基礎，化学基礎，生物基礎，）
（地学基礎から2科目選択　　　）

地 学 基 礎

（解答番号　1　～　15　）

第1問　地球に関する次の問い（**A ～ C**）に答えよ。（配点　20）

　　A　地球の活動に関する次の問い（**問1・問2**）に答えよ。

　　　問1　地震について述べた文として最も適当なものを，次の①～④のうちから一
　　　　つ選べ。　1

　　　　①　プレートは固いのでプレート内部では地震は発生しない。

　　　　②　一つの地震では震源に近いほどマグニチュードは大きくなる。

　　　　③　緊急地震速報は地震の発生を直前に予測して発表している。

　　　　④　震源が近いほど初期微動継続時間は短くなる。

問 2　プレートテクトニクスの考え方によって説明されることがらとして**適当でないもの**を，次の①～④のうちから一つ選べ。　2

① アイスランドにはギャオと呼ばれる大地の裂け目がある。

② ヒマラヤ山脈やアルプス山脈のような大山脈が存在する。

③ 日本列島のような島弧では地震や火山の活動が活発である。

④ ハワイ島のようなホットスポットが形成される。

B 地層と地球の歴史に関する次の問い(**問3・問4**)に答えよ。

問3 ある日ジオくんは，次の図1の露頭で砂岩層aの断面にクロスラミナ(斜交葉理)，砂岩層bの断面に級化層理(級化成層)を見つけた。この露頭の地層の新旧と砂岩層bで観察される級化層理の特徴の組合せとして最も適当なものを，下の①~④のうちから一つ選べ。 3

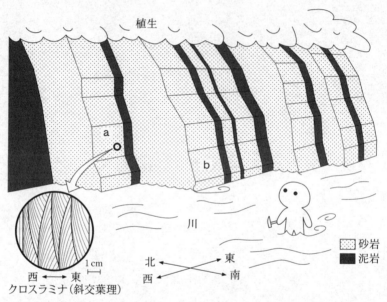

図1 層理面(地層面)が垂直な砂岩泥岩互層の露頭

川岸で見られた垂直に近い露頭を，南西から北東へ斜めに見たところを表す。

	地層の新旧	級化層理の特徴
①	東へ向かって地層が新しくなる。	西へ向かって粒子が細かくなる。
②	東へ向かって地層が新しくなる。	東へ向かって粒子が細かくなる。
③	西へ向かって地層が新しくなる。	西へ向かって粒子が細かくなる。
④	西へ向かって地層が新しくなる。	東へ向かって粒子が細かくなる。

問 4 地球と生物の歴史に関わる次のできごと a ～ c は，地質時代のいつごろ起こったものか。その地質時代を示した図として最も適当なものを，下の①～⑥のうちから一つ選べ。なお，灰色の太線はそれぞれのできごとが起こったおおよその時期を示す。　4

　a　リンボクなどの繁栄に伴う大気酸素濃度の上昇
　b　被子植物の出現
　c　クックソニアの出現

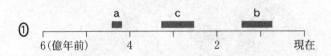

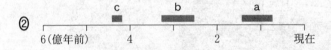

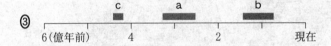

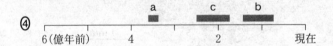

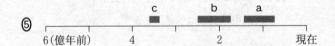

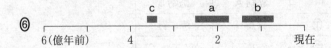

C　火成岩および変成岩に関する次の問い（**問5・問6**）に答えよ。

問5　ある安山岩質溶岩から岩石を採取して肉眼観察したところ，斑晶として白色の鉱物 A と黒色や暗緑色の鉱物 B を含んでいた。この岩石から作成した薄片（プレパラート）を偏光顕微鏡で観察したところ，次の図2のような組織であった。鉱物 A および鉱物 B の組合せとして最も適当なものを，下の ①～④ のうちから一つ選べ。　| 5 |

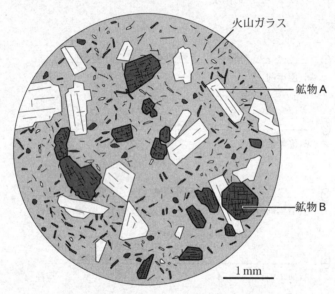

図2　ある安山岩質溶岩の組織のスケッチ

斑晶中の実線はへき開を表す。

	鉱物 A	鉱物 B
①	斜長石	輝　石
②	斜長石	かんらん石
③	石　英	輝　石
④	石　英	かんらん石

問 6 変成岩について述べた文として最も適当なものを，次の①〜④のうちから一つ選べ。　6

① チャートが広域変成作用を受けると大理石になる。

② 泥岩が広域変成作用を受けると結晶片岩になる。

③ 花こう岩が接触変成作用を受けると片麻岩になる。

④ 接触変成作用を与えたマグマが固化するとホルンフェルスになる。

第2問　大気と海洋に関する次の問い（**A・B**）に答えよ。（配点　10）

A　熱帯低気圧と温帯低気圧に関する次の文章を読み，下の問い（**問1・問2**）に答えよ。

　　熱帯低気圧と温帯低気圧は，ともに(a)中心付近が周囲に比べて低圧であり，北半球では反時計回りに回転する渦であるという共通の性質をもつ。一方，(b)温帯低気圧は前線を伴うことが多いが，熱帯低気圧は前線を伴わないなどの違いがある。

問1　上の文章中の下線部(a)に関連して，ある年の9月初旬の14時頃に本州の南岸を台風が南から北へ通過した。この地域には，次の図1に示されているように，西から東に順に観測所A，B，Cが数十km間隔で並んでおり，台風の中心は観測所Bの近くを通過した。次ページの図2のX，Y，Zの三つのデータは，観測所A，B，Cのいずれかで観測された風向，風力，気圧の変化を示している。観測所A，B，Cに対応するデータの組合せとして最も適当なものを，次ページの**①〜⑥**のうちから一つ選べ。なお，気圧は海面更正された値である。　　7

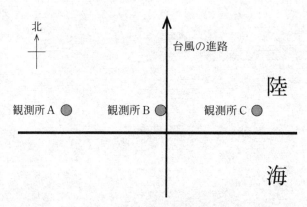

図1　観測所A，B，Cの位置関係と台風の進路

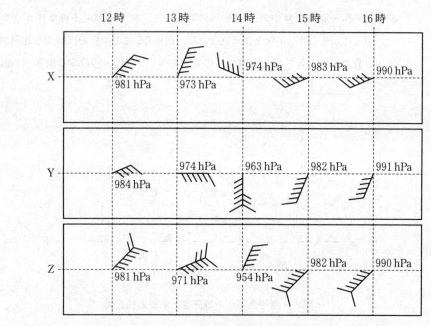

図2　観測所 A，B，C のいずれかで観測された風向，風力，気圧の変化

	観測所 A	観測所 B	観測所 C
①	X	Y	Z
②	X	Z	Y
③	Y	X	Z
④	Y	Z	X
⑤	Z	X	Y
⑥	Z	Y	X

問2 8ページの文章中の下線部(b)に関連して，北半球の温帯低気圧が次の図3に示すような前線を伴ったときに，破線 DE に沿った鉛直断面を**北側から見た構造**として最も適当なものを，次ページの①〜④のうちから一つ選べ。 8

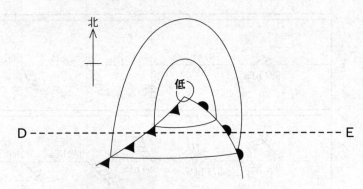

図3 温帯低気圧の等圧線と前線の模式図

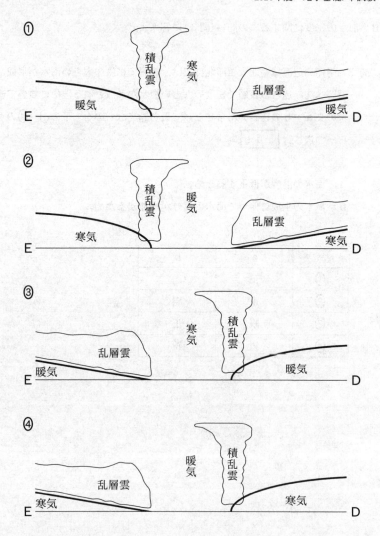

B　海水の密度に関する次の問い(**問3**)に答えよ。

　問3　南極周辺海域や北大西洋北部では，表層で密度の大きい海水が形成されて
深層へ沈み込む。表層で密度の大きい海水が形成される理由について述べた
次の文a・bの正誤の組合せとして最も適当なものを，下の①～④のうちか
ら一つ選べ。　　9

　　a　海水の温度が低下するため。

　　b　海水の生成に伴って海水の塩分が増加するため。

	a	b
①	正	正
②	正	誤
③	誤	正
④	誤	誤

第3問　宇宙に関する次の問い(**問1～3**)に答えよ。(配点　10)

問1　次の図1は，宇宙の誕生から現在を含む時間の流れを示したものである。この図に，最初の恒星が誕生したときと太陽系が誕生したとき，太陽が巨星(赤色巨星)になるときを描き入れると，それぞれa～fのどこに対応するか。その組合せとして最も適当なものを，下の**①～④**のうちから一つ選べ。なお，矢印の始点からそれぞれの記号を記した位置までの長さは，宇宙の誕生からそのときに至るまでの経過時間に比例しているとする。　10

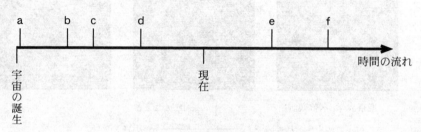

図1　宇宙の誕生から現在を含む時間の流れ

	最初の恒星の誕生	太陽系の誕生	太陽が巨星になる
①	a	c	e
②	a	d	e
③	b	c	f
④	b	d	f

問 2　現在の宇宙にはさまざまな広がり（大きさ）の天体が存在している。次の画像 a〜c のそれぞれは，銀河群，星団，惑星状星雲のいずれかを撮影したものである。画像に示された天体の実際の大きさを，大きいものから小さいものへと並べたとき，その順序として最も適当なものを，下の①〜⑥のうちから一つ選べ。　11

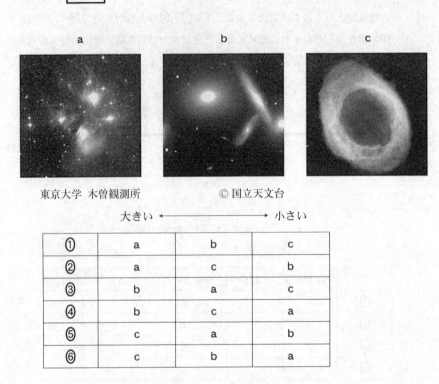

a　　　　　　　　　　b　　　　　　　　　　c

東京大学　木曽観測所　　　　　　　ⓒ 国立天文台

大きい ←――――――→ 小さい

①	a	b	c
②	a	c	b
③	b	a	c
④	b	c	a
⑤	c	a	b
⑥	c	b	a

問 3　太陽系には，さまざまな質量や密度の惑星がある。地球と木星，天王星の三つのなかで，質量が最も大きい惑星と平均密度が最も大きい惑星の組合せとして最も適当なものを，次の①～⑥のうちから一つ選べ。　12

	質量が最も大きい惑星	平均密度が最も大きい惑星
①	地　球	木　星
②	地　球	天王星
③	木　星	地　球
④	木　星	天王星
⑤	天王星	地　球
⑥	天王星	木　星

第4問　自然災害に関する次の文章を読み，下の問い(**問1〜3**)に答えよ。
(配点　10)

　　日本列島には多様な自然環境が存在する。それは多くの恵みを私たちに与えて
くれる一方で，(a)さまざまな自然災害をもたらす。自然災害に備えるために(b)ハ
ザードマップがつくられている。ハザードマップで示された自然災害の範囲の予測
は，状況によって変化する場合があるため，それを理解して利用することが重要で
ある。(c)自然災害によっては発生直後に被害の予測が行われるものもある。

問1　上の文章中の下線部(a)に関連して，自然災害を引き起こす現象について述べ
　　た次の文 a・b の正誤の組合せとして最も適当なものを，下の①〜④のうちか
　　ら一つ選べ。　13

　　a　地盤が固い場所ほど地震による揺れ(地震動)が増幅されやすい。

　　b　津波が沖合から海岸に近づくと，津波の高さは高くなる。

	a	b
①	正	正
②	正	誤
③	誤	正
④	誤	誤

問 2　前ページの文章中の下線部(b)に関連して，火山噴火と自然災害に関する次
の問いに答えよ。

　次の図 1 は，成層火山である X 岳が，現在の火口から噴火したことを想定
したハザードマップである。図 1 には，火砕流や溶岩流の流下，火山岩塊の落
下，厚さ 100 cm 以上の火山灰の堆積が予想される範囲が重ねて示してある。
この火山が想定どおりの噴火をしたときに，地点**ア〜エ**で起きる現象の可能性
について述べた文として最も適当なものを，次ページの**①〜④**のうちから一つ
選べ。　　14

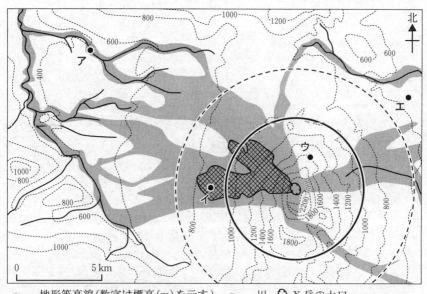

図 1　X 岳のハザードマップ

① 地点**ア**は火口から離れているため，噴火してから数時間経って火砕流が到達する可能性が高い。

② 地点**イ**には，火砕流や溶岩流の流下だけでなく，火山灰の降下の可能性も高い。

③ 地点**ウ**が火口に対して風上側にある場合には，そこに火山岩塊が落下してくる可能性は低い。

④ 地点**エ**は，火砕流や溶岩流の流下，火山岩塊の落下や火山灰の降下のいずれも可能性が低い。

問 3　16 ページの文章中の下線部(c)に関連して，火山噴火による降灰分布予測に関する次の文章を読み，　ア　・　イ　に入れる語と数値の組合せとして最も適当なものを，下の①～④のうちから一つ選べ。　15

　　次の図 2 は，火山 A が噴火した直後に発表された 12 時間後までの降灰分布予測である。この地域では噴火時刻の 12 時間後まで　ア　の風が吹くと予測されている。この風の風速が 10 m/s であるとすると，B 市で火山灰が降り始めるのは噴火時刻のおよそ　イ　時間後と予測できる。

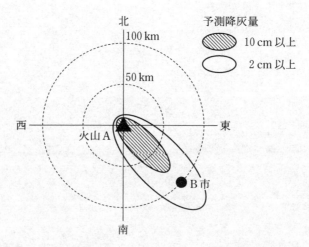

図 2　火山 A が噴火した直後に発表された降灰分布予測図

図中の同心円は火山 A の火口から 50 km，100 km の等距離線を示す。

	ア	イ
①	南　東	3
②	南　東	10
③	北　西	3
④	北　西	10

2019

本試験

地学基礎

解答時間　2科目60分
配点　2科目100点
（物理基礎，化学基礎，生物基礎，
地学基礎から2科目選択　　　）

地 学 基 礎

（解答番号 　1　 ～ 　15　 ）

第1問 地球に関する次の問い（**A ～ C**）に答えよ。（配点　30）

　A　地球の形状と活動に関する次の問い（**問1 ～ 3**）に答えよ。

　　問1　地球が球形であることは，いくつかの経験的事実から知られる。その例として**適当でないもの**を，次の①～④のうちから一つ選べ。　　1

　　　　①　月食のときに月に映る地球の影が円形である。

　　　　②　船で沖合から陸地へ向かうと，高い山の山頂から見えてくる。

　　　　③　北極星の高度が北から南へ行くほど低くなる。

　　　　④　岬の先端から海を見渡すと，水平線が丸く見える。

問 2 次の図1は，ある地点に設置された地震計の記録である。この地域における P 波および S 波の伝わる速さは，それぞれ 5 km/s，3 km/s である。震源から観測点までの距離として最も適当な数値を，下の①～④のうちから一つ選べ。 **2** km

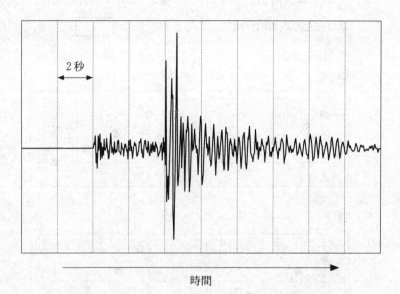

2秒

時間

図1　ある地点に設置された地震計の記録

① 10　　　　② 18　　　　③ 24　　　　④ 30

問 3 ハワイ諸島は，プレート運動と特徴的な火山活動によって形成されたと考えられている。代表的な島 A～D の形成年代を，それぞれ約40万年前 (A)，約130万年前(B)，約370万年前(C)，約510万年前(D)であるとする。現在における島 A～D のおおよその配置を示した図として最も適当なものを，次の①～④のうちから一つ選べ。ただし，プレートは一定の速さでほぼ西北西の方向に移動しているものとする。　　3

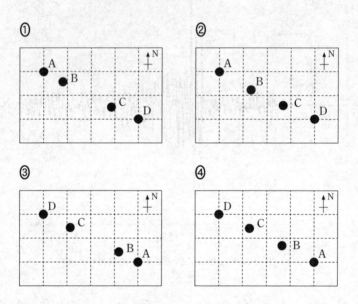

B　地球の歴史に関する次の問い（**問4～6**）に答えよ。

問 4　ある日，ジオくんが地質調査に出かけたところ，次の図2のような露頭を観察できた。A層は泥岩層であり，褶曲していた。B層は基底に礫岩を伴う砂岩層であり，西に傾斜していた。ここで見られる地層形成と変動の過程で，A層の堆積以降に起こったと考えられる下の(ア)～(オ)の順序として最も適当なものを，後の**①**～**④**のうちから一つ選べ。　4

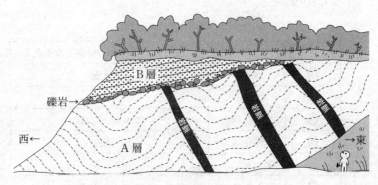

図2　露頭のスケッチ

露頭面はほぼ垂直かつ平面である。

(ア)　マグマが貫入した。

(イ)　地層がほぼ水平(東西)方向に圧縮された。

(ウ)　隆起と侵食が起こった。

(エ)　地層全体が西に傾いた。

(オ)　B層が堆積した。

①　(イ) → (ア) → (エ) → (ウ) → (オ)

②　(イ) → (ア) → (ウ) → (オ) → (エ)

③　(ア) → (イ) → (エ) → (ウ) → (オ)

④　(ア) → (イ) → (ウ) → (オ) → (エ)

問5　次の文章中の　　ア　　に入れる語と下線部のできごとの証拠となる化石の
組合せとして最も適当なものを，下の①〜⑥のうちから一つ選べ。　　5

　　地球の原始大気は，水蒸気と　　ア　　が主成分であったが，原生代初期に
はシアノバクテリアによる光合成の結果，大気中に酸素が放出された。古生
代になると，さらに酸素濃度が上昇し，大気中にオゾン層が形成された。こ
れにより地表に届く紫外線が大幅に減少して，生物が陸上に進出できたと考
えられている。

	ア	下線部のできごとの証拠となる化石
①	メタン	三葉虫
②	メタン	ロボク
③	二酸化炭素	クックソニア
④	二酸化炭素	三葉虫
⑤	アンモニア	ロボク
⑥	アンモニア	クックソニア

問6 次の文章中の　イ　・　ウ　に入れる語の組合せとして最も適当なものを，下の①〜⑥のうちから一つ選べ。　6

　　次の図3は，離れた二つの露頭Xと露頭Yにおける地層の積み重なる順序と示準化石a〜fの産出状況を模式的に示したものである。図中の実線は，地層から化石が産出したことを意味する。

　　両露頭の示準化石の産出状況から，露頭XのB層は露頭Yの　イ　と同時代に堆積したものとみなせる。また，露頭XのA層と　ウ　に相当する地層は，露頭Yには認められない。

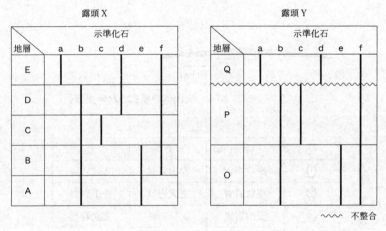

図3　露頭Xと露頭Yにおける示準化石a〜fの産出状況の模式図

	イ	ウ
①	O 層	C 層
②	O 層	D 層
③	P 層	C 層
④	P 層	D 層
⑤	Q 層	C 層
⑥	Q 層	D 層

C 火山と火成岩に関する次の問い(**問7～9**)に答えよ。

問 7 次の図4は，様々な性質のマグマが噴出して形成された火山a～cの断面を模式的に示したものである。これらの火山を形成したマグマの性質の組合せとして最も適当なものを，下の①～⑥のうちから一つ選べ。 7

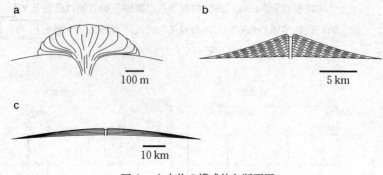

図4　火山体の模式的な断面図

	a	b	c
①	流紋岩質	安山岩質	玄武岩質
②	流紋岩質	玄武岩質	安山岩質
③	安山岩質	流紋岩質	玄武岩質
④	安山岩質	玄武岩質	流紋岩質
⑤	玄武岩質	流紋岩質	安山岩質
⑥	玄武岩質	安山岩質	流紋岩質

問 8　次の図5は，輝石，斜長石，角閃石(かくせんせき)から構成される，ある深成岩の組織の観察例である。直線と黒丸は，1 mm 間隔の格子線とそれらの交点を表す。図中の各鉱物内に含まれる黒丸の数(計25個)の比が，岩石の各鉱物の体積比を表すとするとき，この岩石の色指数として最も適当なものを，下の①〜⑥のうちから一つ選べ。　| 8 |

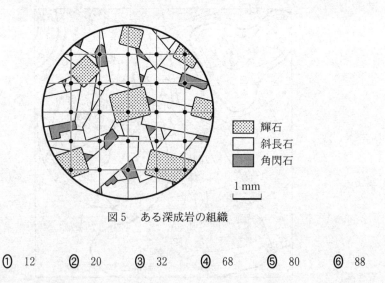

凡例
▨ 輝石
□ 斜長石
▦ 角閃石

1 mm

図5　ある深成岩の組織

①　12　　②　20　　③　32　　④　68　　⑤　80　　⑥　88

問 9　ある火成岩には30重量%(質量%)の斑晶(はんしょう)が含まれていた。斑晶と石基の平均的な SiO_2 含有量は，それぞれ55重量%，65重量% であった。この岩石のでき方と SiO_2 含有量の組合せとして最も適当なものを，次の①〜④のうちから一つ選べ。　| 9 |

	岩石のでき方	岩石の SiO_2 含有量
①	マグマが地表付近で急速に冷えて形成された	58 重量%
②	マグマが地表付近で急速に冷えて形成された	62 重量%
③	マグマが地下深部でゆっくり冷えて形成された	58 重量%
④	マグマが地下深部でゆっくり冷えて形成された	62 重量%

第2問 天気図に関する次の文章を読み，大気と海洋に関する下の問い（**問1～3**）
に答えよ。（配点 10）

次の図1はある年の1月23日9時の地上天気図である。日本周辺は西高東低の
冬型の気圧配置になっている。

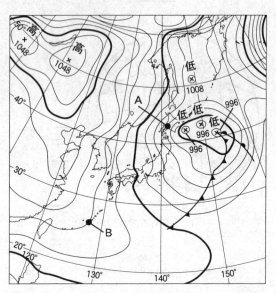

図1 ある年の1月23日9時の地上天気図

太線は 20 hPa ごとの等圧線を示す。

問 1 図1から読み取れる気圧に関連した特徴を述べた文として最も適当なもの
を，次の①～④のうちから一つ選べ。 10

① 地点 A の海面気圧は 992 hPa である。

② 海面気圧は，地点 A の方が地点 B よりも高い。

③ 水平方向の気圧の差によって空気にはたらく力の大きさは，地点 A の方
が地点 B よりも大きい。

④ 地点 A の空気には，水平方向の気圧の差によって南西向きに力がはたら
く。

問 2　前ページの図1の天気図の日時における気象衛星赤外画像として最も適当なものを，次の①～④のうちから一つ選べ。　11

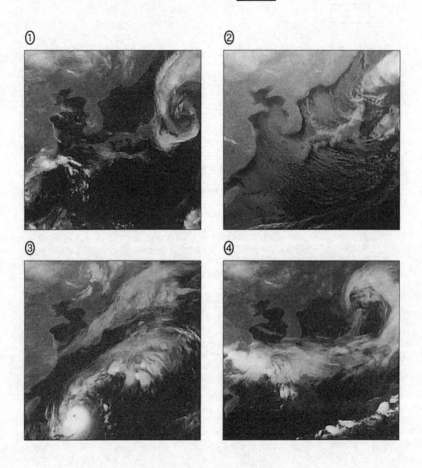

① ② ③ ④

（写真提供）高知大学気象情報頁 http://weather.is.kochi-u.ac.jp/

問 3　10 ページの図 1 の天気図における，日本周辺の大気と海洋との関わりについて述べた文として最も適当なものを，次の①~④のうちから一つ選べ。

　　　　| 12 |

①　オホーツク海から日本海に流れ込む冷たく湿った空気が，日本海上で暖められて上昇し，日本付近で前線が停滞しやすくなる。

②　東シナ海から日本海に流れ込む暖かく湿った空気が，日本海上で冷やされて，霧が発生しやすくなる。

③　日本の東の海上の低気圧から日本海に吹き出す暖かく乾いた空気が，日本海上で冷やされて下降し，晴天域が広がりやすくなる。

④　大陸の高気圧から日本海に吹き出す冷たく乾いた空気が，暖かい海から水蒸気を受け取り，雲が発生しやすくなる。

第3問　恒星の誕生と宇宙の進化に関する高校生のムサシさんと大学院生のサクラさんの次の会話文を読み，下の問い（**問1～3**）に答えよ。（配点　10）

ムサシ：この前，ハワイに行ったんだって？

サクラ：ハワイ島にある天文台で，星の誕生現場を観測してきたんだ。

ムサシ：星は生まれたり死んだりするんだね。太陽はどうやって誕生したの？

サクラ：　ア　　中の密度が特に高い場所で　イ　，原始星として誕生したんだよ。

ムサシ：その後どうなったの？

サクラ：やがて今の太陽のように安定した状態になったのだけど，今から約　ウ　年後には寿命が尽きるの。寿命が尽きるまでに(a)いろいろな元素がつくられるわ。(b)宇宙誕生から今まで，星や元素の誕生が繰り返されているんだよ。

ムサシ：いつか，ハワイの天文台で観測して，元素の起源について調べてみたいなぁ。

問1　上の会話文中の　ア　～　ウ　に入れる語句の組合せとして最も適当なものを，次の①～⑥のうちから一つ選べ。　13

	ア	イ	ウ
①	惑星状星雲	微惑星が互いの重力で衝突・合体し	5000万
②	惑星状星雲	ガスが自分の重力で収縮し	5億
③	惑星状星雲	微惑星が互いの重力で衝突・合体し	50億
④	星間雲	ガスが自分の重力で収縮し	5000万
⑤	星間雲	微惑星が互いの重力で衝突・合体し	5億
⑥	星間雲	ガスが自分の重力で収縮し	50億

問 2　前ページの会話文中の下線部⒜に関連して，元素の起源について述べた次の文a・bの正誤の組合せとして最も適当なものを，下の①〜④のうちから一つ選べ。　14

　a　ヘリウムは，すべてビッグバンの直後につくられた。

　b　太陽が赤色巨星となった後，その中心部では核融合により炭素がつくられる。

	a	b
①	正	正
②	正	誤
③	誤	正
④	誤	誤

問 3　前ページの会話文中の下線部⒝に関連して，宇宙が誕生してから現在までに起こった現象について述べた文として最も適当なものを，次の①〜④のうちから一つ選べ。　15

① 宇宙誕生の数分後には，陽子や中性子は存在していた。

② 宇宙誕生の数日後に，宇宙の晴れ上がりが起きた。

③ 宇宙誕生の数十億年後に，最初の恒星が誕生した。

④ 宇宙誕生の約50億年後に，太陽系が誕生した。

2018

本試験

地学基礎

解答時間　2科目60分
配点　2科目100点
（物理基礎，化学基礎，生物基礎，）
（地学基礎から2科目選択）

地　学　基　礎

（解答番号 1 ～ 15）

第1問　地球に関する次の問い（A～D）に答えよ。（配点　27）

A　地球の構造と地震に関する次の問い（問1～3）に答えよ。

問1　地球全体に対する核の大きさを表した断面図として最も適当なものを，次の①～④のうちから一つ選べ。ただし，灰色の領域は核を，実線は地球の表面を表し，断面は地球の中心を通る。 1

①

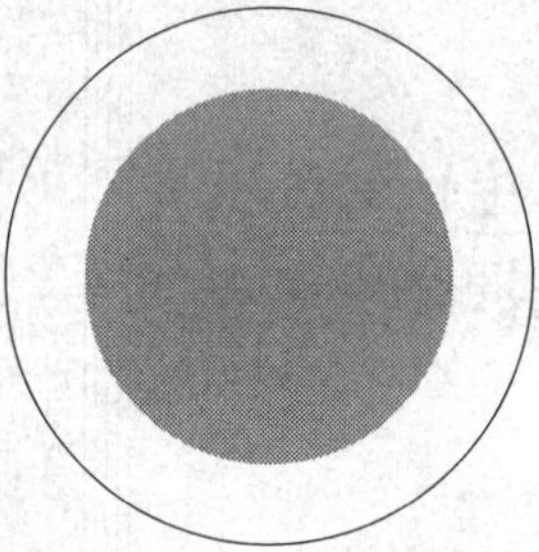

②

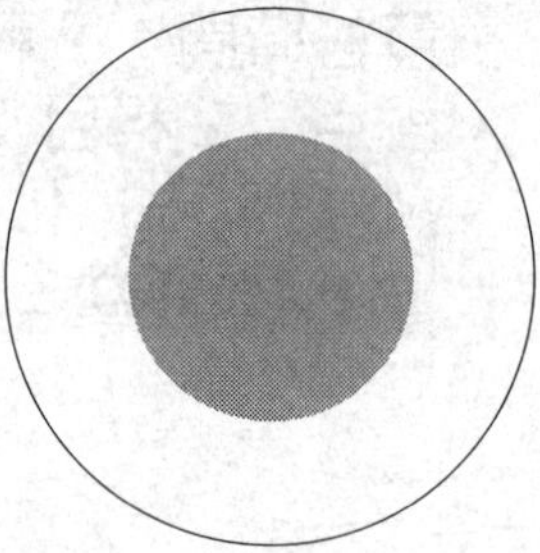

③

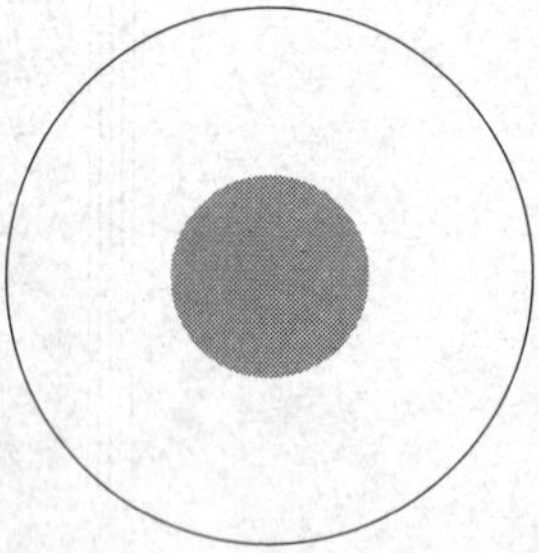

④

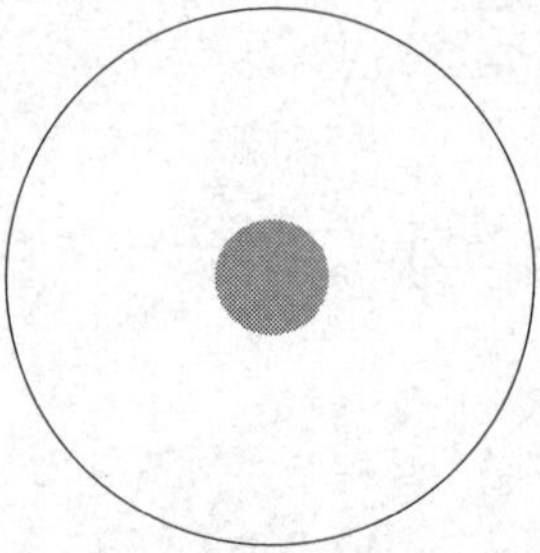

問 2 地殻とマントルについて述べた次の文 a・b の正誤の組合せとして最も適当なものを，下の①～④のうちから一つ選べ。 | 2 |

a　リソスフェアは，アセノスフェアよりやわらかく流動しやすい。

b　地殻とマントルの境界(モホロビチッチ不連続面)は，大陸地域よりも海洋地域のほうが深い。

	a	b
①	正	正
②	正	誤
③	誤	正
④	誤	誤

問3 次の図1は，ある地域における震源距離と地震発生からP波到達までの時間との関係を示したものである。また，この地域では，震源距離 D [km] と初期微動継続時間 T [秒] について，$D = 8.0T$ という関係がある。

この地域で発生したある地震において，地震発生から3.0秒後に緊急地震速報が受信された。震源距離40 kmの場所では，S波到達は緊急地震速報の受信後何秒後か。その数値として最も適当なものを，下の①～④のうちから一つ選べ。ただし，緊急地震速報はこの地域全域において同時に受信されるとする。 ☐3☐ 秒後

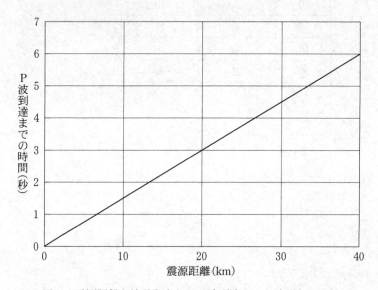

図1 震源距離と地震発生からP波到達までの時間との関係

① 3.0   ② 5.0   ③ 6.0   ④ 8.0

B 地質に関する次の文章を読み，下の問い（**問4・問5**）に答えよ。

　　ジオくんは，次の図2(a)に示したある地域の道路沿いの露頭 **X** から露頭 **Z** までの地質を調べた。露頭 **X** では花こう岩と結晶質石灰岩を観察し，露頭 **Y** では図2(b)のスケッチを作成した。露頭 **X** の結晶質石灰岩は，露頭 **Y** と同じ石灰岩が変成した岩石である。また，露頭 **Z** では露頭 **Y** と同じ泥岩が露出していた。

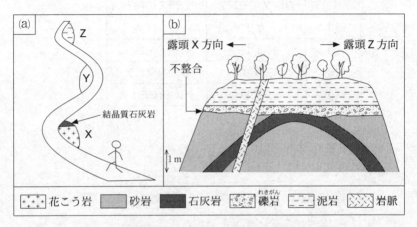

図2　(a) 露頭 **X** と露頭 **Y**，露頭 **Z** の位置を示す図
　　　(b) 露頭 **Y** のスケッチ（露頭面は平面とする）

問4　上の図2(b)に示した露頭 **Y** で観察された岩脈，不整合，褶曲（しゅうきょく）が形成された順序として最も適当なものを，次の①～④のうちから一つ選べ。　　　**4**

① 褶　曲　→　不整合　→　岩　脈

② 褶　曲　→　岩　脈　→　不整合

③ 不整合　→　褶　曲　→　岩　脈

④ 不整合　→　岩　脈　→　褶　曲

問 5　露頭 Y でみられた不整合面上の礫岩には，露頭 X の花こう岩が礫として
　　　含まれていた。また，露頭 X の花こう岩は白亜紀に形成されたことがわ
　　　かっている。露頭 Y の石灰岩と露頭 Z の泥岩から産出する可能性のある化
　　　石の組合せとして最も適当なものを，次の①～④のうちから一つ選べ。
　　　　　5

	露頭 Y の石灰岩	露頭 Z の泥岩
①	ビカリア	リンボク
②	ビカリア	モノチス
③	三葉虫	クックソニア
④	三葉虫	デスモスチルス

C　次の図3は，含まれる SiO_2 の割合による火成岩の区分とおもな造岩鉱物の量（体積%）を示している。火成岩に関する下の問い（**問6・問7**）に答えよ。

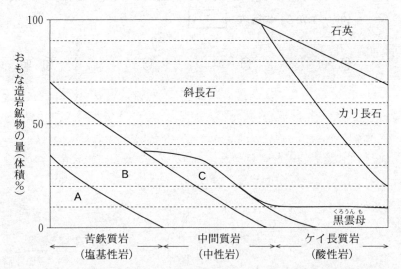

図3　含まれる SiO_2 の割合による火成岩の区分とおもな造岩鉱物の量（体積%）

問6　上の図3中の**A～C**に入れるおもな造岩鉱物の組合せとして最も適当なものを，次の①～⑥のうちから一つ選べ。　6

	A	B	C
①	輝石	角閃石	かんらん石
②	輝石	かんらん石	角閃石
③	かんらん石	輝石	角閃石
④	かんらん石	角閃石	輝石
⑤	角閃石	輝石	かんらん石
⑥	角閃石	かんらん石	輝石

問 7　ある火成岩は 4 種類のおもな造岩鉱物から構成されていた。それらの量を計測したところ，石英の量が 20 体積％であった。この岩石の色指数を前ページの図 3 から求めた場合，その数値として最も適当なものを，次の①〜④のうちから一つ選べ。　|　7　|

① 10　　　　② 40　　　　③ 60　　　　④ 90

D 変成作用に関する次の問い(**問8**)に答えよ。

問 8 変成作用およびそれによって生じる岩石について述べた文として，**誤って**
いるものを，次の①～④のうちから一つ選べ。 8

① 結晶片岩では，変成鉱物が一方向に配列した組織が見られ，面状にはが
れやすい。

② 接触変成作用は，マグマとの接触部から幅数十～数百 km にわたってお
こる。

③ 片麻岩は鉱物が粗粒で，白と黒の縞模様が特徴である。

④ ホルンフェルスは硬くて緻密である。

第2問 次の文章は，科学者の寺田寅彦による随筆「茶碗の湯」(大正11年)からの抜粋である。これを読んで，下の問い(**問1～4**)に答えよ。(文章は一部省略したり，書き改めたりしたところもある。)(配点 13)

ここに茶碗が一つあります。中には熱い湯が一ぱいはいっております。ただそれだけでは何のおもしろみもなく不思議もないようですが，よく気をつけて見ていると，だんだんにいろいろの微細なことが目につき，さまざまの疑問が起こってくるはずです。ただ一ぱいのこの湯でも，自然の現象を観察し研究することの好きな人には，なかなかおもしろい見物です。

第一に，湯の面からは白い湯気が立っています。これはいうまでもなく，

　　ア　です。(中略)

次に，茶碗のお湯がだんだんに冷えるのは，(a)湯の表面や茶碗の周囲から熱がにげるためだと思っていいのです。もし表面にちゃんとふたでもしておけば，冷やされるのはおもにまわりの茶碗にふれた部分だけになります。そうなると，(b)茶碗に接したところでは湯は冷えて重くなり，下の方へ流れて底の方へ向かって動きます。その反対に，茶碗のまんなかの方では逆に上の方へのぼって，表面からは外側に向かって流れる，だいたいそういう風な循環が起こります。(以下略)

出典：池内了編「科学と科学者のはなし　寺田寅彦エッセイ集」

問1 上の文章中の　**ア**　に入れる語句として最も適当なものを，次の①～④のうちから一つ選べ。　**9**

① 熱い水蒸気が冷えて，小さなしずくになったのが無数に群がっているので，ちょうど雲や霧と同じようなもの

② 熱い湯から立ちのぼった気体が光を反射したもの

③ 熱いところと冷たいところとの境で光が曲がるために，光が一様にならずちらちらと目に見える，ちょうどかげろうと同じようなもの

④ 小さな塵が群がり粒の大きい塵となったのがちらちらと目に見えたもの

問 2　前ページの下線部(a)に関連して，茶碗の湯が表面から冷える過程として最も適当なものを，次の①〜④のうちから一つ選べ。　10

① 可視光線の反射　　　　　　② 紫外線の放射
③ 二酸化炭素の放出　　　　　④ 潜熱の放出

問 3　前ページの下線部(b)に関連して，温度差をおもな原因とする鉛直方向の動きが，全体の動きを駆動している現象として適当でないものを，次の①〜④のうちから一つ選べ。　11

① 海洋の深層循環　　　　　　② 続成作用
③ 粒状斑　　　　　　　　　　④ ハドレー循環

問 4　著者はこの随筆の別の箇所で，茶碗の湯から湯気が渦を巻きながら立ち上る様子について記述している。このことに関連して，上向きの流れや渦がもたらす現象や自然災害について述べた文として最も適当なものを，次の①〜④のうちから一つ選べ。　12

① オゾンホールは，渦を伴う上昇気流がオゾン層に穴をあけることで発生することが多い。
② 親潮は，台風の渦による気圧の変化や海水の吹き寄せによって生じる。
③ 火砕流は，火山噴火に伴う火山灰が成層圏まで達するような強い上向きの流れである。
④ 積乱雲は，強い上昇気流を伴い激しいにわか雨や雷雨をもたらすことがある。

第3問 先生と生徒(ソラとヒロ)との次の会話文を読み，下の問い(**問1～3**)に答えよ。(配点 10)

先生：太陽系は，(a)宇宙に漂っていたガスや塵などの星間物質から生まれたのだ
けれど，どのようにしてできたんだろう？

ソラ：星間物質が集まってできた雲の密度の高い部分が重力で収縮して，原始太陽
ができました。収縮がさらに進み，中心部の圧力と温度が十分に高くなると，
  ア の核融合反応が始まり，主系列星の太陽が誕生したのだと思います。

先生：そのようにして生まれた原始太陽の周りにたくさんの微惑星が形成され，そ
れらが衝突・合体して原始地球がつくられたんだ。その後，原始地球はどう進
化したんだろう？

ヒロ：原始地球が大きく成長するにつれて，(b)地表面の温度が上がり，岩石がと
けて地表面を覆い， イ ができたのだと思います。

問1 上の文章中の ア ・ イ に入れる語の組合せとして最も適当なもの
を，次の①～④のうちから一つ選べ。 13

	ア	イ
①	水 素	ホットスポット
②	水 素	マグマオーシャン
③	ヘリウム	ホットスポット
④	ヘリウム	マグマオーシャン

問2 上の文章中の下線部(a)に関連して，星間物質について述べた文として最も適
当なものを，次の①～④のうちから一つ選べ。 14

① 星間空間の塵は，地球に到達するとオーロラとして観測される。

② 星間空間の塵は，大部分がビッグバン直後に形成された。

③ 星間ガスは，恒星から放出された物質を含む。

④ 星間ガスは，ヘリウムを含まない。

問 3 前ページの文章中の下線部(b)に関連して，原始地球の表面温度が上昇したおもな原因は次の a ～ d のうちのどれとどれか。その組合せとして最も適当なものを，下の①～⑥のうちから一つ選べ。 15

　a　太陽風

　b　微惑星の衝突

　c　大気の温室(保温)効果

　d　地球内部の核融合反応

① a・b　　　　② a・c　　　　③ a・d
④ b・c　　　　⑤ b・d　　　　⑥ c・d

本試験

地学基礎

解答時間　2科目 60 分
配点　2科目 100 点
（物理基礎，化学基礎，生物基礎，
地学基礎から2科目選択）

2017

地 学 基 礎

(解答番号 1 ~ 15)

第1問 地球とその構成物質に関する次の問い(**A・B**)に答えよ。(配点 17)

A 地球の構造と歴史に関する次の問い(問1~3)に答えよ。

問1 外核の状態とおもな構成元素の組合せとして最も適当なものを，次の①~⑥のうちから一つ選べ。 1

	状 態	おもな構成元素
①	固 体	Si
②	固 体	Mg
③	固 体	Fe
④	液 体	Si
⑤	液 体	Mg
⑥	液 体	Fe

問 2　次の図1は，ある地域で観測された地震の初期微動継続時間と震源距離の関係を示している。この地域において，震源距離 14 km の地点で地震発生から 2.5 秒後に P 波が観測された。この地域の S 波の速度として最も適当な数値を，下の①〜④のうちから一つ選べ。約　2　km/s

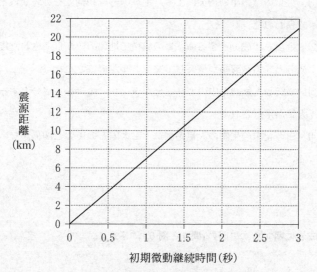

図1　初期微動継続時間と震源距離の関係

①　1　　　　　②　3　　　　　③　5　　　　　④　7

問 3 隕石や微惑星の衝突は，地球の形成と歴史に影響を与えた。隕石や微惑星の衝突に関して述べた文として最も適当なものを，次の①～④のうちから一つ選べ。 3

① 大量の微惑星の衝突により，地球の形成初期にその表層はとけてマグマで覆われた。

② 金属を主成分とする微惑星の集積で地球の核が形成された後，岩石を主成分とする微惑星が衝突してマントルが形成された。

③ 衝突した微惑星中のガス成分が気化し，酸素を主成分とする地球の原始大気が形成された。

④ 白亜紀末の生物の大量絶滅は，巨大隕石の衝突と関係がないと考えられている。

B 火成岩に関する次の問い（問4・問5）に答えよ。

問 4 ある火成岩のプレパラート（薄片）を偏光顕微鏡で観察すると，次の図2のような組織であった。この組織のでき方について述べた下の文a・bと岩石名の組合せとして最も適当なものを，下の①～④のうちから一つ選べ。 4

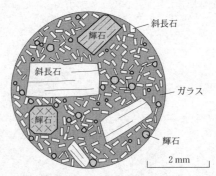

図2 ある火成岩のプレパラートを偏光
顕微鏡で観察したときのスケッチ

組織のでき方

　a　細かい結晶とガラスからなる岩石ができ，その後にいくつかの結晶が
　　　大きく成長した。

　b　大きな結晶ができた後に，細かい結晶とガラスができた。

	組織のでき方	岩石名
①	a	安山岩
②	a	閃緑岩
③	b	安山岩
④	b	閃緑岩

問 5　火成岩またはその構成鉱物について述べた文として最も適当なものを，次
　　の①～④のうちから一つ選べ。　| 5 |

① 玄武岩には，FeO が SiO_2 より多く含まれる。

② 斜長石は，Ca や Na を含む鉱物である。

③ 花こう岩には，有色鉱物が無色鉱物より多く含まれる。

④ 斑れい岩の密度は，花こう岩の密度より小さい。

第2問 地球環境と大気・海洋に関する次の問い（**A・B**）に答えよ。（配点 16）

A 温暖化に関する次の文章を読み，下の問い（**問1～3**）に答えよ。

　　地球の気候は，太陽活動，火山活動，(a)温室効果ガス，海流の変化などの影響を受け，寒暖を繰り返す。次の図1は，日本の年平均地上気温の経年変化である。(b)5年間の平均値の変化（太線）を見ると，期間**I**と期間**II**のように気温の上昇傾向が鈍っていた時期もあるが，100年間の長期変化傾向を示す直線は温暖化の傾向を示している。化石燃料の代替エネルギーの利用が促進されているものの，(c)長期的には今後のさらなる温暖化が危惧されている。

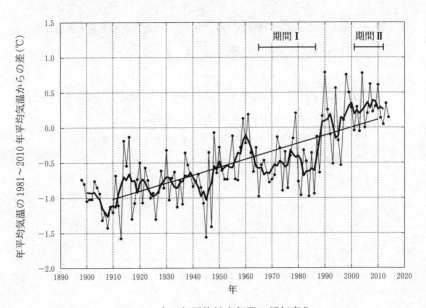

図1　日本の年平均地上気温の経年変化

　　各年の年平均値の変化を細線で示し，その年を中心とする5年間の平均値の変化を太線で示す。また，直線は100年間の気温上昇の傾向を示し，その傾きは気温上昇率を表す。

問1 前ページの下線部(a)に関して，水蒸気とメタンの二種類のガスを，温室効果ガスとそうでないものに分類した。この分類の組合せとして最も適当なものを，次の①～④のうちから一つ選べ。 6

	水蒸気	メタン
①	温室効果ガス	温室効果ガス
②	温室効果ガス	温室効果ガスではない
③	温室効果ガスではない	温室効果ガス
④	温室効果ガスではない	温室効果ガスではない

問2 前ページの下線部(b)に関して述べた次の文a・bの正誤の組合せとして最も適当なものを，下の①～④のうちから一つ選べ。 7

a 20世紀を通して宇宙空間へ放射される地球放射が増え続けた結果，温暖化傾向となった。

b 温暖化が鈍った期間（Ⅰ，Ⅱ）は，代替エネルギー利用の促進や原子力発電所の増加により，地球大気中の二酸化炭素濃度が減少した。

	a	b
①	正	正
②	正	誤
③	誤	正
④	誤	誤

問3 前ページの下線部(c)に関連して，仮に2010年以降の気温上昇率が，図1の直線の傾きの2倍になるとすると，2060年には，2010年よりも何度気温が上がると考えられるか。最も適当な数値を，次の①～④のうちから一つ選べ。 8 ℃

① 1.1　　　② 3.3　　　③ 5.5　　　④ 7.7

B　日本周辺の大気・海洋・自然環境現象に関する次の問い(**問 4**・**問 5**)に答え
よ。

問 4　オホーツク海とその上空の大気と海洋に関して述べた次の文**a**・**b**の正誤
の組合せとして最も適当なものを，下の①～④のうちから一つ選べ。
　　　9

　　a　冬のオホーツク海では，冷やされた海水が深部に沈み込み，地球規模の
　　　深層循環(深層水の大循環)が駆動される。

　　b　夏にオホーツク海上で高気圧の勢力が強くなると，東日本や北日本の太
　　　平洋側で冷夏になりやすい。

	a	b
①	正	正
②	正	誤
③	誤	正
④	誤	誤

問 5　日本の自然環境と災害を引き起こす自然現象について述べた文として最も
適当なものを，次の①～④のうちから一つ選べ。　　10

①　海溝では，プルームの上昇によって巨大地震が周期的に発生する。

②　梅雨の時期に活発化した前線が停滞すると，集中豪雨が起こりやすい。

③　火山のハザードマップには，次に噴火が起こる年と月が示されている。

④　液状化(液状化現象)は，かたい地盤で起こりやすい。

第3問 太陽と太陽系の惑星に関する次の問い（**問1・問2**）に答えよ。（配点 7）

問1 太陽の表面と外層の構造に関する写真の説明文として**誤っているもの**を，次の①～④のうちから一つ選べ。 11

①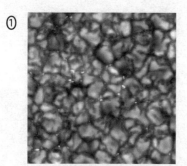

Ⓒ国立天文台／JAXA
太陽内部の対流によってつくられる太陽表面の構造である。

②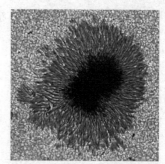

Ⓒ国立天文台／JAXA
周りより温度が高いため黒く見える太陽表面の構造である。

③

SOHO（ESA&NASA）
光球の外側にガスが噴出した巨大な構造である。

④

撮影：福島英雄，片山真人，渡辺康充
彩層の外側に存在する100万K以上の高温な気体からなる構造である。

＊編集の都合上，①，②，④の写真は類似の写真と差し替えています。

問 2　海王星から太陽までの距離は約 30 天文単位である。太陽の光が海王星に届くまでには，およそ何時間かかるか。その数値として最も適当なものを，次の①～④のうちから一つ選べ。ただし，地球から太陽までの平均距離は 1 億 5000 万 km，光速度は 30 万 km/s とする。　　12　　時間

①　0.4　　　　　②　0.8　　　　　③　4　　　　　④　8

第4問　宇宙からの光と地球・生命の歴史に関する次のヒロさんとソラさんの会話を読み，下の問い（**問1～3**）に答えよ。（配点　10）

ヒロ：夜空に見える星の光は，地球まで届くのにかかる時間だけ昔に放たれた光なんだね。

ソラ：そうなんだよ。 ア のような天体なら1500年くらい前に放たれた光だから，地球は有史時代でそれほど昔とは言えないけど，われわれの銀河系の中心付近の天体になると，3万年も前に放たれた光を見ていることになるよ。

ヒロ：3万年前というと，地球上では イ の時代だね。もっと古い歴史まで調べてみると，表1のように宇宙から届く光が放たれた年代と地球の歴史とを並べてみられるよ。

ソラ：宇宙は広大で深遠なものだと思っていたけれど，地球と生物進化の歴史も奥深いものなんだね。

表1　宇宙からの光と地球・生命の歴史

年　代	光を放った天体など	地球と生命の事象	生息していた生物
約1500年前	ア	クラカタウ火山の噴火	
約3万年前	銀河系中心付近の天体	イ	マンモス
約200万年前	アンドロメダ銀河	氷床の発達	ホモ・ハビリス
約5000万年前	おとめ座銀河団	インド亜大陸の衝突	ヌンムリテス（カヘイ石）
約5億年前	おおぐま座銀河団	生物の爆発的進化	ウ
約 エ 年前	3C330銀河団	地球の誕生	
約137億年前	宇宙背景放射		

問 1　前ページの会話文中および表1中の　ア　・　イ　に入れる語句の組合
せとして最も適当なものを，次の①〜④のうちから一つ選べ。　13

	ア	イ
①	オリオン大星雲（オリオン星雲）	最後の氷期
②	オリオン大星雲（オリオン星雲）	全球凍結
③	大マゼラン雲（大マゼラン銀河）	最後の氷期
④	大マゼラン雲（大マゼラン銀河）	全球凍結

問 2　前ページの表1中の　ウ　・　エ　に入れる語と数値の組合せとして最
も適当なものを，次の①〜④のうちから一つ選べ。　14

	ウ	エ
①	デスモスチルス	38 億
②	デスモスチルス	46 億
③	三葉虫	38 億
④	三葉虫	46 億

問 3　11 ページの会話文中の下線部に関連して，次の図 1 に，地球のある地点における地質断面を示す。泥岩からは恐竜の化石が，砂岩からはビカリアの化石がそれぞれ産出している。断層の種類と不整合の形成時期の組合せとして最も適当なものを，下の①～④のうちから一つ選べ。ただし，断層は横ずれ断層ではなく上下方向にのみ動いたものとする。　 15

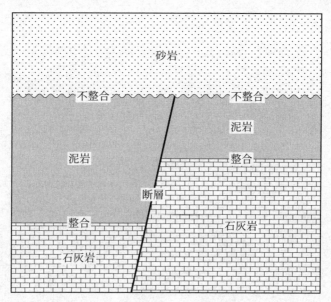

図 1　ある地点の地質断面図

	断層の種類	不整合の形成時期
①	正断層	新第三紀
②	正断層	石炭紀
③	逆断層	新第三紀
④	逆断層	石炭紀

理　科　①　解　答　用　紙

注意事項
1　左右の解答欄で同一の科目を解答してはいけません。
2　訂正は、消しゴムできれいに消し、消しくずを残してはいけません。
3　所定欄以外にはマークしたり、記入したりしてはいけません。
4　汚したり、折りまげたりしてはいけません。

・下の解答欄で解答する科目を、1科目だけマークしなさい。
・解答科目欄が無マーク又は複数マークの場合は、0点となります。

解答科目欄	
物 理 基 礎	◯
化 学 基 礎	◯
生 物 基 礎	◯
地 学 基 礎	◯

・下の解答欄で解答する科目を、1科目だけマークしなさい。
・解答科目欄が無マーク又は複数マークの場合は、0点となります。

解答科目欄	
物 理 基 礎	◯
化 学 基 礎	◯
生 物 基 礎	◯
地 学 基 礎	◯

理 科 ② 解 答 用 紙

注意事項
1 訂正は、消しゴムできれいに消し、消しくずを残してはいけません。
2 所定欄以外にはマークしたり、記入したりしてはいけません。
3 汚したり、折り曲げたりしてはいけません。

・1科目だけマークしなさい。
・解答科目欄が無マーク又は複数マークの場合は、0点となります。

解答科目欄	
物 理	◯
化 学	◯
生 物	◯
地 学	◯

解答番号 1〜25

解答番号	1	2	3	4	5	6	7	8	9	0	a	b
1	①	②	③	④	⑤	⑥	⑦	⑧	⑨	⓪	ⓐ	ⓑ
2	①	②	③	④	⑤	⑥	⑦	⑧	⑨	⓪	ⓐ	ⓑ
3	①	②	③	④	⑤	⑥	⑦	⑧	⑨	⓪	ⓐ	ⓑ
4	①	②	③	④	⑤	⑥	⑦	⑧	⑨	⓪	ⓐ	ⓑ
5	①	②	③	④	⑤	⑥	⑦	⑧	⑨	⓪	ⓐ	ⓑ
6	①	②	③	④	⑤	⑥	⑦	⑧	⑨	⓪	ⓐ	ⓑ
7	①	②	③	④	⑤	⑥	⑦	⑧	⑨	⓪	ⓐ	ⓑ
8	①	②	③	④	⑤	⑥	⑦	⑧	⑨	⓪	ⓐ	ⓑ
9	①	②	③	④	⑤	⑥	⑦	⑧	⑨	⓪	ⓐ	ⓑ
10	①	②	③	④	⑤	⑥	⑦	⑧	⑨	⓪	ⓐ	ⓑ
11	①	②	③	④	⑤	⑥	⑦	⑧	⑨	⓪	ⓐ	ⓑ
12	①	②	③	④	⑤	⑥	⑦	⑧	⑨	⓪	ⓐ	ⓑ
13	①	②	③	④	⑤	⑥	⑦	⑧	⑨	⓪	ⓐ	ⓑ
14	①	②	③	④	⑤	⑥	⑦	⑧	⑨	⓪	ⓐ	ⓑ
15	①	②	③	④	⑤	⑥	⑦	⑧	⑨	⓪	ⓐ	ⓑ
16	①	②	③	④	⑤	⑥	⑦	⑧	⑨	⓪	ⓐ	ⓑ
17	①	②	③	④	⑤	⑥	⑦	⑧	⑨	⓪	ⓐ	ⓑ
18	①	②	③	④	⑤	⑥	⑦	⑧	⑨	⓪	ⓐ	ⓑ
19	①	②	③	④	⑤	⑥	⑦	⑧	⑨	⓪	ⓐ	ⓑ
20	①	②	③	④	⑤	⑥	⑦	⑧	⑨	⓪	ⓐ	ⓑ
21	①	②	③	④	⑤	⑥	⑦	⑧	⑨	⓪	ⓐ	ⓑ
22	①	②	③	④	⑤	⑥	⑦	⑧	⑨	⓪	ⓐ	ⓑ
23	①	②	③	④	⑤	⑥	⑦	⑧	⑨	⓪	ⓐ	ⓑ
24	①	②	③	④	⑤	⑥	⑦	⑧	⑨	⓪	ⓐ	ⓑ
25	①	②	③	④	⑤	⑥	⑦	⑧	⑨	⓪	ⓐ	ⓑ

解答番号	1	2	3	4	5	6	7	8	9	0	a	b
26	①	②	③	④	⑤	⑥	⑦	⑧	⑨	⓪	ⓐ	ⓑ
27	①	②	③	④	⑤	⑥	⑦	⑧	⑨	⓪	ⓐ	ⓑ
28	①	②	③	④	⑤	⑥	⑦	⑧	⑨	⓪	ⓐ	ⓑ
29	①	②	③	④	⑤	⑥	⑦	⑧	⑨	⓪	ⓐ	ⓑ
30	①	②	③	④	⑤	⑥	⑦	⑧	⑨	⓪	ⓐ	ⓑ
31	①	②	③	④	⑤	⑥	⑦	⑧	⑨	⓪	ⓐ	ⓑ
32	①	②	③	④	⑤	⑥	⑦	⑧	⑨	⓪	ⓐ	ⓑ
33	①	②	③	④	⑤	⑥	⑦	⑧	⑨	⓪	ⓐ	ⓑ
34	①	②	③	④	⑤	⑥	⑦	⑧	⑨	⓪	ⓐ	ⓑ
35	①	②	③	④	⑤	⑥	⑦	⑧	⑨	⓪	ⓐ	ⓑ
36	①	②	③	④	⑤	⑥	⑦	⑧	⑨	⓪	ⓐ	ⓑ
37	①	②	③	④	⑤	⑥	⑦	⑧	⑨	⓪	ⓐ	ⓑ
38	①	②	③	④	⑤	⑥	⑦	⑧	⑨	⓪	ⓐ	ⓑ
39	①	②	③	④	⑤	⑥	⑦	⑧	⑨	⓪	ⓐ	ⓑ
40	①	②	③	④	⑤	⑥	⑦	⑧	⑨	⓪	ⓐ	ⓑ
41	①	②	③	④	⑤	⑥	⑦	⑧	⑨	⓪	ⓐ	ⓑ
42	①	②	③	④	⑤	⑥	⑦	⑧	⑨	⓪	ⓐ	ⓑ
43	①	②	③	④	⑤	⑥	⑦	⑧	⑨	⓪	ⓐ	ⓑ
44	①	②	③	④	⑤	⑥	⑦	⑧	⑨	⓪	ⓐ	ⓑ
45	①	②	③	④	⑤	⑥	⑦	⑧	⑨	⓪	ⓐ	ⓑ
46	①	②	③	④	⑤	⑥	⑦	⑧	⑨	⓪	ⓐ	ⓑ
47	①	②	③	④	⑤	⑥	⑦	⑧	⑨	⓪	ⓐ	ⓑ
48	①	②	③	④	⑤	⑥	⑦	⑧	⑨	⓪	ⓐ	ⓑ
49	①	②	③	④	⑤	⑥	⑦	⑧	⑨	⓪	ⓐ	ⓑ
50	①	②	③	④	⑤	⑥	⑦	⑧	⑨	⓪	ⓐ	ⓑ

2024